高等职业教育“十四五”规划教材
智慧农业专业群系列规划教材

智能养殖

赵　涛　赵良虎　主编

中国农业大学出版社
·北京·

内容简介

本书按照“项目化课程、模块化结构、颗粒化资源”的理念，进行课程内容架构和资源开发，涉及养殖环境智能化监控、智能饲喂技术、养殖信息智能化处理三方面内容，具体包括智能养殖的发展现状及趋势、养殖环境智能控制、智能养殖可视化监控管理、智能养猪、智能养鸡、智能养牛、智能养殖信息处理与畜禽健康管理、畜禽产品质量追溯 8 个项目。

本书适合高等职业院校畜牧兽医专业作为教学用书，也可作为养殖业从业人员的培训用书。

图书在版编目(CIP)数据

智能养殖 / 赵涛，赵良虎主编. --北京：中国农业大学出版社，2022.12
ISBN 978-7-5655-2924-5

Ⅰ.①智… Ⅱ.①赵…②赵… Ⅲ.①智能技术-应用-饲养管理-高等职业教育-教材 Ⅳ.①S815-39

中国国家版本馆 CIP 数据核字(2023)第 018159 号

书　　名　智能养殖
作　　者　赵　涛　赵良虎　主编

策划编辑　张　玉　　**责任编辑**　张　玉
封面设计　郑　川
出版发行　中国农业大学出版社
社　　址　北京市海淀区圆明园西路 2 号　　**邮政编码**　100193
电　　话　发行部 010-62733489,1190　　读者服务部 010-62732336
　　　　　编辑部 010-62732617,2618　　出　版　部 010-62733440
网　　址　http://www.caupress.cn　　**E-mail** cbsszs@cau.edu.cn
经　　销　新华书店
印　　刷　北京鑫丰华彩印有限公司
版　　次　2023 年 3 月第 1 版　2023 年 3 月第 1 次印刷
规　　格　185 mm×260 mm　16 开本　15.25 印张　380 千字
定　　价　49.00 元

图书如有质量问题本社发行部负责调换

编委会

主　编　赵　涛　赵良虎

副主编　杨　莎　谢雨晴　荣　华

参　编　杜俊成　张　雷　张文皓

前　言

现代畜牧业是一种高投入、高产出、高效益的集约化产业，资本密集型和劳动集约化是其基本特征。这种集约化的产业，在为社会提供大量肉、蛋、奶等食品的同时，也耗费了大量的人力资源和自然资源，并在一定程度上对环境造成了负面影响。

随着我国全面进入小康社会，人民群众对动物性食品的品质和安全更加重视。规范化、标准化生产，数字化、全程化追溯，资源节约型、环境友好型饲养，将成为畜禽养殖行业面临的主要问题。

2018 年传入我国的非洲猪瘟疫情给国内养猪产业造成了巨大损失，也让我们清楚地看到了传统养殖模式的短板。提高生物安全水平，为动物创设一个安全舒适的生长环境；减少人、车、物对畜禽的影响，降低疫病传播风险；实现畜禽的精准饲喂、智能化管理，已经显得日益迫切。

随着新一轮科技革命和产业变革的蓬勃兴起，智能产业进入了一个新阶段。借助物联网、大数据、人工智能等技术，不断改造传统养殖业，逐步实现智能化养殖正成为现实。畜牧兽医专业学生必须学习、掌握和运用智能养殖技术，才能适应产业的发展。

本教材按照“项目化课程、模块化结构、颗粒化资源”的理念，进行课程内容架构和资源开发，涉及养殖环境智能化监控、智能饲喂技术、养殖信息智能化处理三方面内容，具体包括智能养殖的发展现状及趋势、养殖环境智能控制、智能养殖可视化监控管理、智能养猪、智能养鸡、智能养牛、智能养殖信息处理与畜禽健康管理、畜禽产品质量追溯 8 个项目。

本教材针对目前应用较广的智能养殖技术组织教学内容，部分资料来源于系统平台供应商、智能设备供应商、养殖企业的技术手册、产品手册、技术培训 PPT 等技术资料和产品及应用介绍。编写过程中，得到了杭州海康威视数字技术股份有限公司、正大集团襄阳公司、北京农信互联科技集团有限公司、广西扬翔股份有限公司、上海麦汇信息科技有限公司、北京奥耐尔农牧科技有限公司、浙江甲骨文超级码科技股份有限公司、湖北共富牧业有限公司等的大力支持，张伟超博士、魏凤辉经理等对教材编写给予了大力帮助，在此深表感谢。

本教材配套学习资源还包括微课、动画、PPT 等，不仅可满足在校学生学习专业知识的需要，也可满足养殖业从业人员了解智能养殖技术的需要。读者可通过扫描书中的二维码或输入网址 http://xy.caupress.cn/course/2387 登录“中农 De 学堂”获取本教材全部教学资源。

随着智能养殖技术的快速发展，课程内容也将不断调整和完善。欢迎大家结合生产实践开展交流讨论，鼓励大家把更多的新技术、新实践应用到课程学习中来，以提高学习效果。

祝大家学习愉快！

编　者

2022 年 8 月

目　录

项目1　智能养殖的发展现状及趋势

知识目标

了解人工智能的内涵、发展历程、应用现状及发展趋势。

了解我国畜牧业发展特征、智能养殖发展现状、存在的问题及发展趋势。

了解养殖智能设备物联实施标准。

能力目标

掌握智能养殖系统结构、建设内容和功能。

掌握智能养殖系统的通信要求、功能要求、设备要求和控制要求。

素质目标

增强对我国畜牧业发展历程和巨大变化的认识，增强发展现代畜牧业的信心。

培养学生投身养殖事业，实现智能养殖技术创新和超越的职业意识。

微课　智能养殖
课程介绍

现代畜牧业是一种“高投入、高产出、高效益”的集约化产业。资本密集型和劳动集约化是其基本特征。这种集约化的产业耗费了大量的人力和自然资源，并在某种程度上对环境造成负面影响。使用物联网和智能养殖技术可以有效降低资源消耗，减少对环境的影响，使畜牧业养殖成为管理科学、资源节约、环境友好、效益显著的产业。加快物联网、人工智能技术在畜牧养殖业中的应用已成为我国畜牧养殖业发展的必然选择。

任务 1.1　我国畜牧业的发展历程和经营方式

1.1.1　中国畜牧业发展历程

中国畜牧业的发展历程大体经历了五个阶段。

1.恢复起步阶段(1949—1957 年)

1949 年，我国人均肉类占有量为 4.1 kg，到 1957 年，人均肉类占有量为 6.16 kg，比 1949 年增长 50.24%。

2.曲折徘徊阶段(1958—1977 年)

1961 年，我国大牲畜存栏量为 6 949 万头，比 1957 年下降 17.1%；猪存栏量为 7 552 万头，比 1957 年下降 48.2%。1977 年后牲畜存栏量逐渐恢复。

3.快速发展阶段(1978—1996 年)

改革开放后，我国畜牧业快速发展，实现了畜产品供需基本平衡的历史性跨越。特别是“八五”计划(1991—1995 年)期间，《中共中央、国务院关于进一步活跃农村经济的十项政策》确立了以猪肉为主、整体发展的目标。确定了稳定增加猪肉产量，积极发展食草型、节粮型畜禽；进一步发展国有农场和城市郊区的奶牛饲养，以及蛋和肉鸡工厂化生产，积极发展草原畜牧业；积极发展畜牧业和畜牧产品加工业的工作举措。

1996 年，我国畜牧业产值达 7 083 亿元，占农业产值的比重达 26.9%，比 1978 年提高 11.9%。20 世纪 90 年代，全国已经组建了一大批畜牧业产业化企业。

4.调整优化阶段(1997—2006 年)

“九五”期间(1996—2000 年)，国家提出了“把加强农业放在发展国民经济的首位”。逐步推广规模养猪，大力发展节粮型畜禽。“十五”期间(2001—2005 年)，通过调整农业和农村经济结构，以优化品种、提高质量、增加效益为中心，扩大饲料作物种植面积，加强草场建设，改良畜禽品种，加快发展畜牧业。特别是 2005 年 12 月颁布的《中华人民共和国畜牧法》，对规范畜牧业生产经营行为，保障畜禽产品质量安全，合理利用畜禽遗传资源起到了积极作用，促进了畜牧业的持续健康发展。畜牧业生产结构优化，形成优势生产区域布局。2006 年奶产量为 3 302.5 万 t，首次进入世界前三名。东北地区以牛、奶、禽为主；黄淮海区、长江中游区以猪、禽为主；西南地区以牛、羊为主。

5.转变提升阶段(2007 年以后)

“十一五”期间(2006—2010 年)，农业工作的重点是发展现代农业，改善农村面貌。通过优化农业产业结构，在保证粮、棉、油稳定增产的同时，提高养殖业比重；加快发展畜牧业和奶业，改进畜禽饲养方式；加强规模化养殖场污染治理。“十二五”期间(2011—2015 年)，主题是加快发展现代农业，加大环境保护力度。全面推进畜禽养殖污染防治；完善现代农业产业体系，发展高产、优质、高效、生态、安全农业；加强规模化畜禽养殖等行业污染治理。“十三五”(2016—2020 年)期间，主题是增强农产品安全保障能力，加快推进农业结构调整。推动粮经饲统筹、农林牧渔结合、种养加一体发展；统筹考虑种养规模和资源环境承载力，推广粮改饲和种养结合模式，发展农区畜牧业；提高畜禽、水产标准化、规模化养殖水平，促进奶业优质安全发展。

畜牧业逐步向规模化、产业化、集约化、标准化方向发展。养殖加工龙头企业不断涌现，产业化水平不断提高。

1.1.2 饲养管理方式的演变

畜牧业实现了四个转变，即由家庭副业向专门化产业转变，由小农生产向商品生产转变，由传统农户散养向规模化、集约化、工厂化饲养转变，饲养管理手段由粗放型向集约型、智能型转变。

1.粗放饲养

以家庭养殖为主，生产水平、商品率和经济效益都很低，这种养殖生产方式在中国延续了几千年。

2.传统式集约化养殖

集约化养殖方式是指对畜禽进行高度集中与密集饲养以达到节省空间、节省面积、节省人工、节省成本的目的，从而提高产出、提高效益的养殖方式。强调的是高容量、高产出和高效益，很少考虑对人类健康、食品安全、环境以及动物福利的影响。

3.本地集约化养殖的主要模式

(1)肉猪小龙养殖模式。养殖户按照统一图纸建造猪舍及相关辅助设施，由龙头企业提供仔猪、饲料、药品疫苗和技术服务交农户饲养，农户将育成的100 kg左右的肥猪交给公司销售。一栋猪舍饲养规模为500头。

(2)种猪小龙养殖模式。农户按照统一图纸建造猪舍和附属设施，喂养600～1 200头种猪。

(3)"150"生猪养殖模式。农户建1栋全封闭猪舍(220 m^2)进行标准化饲养，每批出栏肉猪150头。猪舍环境可控，猪自由采食、饮水，全进全出，一年出栏450头肉猪。

(4)"500"生猪养殖模式。农户建1栋全封闭猪舍(630 m^2)进行标准化饲养，每批出栏肉猪500头，全进全出，一年出栏2.5～3批，出栏生猪1 250～1 500头。猪舍环境可控，猪自由采食、饮水，全进全出，为生猪提供了舒适的生长环境，减少了能量消耗，提高了生长速度，同时引进"福利养猪、环保养猪、安全养猪"新理念，生产优质安全的猪肉产品。

(5)肉鸡小龙养殖模式。农户按照统一图纸建造鸡舍及相关辅助设施，由龙头企业提供鸡苗、饲料、药品疫苗和技术服务交农户饲养，农户将育成肉鸡交给公司销售。一栋鸡舍一批规模为饲养10 000羽。

(6)"165"养牛模式。农户建1栋标准牛舍(50 m^2)，饲养6头能繁母牛，肉牛专业合作社或育肥牛场提供冻精配种，每年向育肥场提供5头小牛。

(7)"100"养牛模式。1个养殖户，应用秸秆养畜、种草养畜等技术，集中育肥青年架子牛、淘汰耕牛、残弱牛，年出栏肉牛100头以上。

(8)"500"养牛模式。1个养殖场，采用秸秆养畜、种草养畜等技术，集中育肥，年出栏肉牛500头以上。

(9)"1235"养羊模式。一个农户建设一栋标准化羊舍，饲养20只能繁母羊，种植3亩优质牧草，年出栏商品肉羊50只。

4.现代化智能养殖模式

传统的饲养管理手段以及管理经验已不适应目前养殖业的发展，势必逐渐退出历史舞台，取而代之的是现代化的养殖技术、智能化的管理体系以及信息化的经营模式，畜牧业正在向智能化养殖管理方式转变。

将传统养殖模式以万物互联的方式，应用大数据实现生产过程的智能化管理。大数据应用的基础是数据采集，借助感知技术与智能装置对圈舍中的有害气体、通风条件、圈舍粉尘、动物健康、饲料投喂、发情监测、疫病监测等数据进行实时监测。通过对这些数据进行采集、分析和对比，应用互联网等信息平台适时反馈，让大数据告诉管理者和决策者养殖场的每一头畜禽每天处于怎样的状态，以便及时采取措施做出相应决策。

目前，国内智能养殖主要利用无线射频识别(radio frequency identification，RFID)技术、组态软件技术、可编程控制(programmable logic controller，PLC)技术等，构建一个集智能饲喂、环境智能调控、远程监控、可溯源管理系统于一体的智能养殖服务平台，以加强对畜禽的识别和跟踪管理以及精准饲喂和环境控制，提高经济效益。

任务 1.2 人工智能的发展与应用

如同蒸汽时代的蒸汽机、电气时代的发电机、信息时代的计算机和互联网，人工智能正成为推动人类进入智能时代的决定性力量。世界主要发达国家均把发展人工智能作为提升国家竞争力、维护国家安全的重大战略，力图在国际科技竞争中掌握主导权。图 1-1 展示了骨科手术机器人工作场景。

微课 人工智能的发展及应用

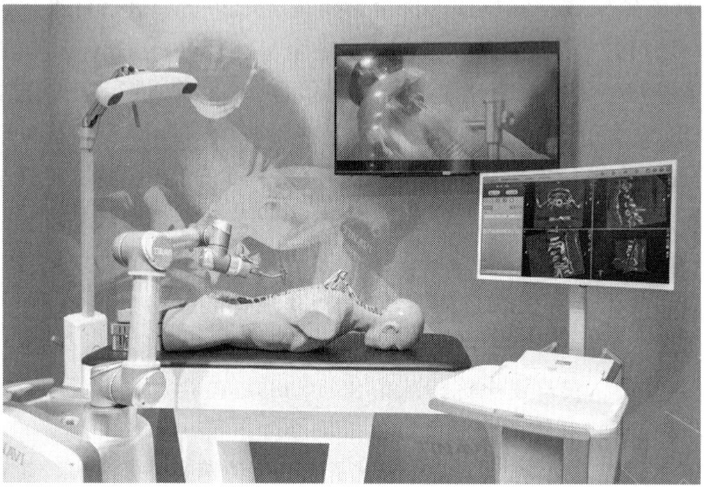

图 1-1 2018 年 11 月 22 日，第三代国产骨科手术机器人“天玑”正在模拟做手术

（注：引自《求是》2019/04）

1.2.1 概念与历程

1956 年夏，麦卡锡、明斯基等科学家在美国达特茅斯学院开会研讨“如何用机器模拟人的智能”，首次提出“人工智能（artificial intelligence，简称 AI）”这一概念，标志着人工智能学科的诞生。

人工智能是研究开发能够模拟、延伸和扩展人类智能的理论、方法、技术及应用系统的一门新的技术科学，研究目的是促使智能机器会听（语音识别、机器翻译等）、会看（图像识别、文字识别等）、会说（语音合成、人机对话等）、会思考（人机对弈、定理证明等）、会学习（机器学习、知识表示等）、会行动（机器人、自动驾驶汽车等）。

人工智能自 1956 年以来的发展历程，大致可划分为 6 个阶段：

1. 起步发展期

1956 年至 20 世纪 60 年代初。人工智能概念提出后，相继取得了一批令人瞩目的研究成果，如机器定理证明、跳棋程序等，掀起人工智能发展的第一个高潮。

2. 反思发展期

20 世纪 60 年代至 70 年代初。人工智能发展初期的突破性进展大大提升了人们对人工智能的期望，人们开始尝试更具挑战性的任务，并提出了一些不切实际的研发目标。然而，接二连三的失败和预期目标的落空（例如，无法用机器证明两个连续函数之和还是连续函数、机器翻译闹出笑话等），使人工智能的发展走入低谷。

3.应用发展期

20 世纪 70 年代初至 80 年代中期。20 世纪 70 年代出现的专家系统模拟人类专家的知识和经验解决特定领域的问题，实现了人工智能从理论研究走向实际应用、从一般推理策略探讨转向运用专门知识的重大突破。专家系统在医疗、化学、地质等领域取得成功，推动人工智能走入应用发展的新高潮。

4.低迷发展期

20 世纪 80 年代中期至 90 年代中期。随着人工智能的应用规模不断扩大，专家系统存在的应用领域狭窄、缺乏常识性知识、知识获取困难、推理方法单一、缺乏分布式功能、难以与现有数据库兼容等问题逐渐暴露出来。

5.稳步发展期

20 世纪 90 年代中期至 2010 年。由于网络技术特别是互联网技术的发展，加速了人工智能的创新研究，促使人工智能技术进一步走向实用化。1997 年，国际商业机器公司（简称 IBM）深蓝超级计算机战胜了国际象棋世界冠军卡斯帕罗夫，2008 年，IBM 提出“智慧地球”的概念。以上都是这一时期的标志性事件。

6.蓬勃发展期

2011 年至今。随着大数据、云计算、互联网、物联网等信息技术的发展，泛在感知数据和图形处理器等计算平台，推动以深度神经网络为代表的人工智能技术飞速发展，大幅度跨越了科学与应用之间的“技术鸿沟”，诸如图像分类、语音识别、知识问答、人机对弈、无人驾驶等人工智能技术实现了从“不能用、不好用”到“可以用”的技术突破，迎来爆发式增长的新高潮。

1.2.2 现状与影响

对于人工智能的发展现状，社会上存在一些“炒作”。比如说，认为人工智能系统的智能水平即将全面超越人类水平、30 年内机器人将统治世界、人类将成为人工智能的奴隶，等等。这些有意无意的“炒作”和错误认识会给人工智能的发展带来不利影响。

1.专用人工智能取得重要突破

从可应用性看，人工智能大体可分为专用人工智能和通用人工智能。面向特定任务（比如下围棋）的专用人工智能系统由于任务单一、需求明确、应用边界清晰、领域知识丰富、建模相对简单，形成了人工智能领域的单点突破，在局部智能水平的单项测试中可以超越人类智能。人工智能的近期进展主要集中在专用智能领域。例如，阿尔法狗（AlphaGo）在围棋比赛中战胜人类冠军，人工智能程序在大规模图像识别和人脸识别中达到了超越人类的水平，人工智能系统诊断皮肤癌达到专业医生水平。

2.通用人工智能尚处于起步阶段

人的大脑是一个通用的智能系统，能举一反三、融会贯通，可处理视觉、听觉、判断、推理、学习、思考、规划、设计等各类问题，可谓“一脑万用”。真正意义上完备的人工智能系统应该是一个通用的智能系统。目前,虽然专用人工智能领域已取得突破性进展,但是通用人工智能领域的研究与应用仍然任重而道远,人工智能总体发展水平仍处于起步阶段。当前的人工智能系统在信息感知、机器学习等“浅层智能”方面进步显著,但是在概念抽象和推理决策等“深层智能”方面的能力还很薄弱。总体上看,目前的人工智能系统可谓有智能没智慧、有智商没情商、会计算不会“算计”、有专才而无通才。因此,人工智能依旧存在明显的局限性,依然还有很多“不能”,与人类智慧还相差甚远。

3.人工智能创新创业如火如荼

全球产业界充分认识到人工智能技术引领新一轮产业变革的重大意义,纷纷调整发展战略。比如,谷歌在其2017年年度开发者大会上明确提出发展战略从“移动优先”转向“人工智能优先”,微软2017财年年报首次将人工智能作为公司发展愿景。人工智能领域处于创新创业的前沿。麦肯锡公司报告指出,2016年全球人工智能研发投入超300亿美元并处于高速增长阶段;全球知名风投调研机构CB Insights报告显示,2017年全球新成立人工智能创业公司1 100家,人工智能领域共获得投资152亿美元,同比增长141%。

4.创新生态布局成为人工智能产业发展的战略高地

信息技术和产业的发展史,就是新老信息产业巨头抢滩布局信息产业创新生态的更替史。例如,传统信息产业代表企业有微软、英特尔、IBM、甲骨文等,互联网和移动互联网时代信息产业代表企业有谷歌、苹果、脸书、亚马逊、阿里巴巴、腾讯、百度等。人工智能创新生态包括纵向的数据平台、开源算法、计算芯片、基础软件、图形处理器等技术生态系统和横向的智能制造、智能医疗、智能安防、智能零售、智能家居等商业和应用生态系统。目前,智能科技时代的信息产业格局还没有形成垄断,因此全球科技产业巨头都在积极推动人工智能技术生态的研发布局,全力抢占人工智能相关产业的制高点。

5.人工智能的社会影响日益凸显

一方面,人工智能作为新一轮科技革命和产业变革的核心力量,正在推动传统产业升级换代,驱动“无人经济”快速发展,在智能交通、智能家居、智能医疗等民生领域产生积极正面的影响。另一方面,个人信息和隐私保护、人工智能创作内容的知识产权、人工智能系统可能存在的歧视和偏见、无人驾驶系统的交通法规、脑机接口和人机共生的科技伦理等问题已经显现出来,需要抓紧提供解决方案。

1.2.3 趋势与展望

经过60多年的发展,人工智能在算法、算力(计算能力)和算料(数据)“三算”方面取得了重要突破,正处于从“不能用”到“可以用”的技术拐点,但是距离“很好用”还有诸多瓶颈。在可以预见的未来,人工智能发展将会出现怎样的趋势与特征?

1.从专用智能向通用智能发展

如何实现从专用人工智能向通用人工智能的跨越式发展,既是下一代人工智能发展的必然趋势,也是研究与应用领域的重大挑战。2016年10月,美国国家科学技术委员会发布《国家人工智能研究与发展战略计划》,提出在美国的人工智能中长期发展策略中,要着重研究通用人工智能。阿尔法狗系统开发团队创始人戴密斯·哈萨比斯提出,朝着“创造解决世界上一切问题的通用人工智能”这一目标前进。微软在2017年成立了通用人工智能实验室,众多感知、学习、推理、自然语言理解等方面的科学家参与其中。

2.从人工智能向人机混合智能发展

借鉴脑科学和认知科学的研究成果是人工智能的一个重要研究方向。人机混合智能旨在将人的作用或认知模型引入到人工智能系统中，提升人工智能系统的性能，使人工智能成为人类智能的自然延伸和拓展，通过人机协同更加高效地解决复杂问题。在我国新一代人工智能规划和美国脑计划中，人机混合智能都是重要的研发方向。

3.从“人工＋智能”向自主智能系统发展

当前人工智能领域的大量研究集中在深度学习，但是深度学习的局限是需要大量人工干预，比如人工设计深度神经网络模型、人工设定应用场景、人工采集和标注大量训练数据、用户需要人工适配智能系统等，非常费时费力。因此，科研人员开始关注减少人工干预的自主智能方法，提高机器智能对环境的自主学习能力。例如，阿尔法狗系统的后续版本阿尔法元从零开始，通过自我对弈强化学习，实现围棋、国际象棋、日本将棋的“通用棋类人工智能”。在人工智能系统的自动化设计方面，2017 年谷歌提出的自动化学习系统（AutoML）试图通过自动创建机器学习系统降低人员成本。

4.人工智能将加速与其他学科领域交叉渗透

人工智能本身是一门综合性的前沿学科和高度交叉的复合型学科，研究范畴广泛而又异常复杂，其发展需要与计算机科学、数学、认知科学、神经科学和社会科学等学科深度融合。随着超分辨率光学成像、光遗传学调控、透明脑、体细胞克隆等技术的突破，脑与认知科学的发展开启了新时代，能够大规模、更精细解析智力的神经环路基础和机制，人工智能将进入生物启发的智能阶段，依赖于生物学、脑科学、生命科学和心理学等学科的发现，将机理变为可计算的模型，同时人工智能也会促进脑科学、认知科学、生命科学甚至化学、物理、天文学等传统科学的发展。

5.人工智能产业将蓬勃发展

随着人工智能技术的进一步成熟以及政府和产业界投入的日益增长，人工智能应用的云端化将不断加速，全球人工智能产业规模在未来 10 年将进入高速增长期。例如，2016 年 9 月，咨询公司埃森哲发布报告指出，人工智能技术的应用将为经济发展注入新动力，可在现有基础上将劳动生产率提高 40％；到 2035 年，美、日、英、德、法等 12 个发达国家的年均经济增长率可以翻一番。2018 年麦肯锡公司的研究报告预测，到 2030 年，约 70％的公司将采用至少一种形式的人工智能，人工智能新增经济规模将达到 13 万亿美元。

6.人工智能将推动人类进入普惠型智能社会

“人工智能＋X”的创新模式将随着技术和产业的发展日趋成熟，对生产力和产业结构产生革命性影响，并推动人类进入普惠型智能社会。2017 年国际数据公司 IDC 在《信息流引领人工智能新时代》白皮书中指出，未来 5 年人工智能将提升各行业运转效率。我国经济社会转型升级对人工智能有重大需求，在消费场景和行业应用的需求牵引下，需要打破人工智能的感知瓶颈、交互瓶颈和决策瓶颈，促进人工智能技术与社会各行各业的融合提升，建设若干标杆性的应用场景创新，实现低成本、高效益、广范围的普惠型智能社会。

7.人工智能领域的国际竞争将日益激烈

当前，人工智能领域的国际竞赛已经拉开帷幕，并且将日趋白热化。2018 年 4 月，欧盟委员会计划2018—2020年在人工智能领域投资240亿美元;法国总统在2018年5月宣布《法国人工智能战略》,目的是迎接人工智能发展的新时代,使法国成为人工智能强国;2018年6月,日本《未来投资战略2018》重点推动物联网建设和人工智能的应用。世界军事强国也已逐步形成以加速发展智能化武器装备为核心的竞争态势,例如美国特朗普政府发布的首份《国防战略》报告即谋求通过人工智能等技术创新保持军事优势,确保美国打赢未来战争;俄罗斯2017年提出军工拥抱"智能化",让导弹和无人机这样的"传统"兵器威力倍增。

8.人工智能的社会学将提上议程

为了确保人工智能的健康可持续发展,使其发展成果造福于民,需要从社会学的角度系统全面地研究人工智能对人类社会的影响,制定完善人工智能法律法规,规避可能的风险。2017年9月,联合国犯罪和司法研究所(UNICRI)决定在海牙成立第一个联合国人工智能和机器人中心,规范人工智能的发展。美国白宫多次组织人工智能领域法律法规问题的研讨会、咨询会。特斯拉等产业巨头牵头成立OpenAI等机构,旨在"以有利于整个人类的方式促进和发展友好的人工智能"。

来源:中国科学院院士谭铁牛,刊发于《求是》2019/04文章,摘编于求是网

推荐阅读

近年来各行业、城市相继发布了关于人工智能的白皮书,涉及人工智能的前沿技术、产业应用、人才发展、城市建设等多个层面,为了解人工智能国内外发展趋势提供参考借鉴。

1.《人工智能数据安全白皮书(2019年)》

来源:中国信息通信研究院安全研究所

人工智能在数据安全治理中的应用

人工智能数据安全的首个白皮书,从人工智能数据安全的内涵出发,首次提出人工智能数据安全的体系架构,在系统梳理人工智能数据安全风险和安全应用情况的基础上,总结了国内外人工智能数据安全治理现状,研究提出了我国人工智能数据安全治理建议。

下载地址:https://static.aminer.cn/misc/pdf/sjaq.pdf

2.《中国人工智能白皮书》

来源:中国人工智能学会

最全面的白皮书,集结了人工智能学会下的各个专委会共同撰写,从世界科学技术发展的角度分析了人工智能的学科地位;总结分析了我国人工智能的发展历史概况;从人工智能的各个学科方向,结合社会各行业领域的人工智能应用,系统介绍了我国人工智能科学技术的发展现状并预测分析其发展趋势;还探讨了我国人工智能产业的发展现状与趋势;从科普教育、本科生教育和研究生教育三个层次,系统地分析我国人工智能人才培养的现状与发展趋势;最后对我国人工智能的发展提出重要建设意见。

下载地址:http://www.caai.cn/index.php? s=/home/article/index/id/53.html

3.《中国人工智能创新应用白皮书》

来源:罗兰贝格管理咨询

中国人工智能学会与罗兰贝格联合发布的《中国人工智能创新应用白皮书》,详细梳理了

人工智能的发展，估算了其在各行业的商业应用价值。报告指出，对于各行业的企业而言，布局人工智能应用，时机就在当下。报告从产业创新角度提出中国人工智能企业在人工智能第三次浪潮中的发展势头；也指出金融、汽车、零售和医疗将会是受其影响最大、最具成熟发展基础与市场应用潜力的传统产业，制造、教育、通信行业也值得关注。

下载地址：https://static.aminer.cn/misc/pdf/cxyy.pdf

4.《中国人工智能城市发展白皮书》

来源：赛迪顾问

中国人工智能城市15强榜单

赛迪顾问建立了人工智能城市发展评价体系，共包括三级指标，对近40个人工智能重点城市进行评价，并发布了中国人工智能城市十五强。北京位列第一，是全国人工智能领军城市。上海位居第二，杭州超越深圳，进入人工智能发展前三名"新一线"队伍。

链接地址：https://www.useit.com.cn/thread-19878-1-1.html

5.《中国人工智能开源软件发展白皮书》

来源：中国人工智能开源软件发展联盟

人工智能开源软件发展现状

该白皮书值得一看，尤其是针对人工智能的开源工具做了详细概述。白皮书从梳理人工智能开源软件发展建议入手，分析了人工智能开源软件生态，提出了我国人工智能开源软件发展现状，并提炼出我国人工智能开源软件应用案例。

下载地址：https://static.aminer.cn/misc/pdf/kyrj.pdf

6.《人工智能发展白皮书　产业应用篇》

来源：中国信息通信研究院

白皮书回顾了人工智能发展历史，重点分析当前人工智能在软硬件支撑平台、基础产品、复合产品、领域应用等方面的现状、问题以及趋势，展望未来前景并提出策略建议。

《白皮书》认为，目前看来，深度学习只能在机器上建立浅层次的条件反射，是"弱人工智能"，真正意义上的人工智能即"强人工智能"的实现还没有任何曙光，而依托深度学习等新一代人工智能技术的新兴产业生态和行业发展正方兴未艾。

下载地址：https://static.aminer.cn/misc/pdf/cyyy.pdf

7.《人工智能标准化白皮书》

来源：国家标准化管理委员会工业二部

人工智能标准体系图

它一个技术类型的白皮书，更多的是从标准体系的角度阐述人工智能各个行业的发展。该白皮书通过梳理人工智能技术、应用和产业演进情况，分析人工智能的技术热点、行业动态和未来趋势，从支撑人工智能产业整体发展的角度出发，研究制定了能够适应和引导人工智能产业发展的标准体系，进而提出近期急需研制的基础和关键标准项目。人工智能标准化工作尚处于起步阶段，该白皮书可以作为人工智能领域技术、产业和标准化之间初始的连接纽带，并将在今后不断根据技术、产业和标准化的发展需求进行修订。

下载链接：https://static.aminer.cn/misc/pdf/bzbps.pdf

8.《人工智能芯片技术白皮书》

来源:北京未来芯片技术高精尖创新中心

通过该白皮书,我们可以清晰地看到 AI 芯片是人工智能产业和半导体产业交叉融合的新节点,涉及多个学科、多个领域的理论和技术基础,凸显对基础扎实、创新能力强的人才的需求。白皮书共包含九方面内容,从 AI 芯片技术背景、应用场景、架构挑战、算法模型、未来发展等角度分析了 AI 芯片发展现状,分享 AI 芯片领域的创新成果,并希望通过对 AI 芯片产业现状及各种技术路线的梳理,增进对未来风险的预判。

下载地址:https://static.aminer.cn/misc/pdf/znxp.pdf

9.《北京人工智能产业发展白皮书》

来源:北京经信委

国内外人工智能产业应用图谱

该白皮书绘制了北京人工智能全产业链图,而且针对智慧医疗、智能家居、智慧城市、智慧零售和无人驾驶 5 个特色鲜明的领域绘制了分领域产业链图。数据显示,北京人工智能企业 2015—2016 年呈现出爆发性增长,人工智能快速增长特征明显,中关村成为我国人工智能创新高地。

下载地址:https://static.aminer.cn/misc/pdf/cyfz.pdf

10.《中国人工智能发展报告 2018》

来源:清华大学中国科技政策中心

全球 AI 高影响力论文分布

人工智能在中国的发展条件如何?中国距离成为真正的人工智能强国到底还有多远?报告从科技产出与人才投入、产业发展和市场应用、发展战略和政策环境以及社会认知和综合影响四个方面描绘了中国人工智能的发展面貌。报告指出,中国在论文总量和高被引论文数量、人工智能专利数量上都排在世界第一。在人工智能领域,中国已经占据了重要地位。

链接地址:http://www.sohu.com/a/242771692_772730

11.《2017 人工智能+内容生产研究报告》

来源:亿欧智库

AI 在内容生产领域的应用举例

本报告为了弄清人工智能用于内容生产到底进行到什么程度,对内容生产可能产生何种影响,通过对目前 AI 在内容生产领域的应用进行了研究,分析了 AI 在文本、音频、图像、视频、互动内容五大领域的具体应用情况,对 AI 在内容生产各领域的适用性进行了分析,对未来 AI 在内容生产中应用发展趋势给出了判断。

下载地址:https://static.aminer.cn/misc/pdf/2017yj.pdf

12.《2017 全球人工智能人才白皮书》

来源:腾讯研究院 BOSS 直聘

全球高校数量分布图

这份白皮书披露了全球 AI 顶级人才全景图,对中国 AI 人才队伍建设提供了参考建议。报告指出,人工智能竞争以顶级人才为根本,AI 人才是推动人工智能发展的关键因素。然而,人工智能领域人才分布极不平衡,全球 AI 领域人才约 30 万人,而市场需求在百万量级。而每年毕业 AI 领域的学生约 2 万人,远远不能满足市场对人才的需求。

下载地址:https://static.aminer.cn/misc/pdf/airc.pdf

13.《全球人工智能发展报告(2017)》

来源:乌镇智库

通过企业、投融资、专利三个维度的数据,覆盖人工智能企业、细分领域的多层信息,呈现出人工智能的全景图。

下载地址:https://static.aminer.cn/misc/pdf/wzkj.pdf

14.《2019 中国智能畜牧发展现状与趋势白皮书》

来源:农信研究院 中国畜牧业协会智能畜牧分会

人工智能已经成为很多国家的国家战略,美国也在 2020 年初把 AI 列为国家战略,北京也成立了智源人工智能研究院。国家发展规划指出要把人工智能发展放在国家战略层面系统布局、主动谋划,牢牢把握人工智能发展新阶段国际竞争的战略主动,打造竞争新优势、开拓发展新空间,保障国家安全。

任务 1.3 中国智能畜牧业发展现状与趋势

微课 智能养殖的现状及趋势

2015 年 3 月,李克强总理提出"互联网+行动计划","互联网+农业"被列为核心领域之一。《农业部关于推进农业农村大数据发展的实施意见》指出,加快数据整合共享和有序开放,深化大数据在农业生产、经营、管理和服务等方面的创新应用。

2016 年 2 月,中央一号文件指出,大力推进"互联网+"现代农业;农业农村部印发的《全国生猪生产发展规划(2016—2020 年)》明确提出,实施"互联网+生猪"发展战略;在《"十三五"全国农业农村信息化发展规划》中,把信息化作为农业现代化的制高点,建设智慧农业。

2019 年政府工作报告首次提出,将人工智能升级为"智能+",作为国家战略的人工智能,正在作为基础设施逐渐与产业融合。

在社会进入人工智能的时代,传统的养猪业也进入了智能养猪阶段。农信研究院、中国畜牧业协会智能分会于 2019 年 5 月发布了《中国智能畜牧发展现状与趋势白皮书(2019)》,对我国智能养猪市场的特征、划分、存在的问题和发展趋势做出了梳理,分析了行业发展的特征,绘制了国内智能养猪产业图谱,对智能养殖技术的应用进行了分析展望。

1.3.1 行业发展特征

1.行业主体多元化

我国每年出栏约 7 亿头生猪,生猪产业链有超过 3 万亿元的市场空间,生猪是市场空间最大的农业单品,养猪智能化吸引了各类主体加入。以农信互联为代表的生猪产业综合服务平台,整合、集成了行业内智能硬件、技术和算法,打造了超级设备连接器"猪小智";以阿里、京东为代表的传统互联网企业,联手养殖企业和科研院所,开发了各自的"养猪大脑";以扬翔为代表的养殖企业，由养殖向服务转型，推出了“FPF 猪场”；以普立兹、睿畜科技、小龙潜行为代表的技术服务商，从猪场的关键点出发，提出各自的解决方案；以温氏、牧原为代表的传统养殖集团，也在联合外部力量进行探索。

2.整体处于初级智能阶段

目前的智能养殖整体上处于初级智能阶段，多数产品、技术还停留在数据采集、简单分析层面，缺乏更为关键的多维数据互联互通、模型构建、自主决策、精准执行乃至自我学习环节。在市场推广、应用上，智能养猪领域的各类企业基本完成了对市场的养殖观念更新。调研发现，规模以上养猪场普遍接受了养猪势必走向智能化的理念，但成熟的案例还不多。从细分领域看，生猪业互联网服务平台发展相对较为成熟，诞生于“互联网＋”时代且存活至今的平台都经受住了市场的考验；物联网平台与设备发展也相对可观，涌现了大量相关联企业，产品涉及多个细分领域，但产品质量参差不齐，缺乏统一的技术标准，行业亟待规范；人工智能算法与解决方案进入养猪业的时间不长，与产业的融合尚不充分，多数厂商仍处在研发、试验阶段。

3.投融资还不活跃

自 2018 年以来，智能养猪领域的投融资不够活跃。公开可查的有 5 家公司获得融资，其中农信互联有 2 起。从这 5 家公司主营业务来看，2 家为猪产业互联网综合服务平台，2 家为猪场管理软件，1 家为猪场智能设备、AI 解决方案。融资金额除了农信互联融资额在亿元级别，其他融资多在千万元人民币。从投资方来看，既有社会资本，也有产业资本。

4.非洲猪瘟带来新机遇

自 2018 年 8 月以来，非洲猪瘟席卷我国大陆，给养猪业带来前所未有的冲击。损失背后，人们也窥见其中蕴藏的机会，特别是对智能养猪的普及、推广。从短期来看，为防范疫情，养猪场必须尽可能减少人员、车辆、物资流动，管理人员不方便频繁进出猪场，在线管理、远程监控成为猪场的刚需，在线采购投入品、在线卖猪也日益提上日程。非洲猪瘟的肆虐将行业内多年来积累的弊病暴露无遗，也给养猪人上了深刻的一课，让网络化、智能化养猪深入人心。

1.3.2 国内智能养猪产业发展现状

目前，国内智能养猪市场不断细分和完善，各类企业围绕提高猪场管理效率、降低生产成本、改善供应链等进行了大量探索和实践，特别是在猪场互联网服务平台、猪场物联网平台与设备、人工智能解决方案、智能养殖设备设施开发等主要领域，取得了明显的进步(表 1-1)。

1.猪业互联网服务平台

信息资源、数据资源作为主要生产要素参与到生猪产业各个生产经营环节，给生猪产业带来巨大变革，主要包括猪场综合服务平台、猪场管理软件、涉猪电子商务平台、涉猪资讯服务平台四类。以前两类为例介绍。

(1)猪场综合服务平台。即通过互联网的思维和技术手段，将与生猪有关的主体、资源、产品、品牌、渠道、金融、服务连接起来，在大数据引擎下构建产业生态协同运营新平台，提供在线管理、投入品产出品交易、物流、供应链金融等多种服务。同时，配套线下服务团队，形成“线上＋线下”全方位服务体系。其核心竞争力在于对行业资源的整合能力和对用户的持续服务能力，壁垒相对较高。

表 1-1 智能养猪主要细分领域、产品和典型企业

领域	类别	主要产品及功能	典型企业
猪业互联网服务平台	猪场综合服务平台	提供猪场管理、投入品和活猪交易、供应链金融、线下指导等多元服务	农信互联(猪联网)、猪之宝、扬翔
	猪场管理软件	PC端软件和手机APP,帮助猪场实现数据电子化及数据分析等增值服务	傲农集团(猪OK)、安佑集团(安佑云)、久翔软件(猪场管家)、微猪科技(微猪科技)、银合科技(银合ERP)、艾佩克(GPS)、丰顿科技、青花瓷、慧猪帮
	涉猪电子商务平台	猪场投入品、活体生猪在线交易平台	国家生猪市场、畜牧市场、阳光畜牧商城、小牧人商城、中畜网、猪易商城、农村淘宝、京东农资频道、猪品惠、汇通农牧、金猪商城
	涉猪咨询服务	门户网站,提供行情资讯	农信网、新牧网、搜猪网、猪e网、中国生猪养殖网、中国畜牧网、中国养殖网、爱猪网、中国猪药网、中国养猪网、华夏养猪网、猪价格网、赛尔畜牧网、猪场动力网
猪场物联网平台与设备	物联网平台	智能硬件与软件服务的集成,在泛农领域为客户提供综合性解决方案	慧云信息、中国移动oneNET平台、联想懂的通信、农信通、左岸芯慧、凯怡物联、引通通讯
		智能硬件与软件服务,AI算法的集成,专注于养猪业,提供全套的智能猪场解决方案	农信云、京东农牧、正狐科技
	智能饲喂设备	各类猪群的自动饲喂设备,能够实现个体或小群的精准饲喂	慧农、省饲儿、大荷兰人、大牧人、大华农、大鸿恒丰、华科智农、南商农牧、梵龙电子、恒银、京鹏畜牧
	智能环控设备	全套的智能环境监测、控制设备	京鹏环宇、蒙特、普立兹、慧牧科技、希恩特(青岛)、大牧人、鑫芯物联
	智能穿戴设备	电子耳标、植入式芯片、电子医生等,识别猪只ID,并监测猪只运动量、体温、健康状况和行为	莱普生信息科技、探感科技、瑞百创科技、安乐福、富华科技、睿畜科技、高新兴物联
	智能检测设备	猪场巡检机器人,集成多种传感器、探测器、生物雷达,做猪舍智能巡检	农信云、京东农牧、正狐科技、小龙潜行
		便携式检测设备,如发情、膘情、精子质量、谷物成分检测设备等	索诺普、创怀医疗、世博畜牧、讯动网络
		智能源检测设备,智能电表、水表等	安科瑞电气、欧瑞博科技、曼顿空开科技、拓强电气、弘博电气、希崖电子、集社电子、毅仁电气、嘉荣华电子、佳岚智能空开
	智能称重设备	智能电子秤、自动收集称重数据,发送到云端处理	大华电子秤、众衡电子秤、万众衡器、慧农、省饲儿

续表 1-1

领域	类别	主要产品及功能	典型企业
猪场物联网平台与设备	其他智能仪器设备	智能摄像头、帮助用户随时随地查看视频监控	海康威视、大华股份、中维世纪科技、普顺达科技、威视达康科技、兴金鼎顺科技
		传感器，各类温度、湿度、光学、力学、气体、指纹、磁场、位置传感器	华工科技、青岛元芯、绿度信息、华牧智能、鑫芯电子、旗硕基业科技、九纯健、信立科技
		智能网关、边缘计算、管理设备	拾联信息科技、万物云联科技、智尚电子、华晨智通
人工智能解决方案	整体解决方案	在开源平台、深度学习算法、图片识别、机器翻译、语音识别、生物特征识别实现了创新突破，能够针对客户的具体需求提供整体解决方案	阿里巴巴、京东农牧、科大讯飞、云知声
	视觉识别	利用视觉识别技术进行猪只识别、猪只计数	影子科技、普立兹、睿畜科技、小龙潜行、翔创科技、阿里巴巴、京东农牧、科大讯飞、佳格天地、格灵深瞳

注：引自农信研究院

典型企业：农信互联的猪联网，以“管理＋交易＋金融”模式打造生猪产业互联网平台。猪管理为生猪产业各类上下游生产企业、经销商等主体提供数字化工具，用 SaaS 化大数据打穿整个养猪生态链，解决猪场和企业的管理效率问题；猪交易是面向生猪产业链中各个生产经营主体提供的交易平台，包括猪场投入品在线交易平台“畜牧市场”和活体生猪在线交易平台“国家生猪市场”；“猪金融”通过“猪管理”获取的生产经营数据和“猪交易”获取的交易数据，以及对养殖户深度服务获取的基础信息，利用大数据技术建立农信资信模型，为用户提供征信、借贷、理财、支付、保险等产品。新的猪联网实现了视频盘猪、语音找猪、智能诊断、智能环控等功能。

扬翔股份近年来逐渐由生猪养殖转向养猪服务，将自身的养猪服务体系升级为猪场智能引擎——FPF 猪场(future pig farm)。FPF 猪场以降低综合养猪成本为核心目标，围绕基因遗传、生产管理、精准营养、环境控制、生物安全等方面，用管理软件和多种智能设备连接人、猪、物、场，实现数据智能采集、分析、自主决策和设备智能控制。同时，整合饲料、动保、设备等行业资源，打造供应链生态，并与第三方服务公司互动，形成智能商业平台，最终实现智能协同管理，提升养猪效率，降低养猪成本(图 1-2)。

(2)猪场管理软件。软件的提供方有传统农资企业、生猪养殖企业和猪场托管公司，也有专业的软件开发公司。前者如安佑集团(安佑云)、傲农集团(猪 OK)，产品主要服务于集团自身和客户的猪场，同时也向集团外部猪场推广；后者如南宁久翔软件(猪场管家)、微猪科技(微猪科技)、银合科技(银合 ERP)等，软件开发能力较强，也作为独立的第三方软件平台进行推广。

软件的模块主要包括育种分析、种猪管理、猪舍环境监控、疫病诊断、精准饲喂、财务管理、销售管理等内容，通过对智能管理系统的使用，帮助猪场节本增效，同时根据积累的行业大数据帮助猪场、农资企业等制定生产决策。

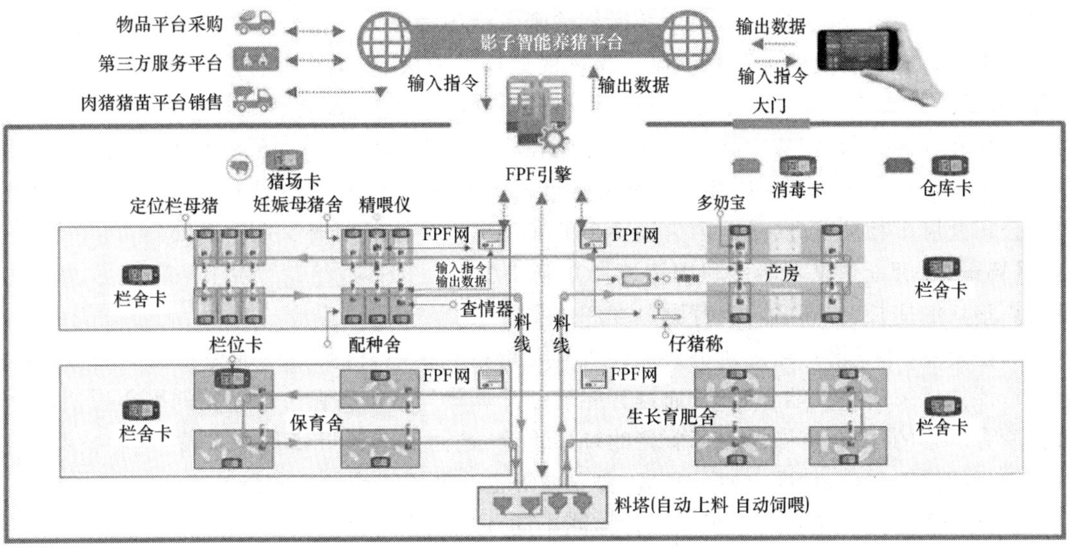

图 1-2 扬翔与影子科技联合发布的 FPF 引擎

(注:引自扬翔集团)

大多数软件有独立的手机端和 PC 端版本,也有部分软件搭建在微信平台上,所有的软件均根据猪场用户的饲养规模和养殖方式设计了不同的版本。目前,大部分软件需要饲养员手动录入数据,不仅费时费力,还存在信息录入不准确、更新不及时等问题。

2.人工智能解决方案

我国养猪业正处在由劳动力密集的传统养殖向现代化养殖转型期,为人工智能等新技术的应用提供了机遇。在养猪领域,目前的研究与应用主要集中在视觉识别、声音识别、人机交互领域。

(1)视觉识别。视觉识别即利用传感器、摄像头等采集猪的视频、图像,结合猪的行为学特征,为每一头猪建立档案,并对猪的行为特征、进食特征、料肉比等进行综合全面分析,为智能建模提供更多的依据。典型的应用场景如下:

【场景 1】猪只识别功能。基于深度神经网络等人工智能技术,通过猪只体型、外貌、纹理、面部特征等细节的识别,抽象猪只的特征,精准定位每一头猪。这涉及两个层面:一个层面是数量识别,即只识别出猪只数量;另一个层面是个体识别,即可以对猪只个体的身份进行核验,为猪只标识唯一的 ID,实现每头猪的实时跟踪。

研究进展:国内几乎所有涉足农业的人工智能技术公司都开展了猪脸识别技术的研究,典型的如影子科技、京东农牧、睿畜科技、小龙潜行、普立兹、佳格天地等,部分保险公司如平安科技、太平洋保险也在尝试利用视觉识别技术解决生物资产的理赔鉴定难题。整体来看,各家在精准数量识别上能达到较高的准确度,实现智能盘点,并开始了商业化应用;但精准的个体识别难度相对更高,大部分厂家识别的精准度还未达到大规模应用的条件。

典型企业:影子科技于 2018 年 3 月和 7 月分别发布了“猪脸识别 1.0”和“猪脸识别 2.0”,其中 1.0 版本主要是猪只单体识别,2.0 版本则侧重猪的群体识别。公司一直致力于通过猪脸识别技术来替代耳标,目前关键技术已经趋于成熟,与具体生产场景的结合和关键设备的选取仍在试验阶段，正在联合扬翔集团开展相关未来猪场解决方案的研发和试点，有待面向市场大规模推广。睿畜科技的天蓬系统以计算机视觉技术为核心，识别出视频每一帧的所有生猪个体，并赋予每头猪一个视觉编号。与影子科技不同的是，仍需配合智能耳标匹配生猪个体的视觉身份和耳标身份，完成生猪身份和具体所在栏位的双重确认。翔创科技利用视觉识别技术和电子围栏研发了一套解决死畜理赔精准鉴定的方案，已经联合中国人寿财险、中国人保等保险公司开展了相关业务，是国内为数不多的实现生物个体识别商业化应用的公司。

【场景 2】智能估重功能。利用传感器采集猪的视频、图像，绘制成猪体 3D 模型，根据模型估算猪只的体长、体高、体宽、背膘厚度和体重。

典型企业：小龙潜行通过轨道式巡检机器人给猪只拍照，得到猪只的完整三维图像，将图像进行评估后发送至云端服务器，通过智能模型计算猪只重量。在一个完整的采集周期内，可获得所有母猪的体重、背膘厚和育肥猪的日增重等，进而实现对母猪的精准营养、膘情调节和对育肥猪的饲喂优化、精准出栏。睿畜、普立兹等也开展了智能估重的研发。

【场景 3】行为监测功能。视频图像监测不同环境条件下猪的行为，如监测不同环境条件下群猪的躺卧行为，分析猪冷热舒适度；记录猪群的移动轨迹，建立猪群活动指数；利用视频流分析猪群的攻击行为检测攻击事件特征，锁定高侵略性猪只；检测猪进食时间、进食习惯，为精准投喂提供重要依据。

研究进展：利用视频图像监测猪舍早已有之，但与动物行为学的结合程度还很低。此外对猪的行为学特征研究也有不足，如目前还集中研究猪只个体行为特征，群体行为研究较少。

【场景 4】疾病诊断功能。建立猪病大数据库，将病猪的照片上传到数据库，系统自动识别照片，给出初步的诊疗方案。

典型企业：挺好科技推出的挺好 e 线 App 致力于实现智能猪病诊断，其“在线智能诊断”板块，利用了 AI 和 AR(增强现实)技术，用户只需将病猪的照片上传到挺好 e 线，系统可自动识别家畜种类及患病部位。“机器人兽医”功能可以实现与用户的互动，为用户提供兽医咨询、猪只健康管理、天气、非洲猪瘟疫情防控等问题咨询。系统也会根据情况调整临床信息、患病程度，确定病情后系统会分别提供中西药治疗方案、营养调控建议及管理改善建议等。猪联网的猪病通为全行业人员提供猪病远程诊断服务，也在积极探索猪病智能诊断。平台上线至今已经积累了数万张病例图片，对于猪病智能诊断算法的开发是非常宝贵的数据资源。

(2)声音识别。声音识别即结合声学特征、语言识别技术和猪的行为学特征，对猪只的生长状态和健康状况做出判断。典型应用场景包括：

【场景 1】对猪只的情绪、饥饿、发情、咳嗽等状况做出判断，为生产决策和疾病防控提供指导。

【场景 2】在小猪被母猪压住后，语言识别技术通过小猪的尖叫声，判断小猪的位置，并通知管理员处理。

研究进展：在实验室环境下，对养猪场现场采集的声音进行分析，对多种状态的声音进行声音去噪、端点检测、加窗分帧后，提取声音的特征参数，并利用提取的声音特征训练分类模型，建立猪声音识别系统，可以有效地识别猪不同状态的声音且精度较高(图 1-3)。

典型企业：科大讯飞正在与某生猪养殖龙头企业合作进行猪群咳嗽自动监测和预警的核心技术研究，通过分布式声场网络和声纹识别技术进行猪应激声自动识别，结合大数据分析，实现动物疾病的早期发现和诊断。

(3)人机交互。人机交互指的是实现机器与人交流互动的技术，即机器通过输出或显示设

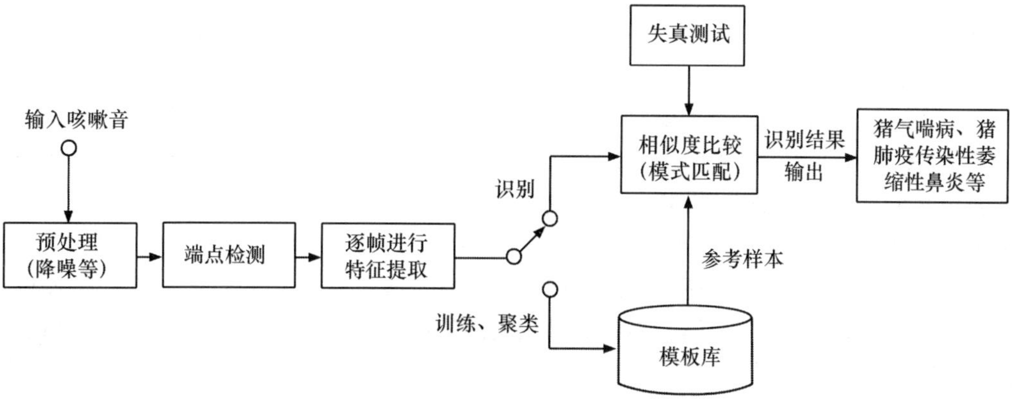

图 1-3　声音识别诊断疾病原理

(注:引自农信研究院)

备对外提供有关信息,同时用户通过输入设备向机器传输反馈信息。

典型企业:农信云平台联合云知声研发的智能音箱,能够实现以下三方面功能:①语音交互问答,如语音获取行情、猪只档案、猪群健康状况、猪舍环境条件等信息;②语音录入数据,使饲养员即时录入各种生产记录,并提交至云端;③语音远程控制,管理员通过语音下发养殖计划,饲养员通过语音控制猪舍环控设备等。

3.猪场物联网平台与设备

猪场物联网是利用感知技术与智能装置,对猪场内的环境状况、个体身份认证、体征状况、生长指标、生产活动、能源消耗等进行感知识别,并通过网络传输,进行数据互联、计算、处理和挖掘,实现人、设备、猪、猪场之间的信息交互,以对猪场实时控制、精确管理和科学决策。猪场物联网细分领域较多,近年来在物联网平台、智能穿戴设备、智能饲喂设备、智能环控设备和智能监测设备等领域发展较快。

(1)物联网平台。物联网平台重点解决个体识别、情景感知、异构设备组网、多源异构数据处理、知识发现、决策支持等问题。物联网平台定位于"IaaS"层(Infrastructure-as-a-Service:基础设施即服务)和"PaaS"层(Platform-as-a-Service:平台即服务),是一个物联网信息服务的集合,主要包括三个方面:①连接服务:将养猪业的各类通信资源接入并汇聚,以及进行网络接口之间协议的转换,包括大量的猪场物联网软/硬件设备、各类相关信息应用系统、网络资源、各类数据接口、软件功能模块等资源。②技术服务:为猪场客户提供大数据、云计算、边缘计算、人工智能的计算服务和数据库云存储的服务。③数据服务:实现系统间数据交互,实时整合数据分析工具,对外输出大数据应用。

典型企业:农信云平台打造的"猪小智",作为智能化养猪设备的超级连接器,连接市面上的猪场监控、饲喂、环控、检测等设备,实现设备一键接入,帮助猪场快速拓展设备连接能力,并提供设备管理、预警,使猪场管理自动化;对系统采集的多维数据进行存储、智能分析,形成最佳决策,指导猪场生产。与细分领域的解决方案提供商(如单纯的软件、音视频解决方案、物联网设备等)相比,猪小智提供的是组合拳的解决方案,能够帮助用户实现整体效能的提升。

京东农牧于2018年底推出智慧养猪解决方案——神农物联体系,以神农大脑(AI)、神农物联网设备(IoT)、神农系统(SaaS)为三大核心，神农大脑有如人体大脑，利用人工智能做判断和决策；神农系统类似人体血液，连接神农物联网设备和神农大脑；神农物联网设备作为核心肢体器官，感知外界信息。其物联网设备板块，一方面自主研发适用于农业生产场景的硬件；另一方面借助京东商城广泛集成各类智能设备。

(2)智能穿戴设备。广义的畜禽智能穿戴设备包括电子耳标这种只做身份认证的设备和能够测量其他特征的穿戴设备(狭义的智能穿戴设备)。这里主要探讨后者，这类设备类似于人的智能手环、智能眼镜、智能手表等，一般佩戴在畜禽的耳朵、脖子、四肢或者尾巴上，这类设备除了能够认证畜禽的身份，还可以随时感知和采集畜禽的体温、心率、活动量等生理信息和位置信息，并实时上传到服务器。系统通过相关的算法对数据进行处理，得到畜禽发情、疾病、采食量、活动量等信息。

畜禽智能穿戴设备及其管理系统的核心技术包括两方面：一是智能穿戴设备的集成度，即集成各种感知、传输、供电设备和技术的能力；二是人工智能算法，能否将设备和技术与具体的生产场景相结合，实现对生产中各种场景、各种事物的特征提取、描述、还原及控制能力。

典型企业：睿畜科技的电子医生是一款戴在猪耳朵上的智能设备，该设备可以探测猪的体温和活动量等体征数据，通过射频技术将数据实时发送到猪场的接收器上。睿畜科技同时开发有一套人工智能算法，可以基于体征数据预测猪的排卵期和疾病，能够精准预测最佳配种时间，减少母猪的空怀期，从而大幅度提高猪场的 PSY。

(3)智能饲喂设备。随着现代科技的发展，猪场的饲喂方式逐渐由传统的人工给料、自动化饲喂，向智能化饲喂发展。智能化饲喂设备不仅可以减少劳动力，还可以提升管理水平、降低饲料成本。以母猪电子群养饲喂系统为例，通过无线射频识别技术对电子耳标进行识别，通过中央处理器识别母猪个体档案，进而制订饲喂计划，实现精确的个体饲喂，有利于妊娠母猪个体膘情的控制。与传统的饲喂方式相比，母猪电子饲喂站具有节省劳动成本、减少饲料运输过程污染、减少饲料浪费、提高精准饲喂管理水平等优点。母猪电子饲喂站设备适用于群养模式，而我国规模化猪场以前大多采用单体限位栏饲养母猪。因此，目前母猪电子饲喂站设备在我国规模化猪场应用较晚，但正逐渐被广大养殖企业认可，普及范围将越来越广。

典型企业：深圳慧农根据中国猪场生产管理实际研发了小型母猪电子饲喂站，采用 25 头小群饲养，实现母猪精准饲喂和膘情控制，群养模式下大量运动能够降低母猪难产，减少肢体病，提高猪群健康。同时，与国外 50 头大群饲养相比，小群饲喂站具有安装、使用与维护更便捷，减少猪只追尾打架，批次化生产管理更简单，一次性投资成本低等优点，适用于基础母猪为 2 000 头以下的中小规模猪场群养方案。

省饲儿的“养猪机器人”采用粥料饲喂，饲料适口性好，降低了保育猪断奶应激，提高了采食效率，减少了饲料浪费，是一款没有按键、无须操作的智能饲喂设备，傻瓜式设计，只要将设备固定好，水、电、料准备完成，不需要饲养员做其他操作即可以养猪。同时，饲喂器可内置环境指标传感器和猪只个体识别系统，感知猪只附近的环境状况和个体采食状况。

(4)智能环控设备。在过去，管理者要获取环境数据，或者先由生产者进行统计，再将统计结果上传到网络，或者定期将设备取出、导入电脑中。在物联网时代，只需要将每个畜舍进行联网，就能够实现舍内环境数据的即时上传，实现人与物的直接对话，进而实现联网后的自主决策，可谓是给畜禽装上了“智能家居”。

一般来说，通过各种传感器采集畜禽舍内与动物生长密切相关的环境参数，与预设值进行自动比较，当超过预设值上下限或断电时，系统会自动报警，并通过短信或电话通知管理员。系统也可自动采集各类设备的性能和运转数据，便于管理人员进行维护与保养。同时，配套PC端和手机端App，让用户远程查看即时数据。目前，大多数国外企业提供的设备不对用户开放后台数据，而国内企业则抓住了养殖场用户对数据的需求，纷纷开始向无线传输、云端存储转型。

典型企业：普立兹的SGC农场微管家系统基于移动互联网、物联网、云计算技术，对猪舍环境进行实时监测，采集舍内的温湿度、光照、风速、二氧化碳、氨气、气压等环境参数，通过智能控制器把采集到的数据实时传输到物联网平台上，对环境异常和断电情况立即报警，对异常环境进行自动调控，对历史环境进行查询分析。手机软件搭建在微信平台上，无须下载，使用便捷。

(5)智能监测设备。猪场智能监测设备主要包括猪场智能巡检机器人、便携式智能监测设备和智能能源监测设备等。

智能巡检机器人是近年的一个热点，许多服务商都开展了相关研发。比较常见的方案是在猪栏上方铺设轨道，轨道上安装巡检机器人，机器人装有摄像头、传感器、生物雷达等，定时沿轨道滑动，巡视的过程中将数据实时上传到云端，发现异常情况会向管理员发出预警。智能巡检机器人能够代替饲养员对猪舍进行24 h不间断的巡查，能够大幅度减少饲养员工作量，并提高对异常情况的排查效率，也有利于猪场提高生物安全水平。

便携式智能监测设备主要用于生猪发情、怀孕识别、疾病诊断、精子检测、个体素质辅助检测等，主要包括电子耳标和阅读器、智能B超仪、发情监测仪、智能背膘及眼肌测定仪、精子分析仪、智能体温计、呼吸心跳侦测仪等设备。这类设备大多携带轻便、操作便捷、结果自动传输到终端或云端，极大地提高了猪场的生产效率。未来这类小型设备的发展趋势是设备设计轻量化，提高操作便捷性、维护简便性、网络传输稳定性和识别结果准确率，同时兼顾与其他各类设备的集成、协同以及与各类软件、云平台的连接、整合。

典型企业：小龙潜行研发的在限位栏上方安装轨道，轨道巡视机器人(采集车)按照既定策略定时启动，沿轨道滑动，在每个限位栏上方采集猪只视频、图像数据，数据上传至云端，云端智能模型计算每头猪的体重、背膘。采集车采集结束后，轨道巡视机器人返回无线充电仓内充电。见图1-4。

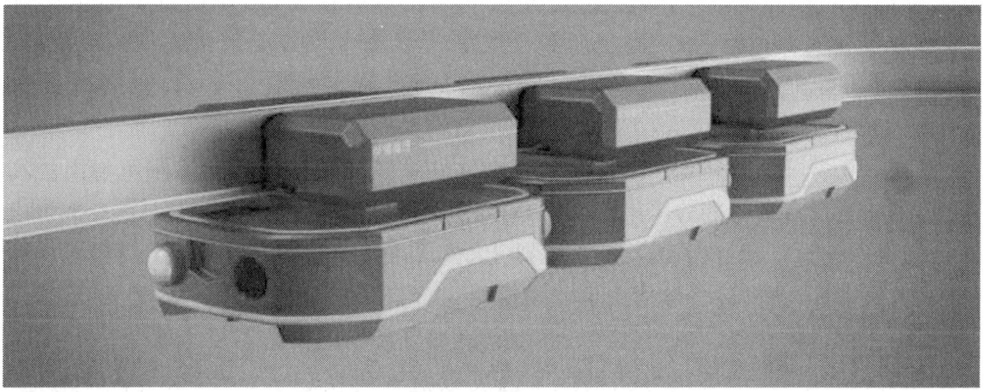

图1-4 小龙潜行的智能巡检机器人

(注：引自农信研究院)

1.3.3 存在的问题和趋势展望

1.存在的问题

(1)农业物联网标准化程度低。物联网标准是实现物联网技术应用的关键。目前我国还没有建立完整的农业物联网技术标准体系,感知层、传输层、应用层均没有统一的技术规范,使得物联网技术在农业领域产业化应用发展受到很大制约,具体表现为:农业传感器标准化程度不够,可靠性不能保证,难以实现广泛的集成应用;传输网络建设缺乏统一的指导规范,多采用自定义传输协议,随意性较大;上层应用系统的开发也没有标准可循,数据无法互联共享,难以指导生产。

(2)猪场智能设备普及率不高。我国的智能农业设备传感器实用化程度较低,管理不方便,与国际先进的物联网传感器相比,还存在着设备体积大、功耗高、感知数据精度低等问题。设备对于恶劣环境的耐受能力也是个重要因素,养殖设备智能化升级远远落后于工业智能化进程,除了工业信息化条件优于养殖业的原因之外,最大的限制条件就是相关智能设备要能够在较为恶劣的现场条件下稳定运行,如猪场内粉尘大、腐蚀性大、湿度大、蚊虫多、通信条件差等,这些不利条件都可能影响设备元器件的性能。此外,目前猪场智能设备的成本对于中小规模的猪场仍然偏高,整体性价比有待提高,猪场采购智能设备的动力不够强劲。

(3)应用模型实用性有待提高。虽然通过猪场物联网设备和管理软件汇集了大量的猪场生产管理数据,但这些实时感知的数据没有得到充分挖掘利用。首先,目前在猪场知识模型、模式识别、知识表示、业务模型的机器学习方面已有突破性进展,但部分的模型、算法不足以反应客观现实,以致达不到指导猪场精准生产的实际需求。其次,现阶段的自动化控制或局部的智能化还是基于人的经验,而人的经验有两个局限性:并不精准,可能与实际情况有出入;受限于具体的环境,不同的环境下经验不能通用。最后,目前主要还是时序控制、单一指标控制,难以实现按需控制和多指标控制,应用系统的智能化程度需要提高。

2.趋势展望

2019 年,国务院办公厅印发的《关于稳定生猪生产促进转型升级的意见》明确提出:“要大力发展标准化规模养殖,深入开展生猪养殖标准化示范创建,加快推进生猪全产业链信息化,推广普及智能养猪装备,提高生产经营效率。”随着非洲猪瘟疫情逐步得到控制,新建猪场势必对猪场管理、生物安全、环境保护严格把控,对猪场信息化、智能化提出更高的要求。

(1)机器自我学习是突破点。智能是要实现软件系统与硬件设备能够按照不同的场景进行自主计算、并实现自主精准的决策和互动,最终达到智能化、无人化操作。下一个阶段的发展方向是机器自我学习,即在人的经验的基础上,机器通过深度学习,积累养殖经验,构建精细化养猪模型,如精准饲喂模型、母猪发情监测模型、疾病预警模型、环境控制模型等,修正人的经验,从而实现精细化管理。例如,按照人的经验,哺乳母猪的最适温度范围为 16～18 ℃,机器通过不断的自我学习,能够将母猪的适宜温度数值区间锁定在更准确、更科学的范围,如 16.5～18.5 ℃,并以此指导系统调节猪舍的环境状况,带动养殖效率的提升。

(2)数据是最终驱动力。从人工智能技术发展的历程来看,早期的发展主要由算法驱动,但缺少海量数据支撑与高水平的运算力保证，无法对算法模型进行持续的优化、迭代。随着科技的发展，算法模型日益优化，现代计算机的性能逐年提升。当算法和计算力不能支撑实际产业需求或者未来技术壁垒很低的时候，数据将成为核心驱动力。以深度学习为例，深度学习是“海量数据＋人工神经网络”，其效果取决于两个因素，即计算能力和数据量的大小。全球科技巨头如Google、Facebook、IBM、阿里、百度都有开源平台，所以随着时间的推移，技术壁垒最终会大幅降低，真正的痛点在数据量。因此，未来掌握更多数据的企业或平台在行业内将更有话语权。

(3)平台化优势将不断凸显。未来，随着技术的不断成熟和与产业的深度融合，平台化的优势会更加突出。一方面，猪场大数据服务平台拥有庞大的猪场用户群体，能够提供广泛的应用场景和海量的行业数据，为技术的发展提供丰富的分析、训练与应用资源；另一方面，平台能够整合软件服务商、技术服务商、设备提供商等各类行业主体，提供优质高效、低成本的运算能力和服务。通过海量优质的多维数据结合大规模计算力的投入，以应用场景为接口，平台将构建起覆盖全产业链生态的商业模式，满足用户复杂多变的实际需求。

任务1.4　智能养殖系统介绍

1.4.1　智能养殖的定义和建设原则

1.智能养殖的概念

微课　智能养殖系统介绍

广义的智能养殖是指依托物联网、云计算以及3S技术(3S技术是遥感技术RS、地理信息系统GS和全球定位系统GPS的统称)等现代信息技术与畜牧业生产相融合的产物，可以通过对养殖环境的智能感知和数据分析，实现畜牧业生产精准化管理和可视化诊断。

狭义的智能养殖是指将各种传感器技术、信息化环境监测技术、养殖环境控制技术、RFID无线电子标签标识技术、Zigbee局域网无线通信技术、无线远程通信技术、视频远程监控与自动报警技术、疾病监测监控技术、质量追溯技术、云计算技术，生长曲线与营养模型动态预测技术，设备的自动控制技术等，集成开发成融对畜禽个体识别、环境和个体信息与环境信息智能感知、数据采集与转换、数据有线或无线传输、数据的智能分析与处理，以及对生产行为的智能干预和精确、精细饲养于一体的养殖管理模式。

2.智能养殖系统建设目标

采用物联网技术通过智能感知、识别与普适计算、泛在网络的融合，大幅度提高饲养效率、能源节约、防疫检疫水平、环境控制水平和动物福利，在实现自动化、智能化、精准化及安全管理的同时，创造最大的经济和社会效益。

3.智能养殖系统设计原则

智能养殖系统的建设须坚持以下设计原则。

先进性。采用先进的理念、成熟的技术与设计方法，符合当前潮流与未来发展趋势，能跟上信息技术的发展，具有长期使用价值。

实用性。紧紧围绕市场食品安全的实际需求，在满足畜牧业智能养殖及全程溯源系统建设要求的前提下，尽可能以少的投入取得大的效益。

开放性。具有良好的开放性、兼容性和可扩展性。

标准化。符合业界主流标准与规范，包括基础架构与各个应用系统的集成与标识数据整合，均遵循标准化原则，不依赖特定的网络、系统软件与硬件，能够部署并运行在各种主流的软硬件环境中。

可靠性。智能养殖系统支撑着整个食品生产销售链的管理与监督，必须具有高可靠性、高容错性和强大的数据处理能力，确保不间断、稳定地运行。

安全性。智能养殖系统涉及从"养殖到餐桌"的大量敏感数据，必须构建全方位、多层次、完善的安全保障体系，在保证物理安全和网络安全的基础上，保证数据安全。

简便性。智能养殖系统涉及从养殖、防疫检疫、加工、销售到餐桌食用等众多环节，数据量、信息量巨大，对系统的稳定性和可靠性有重大考验，必须确保结构清晰、操作简单、维护方便。

4.智能养殖系统结构

智能养殖系统主要实现禽舍内环境信息的采集与自动控制；禽舍内的信息及数据经有线传输、无线传输等方式进行汇集、存储；智能养殖信息管理平台进行统一分析、处理，支持远程查询、管理和控制；实现禽舍内环境监测、精细饲养、节能减排、疾病检防和粪便清理等功能；覆盖从养殖到消费的全程质量安全管理。见图 1-5。

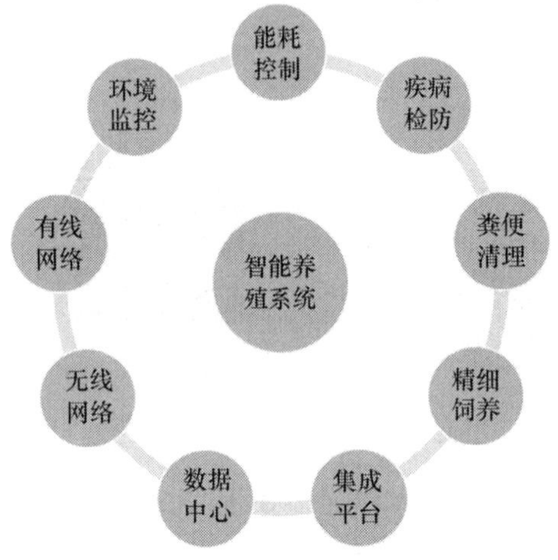

图 1-5　智能养殖系统组成

基于物联网技术的智能养殖系统结构主要包括：

(1)畜禽舍内环境信息采集和自动控制建设(传感层)。实时监测畜禽舍内温度、湿度、光照强度、氨气浓度、硫化氢浓度和二氧化碳浓度。通过布置监测节点、构建无线传感网络、安装畜禽舍内自动控制系统和设备等实现。

(2)通信组网连接系统建设(传输层)。搭建有线和无线通信相结合的综合组网方式，实现数据的短距离传输和长距离中继功能。

(3)智能养殖应用系统建设(应用层)。由精细饲养子系统、能耗控制子系统、疾病防检子系统、粪便清理子系统等组成。

(4)智能养殖信息管理平台建设(集成平台)。进行数据的采集、存储、处理、分析、接口、运维等。具备海量数据存储和大规模计算性能，支撑远程及智能终端的查询、管理和控制。

1.4.2　智能养殖系统建设内容

1.舍内环境信息采集与自动控制系统

根据畜禽舍环境特点，对影响畜禽生长较大的环境参数进行自动化监控，主要包括温度、湿度、光照度、二氧化碳浓度、硫化氢浓度、氨气浓度、粉尘等进行采集。通过在畜禽舍内构建无线传感网，由舍内环境信息控制器进行各传感器数据的汇总与分析，并根据预先设定参数阈值对舍内风机等设备进行自动控制，调节畜禽舍内环境。见图 1-6。

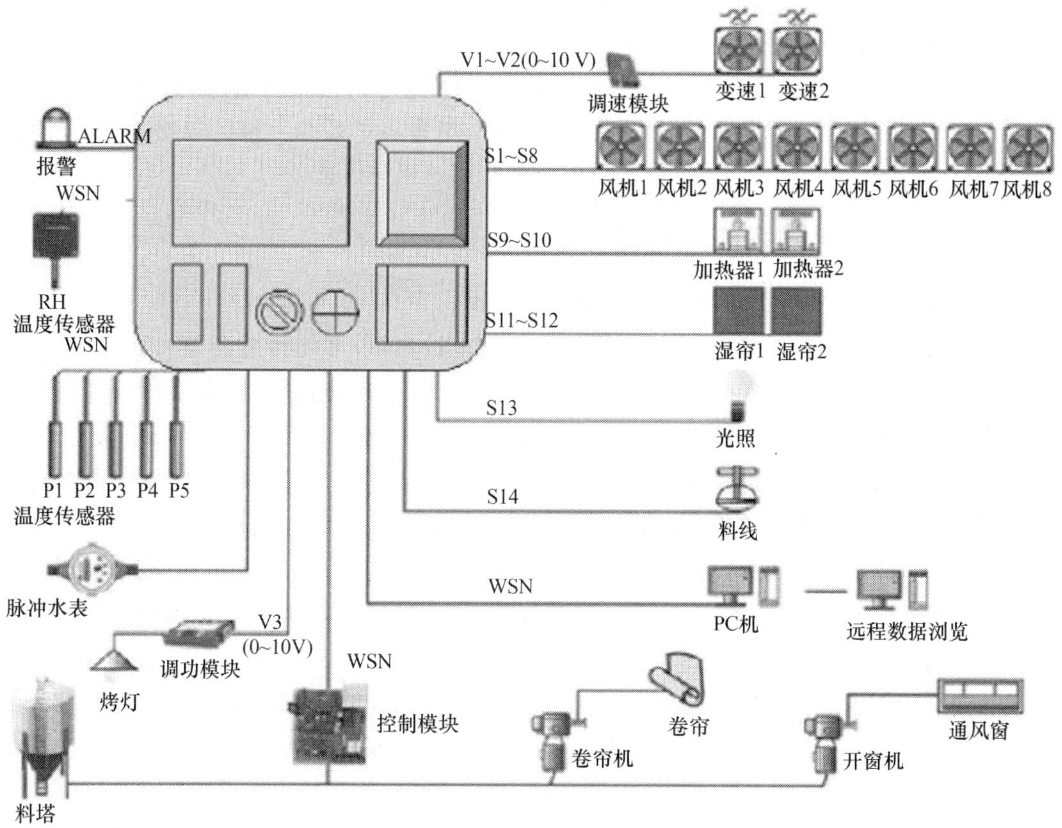

图 1-6 环境智能控制系统结构图

(注:引自农信研究院)

2.智能养殖应用系统

主要包括智能饲喂、能耗控制、疾病防检、粪便处理等子系统。

(1)智能饲喂子系统。根据不同畜禽的生长模型,结合畜禽个体的体重和月龄等情况,采用不同的饲喂器,系统自动计算个体或小群体每天的进食量,分时分量自动投喂;并通过对投喂结果进行分析,实现自动投喂控制,发生异常情况时自动报警。智能供水,解决饮水器易受到污染、不利于疫病的预防和控制、增加饲料消耗、不利于粪便处理等缺点。

(2)能耗控制子系统。智能补光,根据畜禽生长的光需求特性,选择不同的光色、光强和光周期参数,定制畜禽生长所需的最佳光源。

(3)疾病防检子系统。基于视频图像监控技术,利用摄像头和红外摄像仪,对畜禽舍内的死、病畜禽进行实时监测。

(4)粪便处理子系统。养殖场粪便的智能化收集、运输和无害化处理、资源化利用,是养殖业智能化程度最低的一环,亟待突破。

(5)视频图像监控系统。通过安装摄像机、闸道、监控平台,采用无线传感网、有线通信、无线通信相融合的综合组网技术,实时监控养殖场内外环境变化。

(6)可溯源信息管理系统。是实现养殖过程中对畜禽的各种信息进行记录、查询和监督的质量保障系统。畜禽可溯源信息管理系统由信息管理中心、养殖管理子系统、屠宰加工管理子系统、运输管理子系统、销售管理子系统和消费者信息查询子系统等系统组成。

信息管理中心是存储畜产品从生产到消费的全过程各个环节上报信息的数据中心。一方面,信息管理中心接收并储存养殖、屠宰加工、运输和销售等子系统上报的数据;另一方面,信息管理中心为消费者信息查询子系统提供各类畜产品的相关信息。

1.4.3 智能养殖系统的功能

通过建设智能养殖应用系统,主要实现以下功能:

(1)环境控制智能化。通过智能环控系统,把智能控制器、环境传感器等孤立的环控设备连接起来,形成一个系统,统一进行管控。传感器 24 h 采集环境指标,根据系统内置程序,自动控制环控设备启停,保障畜禽舍内环境始终处于适宜的状态。

(2)饲喂方式智能化。通过使用智能饲喂系统,根据畜禽的日龄、大小、数量等信息,自动制订采食计划,保证饲料精准投放,实现畜禽饲喂方式智能化。

(3)生产过程智能化。通过使用智能终端设备,对生产过程,如巡栏、测膘、测孕、猪只盘点等数据进行自动记录,直接、准确、全面地了解和控制养殖场日常生产的方方面面,减少人工投入,保证数据准确无误。

(4)安全管理智能化。通过采用智能化的安全监控系统,对养殖场的人、畜禽、场、设等进行实时监控及预警。当发生不符合行为规范的事件,如外来人员进入猪场、猪只出现在栏舍外、猪场内出现猫等时,智能监控系统能够及时预警,通知相关员工立即处理。

(5)数据管理智能化。通过建设综合管理平台,将各类终端设备采集的数据进行联动、整合,以可视化的模式呈现,形成一整套循环运转的系统,并自动进行深入挖掘分析,发现生产隐患,及时做出决策和改进,提升生产效益。

1.4.4 智能养殖与生产生活的关系

在生产方面。智能养殖体现在养殖生产方式上的革新和生产力上的大幅度提升,具体表现为养殖过程中环境控制的智能化,养殖生产过程中的数据化,饲料和药品管控上的精准化和疾病防预控制上的地理化等。

在生活方面。智能养殖改变了养殖相关人员的生活和沟通方式,具体表现为通过先进便捷的养殖信息管理,产生高效的养殖经济效益,大大节省了人力、时间,使养殖户能够安其业、乐其心、享其成。

在生态方面。智能养殖在生态领域中扮演极为重要的作用。首先表现在养殖、种植、粪污、环保、生态一体化的协调发展上,其次表现在种苗、饲料、药品、养殖、加工等生产环节上的食品安全追溯一体化。

龙头企业采用各种养殖专用型传感器和控制器,实现对养殖圈舍内部和外部环境数据的自动采集,并对舍内养殖微环境进行智能化的调节和控制。养殖过程性大数据通过智能网关自动上传到云平台存储和管理,并通过大数据引擎的挖掘和分析,找出最佳养殖模型、最佳养殖曲线和最佳人工智能养殖算法。

任务 1.5　养殖智能设备物联实施规程

主要规定养殖智能设备物联实施标准的术语和定义、通信要求、功能要求、设备要求和控制要求。标准适用于应用物联网技术进行养殖智能设备的设计、建设和维护。

1.5.1　术语和定义

（1）传感器设备（sensing equipment）。一种检测装置，能感受到被测量的信息，并能将感受到的信息，按一定规律变换成电信号或其他所需形式的信息输出，以满足信息的传输、处理、存储、显示、记录和控制等要求。

（2）系统监控设备（system supervisory equipment）。用于控制系统、监测系统运行状态的设备。

（3）移动控制设备（mobile control device）。能够在移动状态下应用的监控设备。包括手持遥控器、智能手机、平板电脑等设备。

（4）饲喂设备（feeding device）。畜禽专用的饲喂器具，通过软件控制的智能饲喂系统实现采食时间、每日采食量的精确管理以及未采食的统计、预报功能。

（5）消毒设备（feeding device）。用以清除和杀灭环境和物体中的致病微生物或使微生物灭活的设备。

（6）中央控制设备（central control facility）。对养殖智能化系统进行集中管理和控制的设备。

（7）养殖总线（home bus）。用于养殖智能化系统通信的一组信号线。主要指 EIA-485 等常有线通信方式。

（8）ZigBee 协议（ZigBee protocol）。基于 IEEE802.15.4 标准的低功耗局域网协议。

（9）畜禽环境（animal environment）。畜禽周围空间中对其生存有直接或间接影响的各种因素的总和。包括温度、湿度、光照强度等物理因素和 CO_2、NH_3、H_2S 等化学因素。

（10）环境控制（environmental control）。根据畜禽的生物学要求和生理学特点，通过工程技术和管理措施，以改善和控制畜禽环境，使之尽可能有利于畜禽的健康与生产。

（11）自动控制系统（automatic control system）。在原有的养殖、环控等设施设备基础上，配置相应的控制设备、监控设备及软件，使被控设备、系统、生产过程或环境，按照预定的方式运行或使被控参数保持规定值的操作系统。

1.5.2　通信要求

1. 网络拓扑

智能养殖设备物联的拓扑结构采用以太网汇入中央控制设备方式，系统需满足以下要求。

具有养殖总线接口的养殖电子设备通过协议转换设备接入以太网。

具有 Wi-Fi 接口的养殖电子设备通过养殖路由器接入以太网。

具有低功耗射频通信接口的养殖电子设备通过协议转换设备接入以太网。

中央控制设备通过以太网实现和养殖电子设备的互联。

中央控制设备接入智能化养殖云平台获得云服务，中央控制设备可通过设备验证云验证养殖电子设备的合法性。

2.网络协议

协议栈由网络变量安全操作协议、网络控制映射协议和 TCP/IP 协议组成，支持电力线、EIA-485 双绞线、低速无线和以太网等多种通信方式，提供设备控制、数据采集等应用。

1.5.3 功能要求

1.信号采集

实现养殖环境（包括 CO_2、NH_3、H_2S、温度、湿度、光照强度、视频等）信号、生猪健康指标（个体身份、血压、心率、运动量、体温等）信息的自动检测、采集和传输。

2.数据传输

采用有线、无线或有线、无线相结合的方式实现信号的同步输送。

3.终端控制

实现养殖舍内环境（包括温度、湿度、光照强度等）的集中、远程、联动控制。指标和要求的制定应体现行业先进水平。

实现视频监控，以便随时查看现场畜禽生长情况。

实现饲喂设备的自动上料、自动饲喂。

实现物理消毒和化学消毒。

系统的设定值能调整改变，系统依据设定参数可自动调控相应设备。同时，各调控设备具有手动控制功能，紧急状态下可启动手动控制。

系统一旦监控到仪器发生故障、调控设备异常时，应发出报警信号，并对异常事件进行记录和复位。

系统应与其他节点保持相互独立，其他节点失效后，仍可独立运作。

4.存储分析

实现对整个养殖环境监测数据的定义、采集、存储和查询。

能够提供阈值设置、分析、检索、报警功能。

能够为管理人员提供实时监测数据，自动存储记录，记录数据可导出 Excel 格式，可长期保存，为及时做出相关养殖调整和制定新的规划方案提供数据支持。

可对存储数据进行分析统计，提供日、周、旬、季报表及曲线走势图。

1.5.4 设备要求

1.总体要求

应具有 WiFi、以太网、EIA-485、低速无线、电力载波中的任意一种通信接口。

应具有上报设备故障、报警、基本功能等信息的能力。

应具有设备开/关机、挡位等功能控制接口。

应支持协议栈。

应支持远程诊断（故障提示、故障分析、故障诊断）的云服务。

2. 中央控制设备要求

应具有设备发现、控制和系统事件发布的功能。

应具有多回路自动控制的功能。

应具有时间条件触发控制的功能。

应具有传感检测设备状态触发控制的功能。

宜具有接入养殖智能服务云的能力。

宜具有用户习惯学习的智能控制能力。

3. 场景控制设备(面板)

应具有编辑场景的功能。

宜具有图标和名称的显示方式,并且名称可以由用户编辑。

4. 移动控制设备

应具有便于用户交互的监控界面。

应具有养殖智能化系统工作状态的显示功能。

应具有养殖智能化系统工作模式设置功能。

宜具有养殖智能化系统电源控制功能。

宜具有养殖智能化系统电能数据显示功能。

5. 视频监控设备

采集的视频信息应包括图像来源的文字提示、日期、时间等。

应具有数据记录功能。

宜具有视频监控报警功能。

宜具有视频信号丢失报警功能。

满足集成化原则,应选择高效集成的设备,便于控制、管理和维护。

满足模块化原则,应在软、硬件上都采用商业化、通用化、模块化结构的设备,使系统具有较强的扩展能力。

满足可靠性原则,所选设备应具备抵御环境影响的能力,工作稳定可靠,并能适应全天候工作。

6. 协议转换设备

应具有以太网接口。

应具有设备管理功能。

可具有 PoE 供电功能。

可具有 EIA-485 有线接口。

7. 传感器设备要求

主要包括光照度传感器、温度传感器、湿度传感器、二氧化碳传感器、硫化氢传感器、氨气传感器。

8. 可穿戴健康监测设备

应具有生猪运动数据分享功能。

应具有生猪个体身份绑定功能。

宜具有血压、心率测量管理功能。
可支持生猪健康状态分析云服务。

9.饲喂设备

应实现饲喂设备的自动上料、自动饲喂。
应实现饲养数据的核算。
宜对不同环境、季节、畜禽品种、体况等因素进行饲喂的智能调整。
宜生成采食报告和警告报表，以关注不食或食量偏低的畜禽。

10.消毒设备

应具备紫外线、阳光等物理消毒。
应具备使用化学药品清除、杀灭和灭活致病微生物的化学消毒。
应根据不同的环境，选择不同的消毒剂类型。
宜具备紫外线、喷雾、浸液、熏蒸、喷洒等多种消毒方式。

1.5.5 控制要求

1.安防报警控制

应具有入侵报警、紧急按钮等报警事件触发功能。
应具有防区自主设置功能。
应具有本地、远程等布撤防功能。
应具有联动其他防范入侵设备功能。

2.光环境控制

应具有自动开关灯光的功能。
应具有自动调节灯光参数的功能。
应具有自动调节窗帘开合度的功能。
应具有自动调节遮阳设备的功能。

3.空气质量控制

应满足 GB 3095—2012 二类区的要求。
应具有空气质量(CO_2、NH_3、HS)异常警示功能。
宜具有联动关联设备的能力。
宜具有条件或事件触发能力。
宜具有空气质量(CO_2、NH_3、HS)量化显示的功能。
宜具有空气质量数据在移动终端设备实时显示的功能。

4.场景模式控制

应具有工作模式(设备选择和状态设定)自定义功能。
应具有定时触发功能。
应具有状态触发功能。
宜具有延时触发功能。
可具有新场景学习功能。
引自：养殖智能设备物联实施规程 T/CPPC 1014—2020

思考题：

1. 请介绍一种你了解的智能设备，简述其功能、使用方式及优势。
2. 请借助网络，分享一个行业或城市、企业的人工智能应用情况。
3. 简述猪业互联网服务平台的构成和功能。你了解哪些代表性产品？
4. 简要描述猪视觉识别系统的功能和应用情况。
5. 简述猪场物联网平台与设备的构成和代表性企业的主要产品及功能。
6. 你认为智能养殖应用系统主要包括哪些部分？分别有哪些功能？

项目2　养殖环境智能控制

知识目标

了解畜禽舍通风的目的和意义、通风的方式及不同方式的应用场景与方法。

熟悉畜禽养殖环境智能监控系统的组成、结构、功能及应用。

了解畜禽养殖环境智能控制系统设计的规范及要求。

能力目标

掌握畜禽舍温度、湿度、通风等控制技术。

掌握风机、湿帘及供暖等智能设备、控制系统的使用方法。

掌握智能猪舍、智能鸡舍的环境调控方法。

素质目标

增强对养殖环境调控的认识，增强对建设环境友好型社会的自觉性。

培养学生爱护动物的职业意识。

任务 2.1　畜禽舍环境控制技术

实践和研究表明，畜禽生产力的 20%～30%取决于温度、湿度、氧气、氨气、二氧化碳、粉尘、光照等。畜舍环境控制技术指采用风机排出舍内空气，夏季使用水帘配合降温，冬季使用锅炉或热风机辅助升温等措施，来调节舍内的温度、湿度和空气质量，以达到控制氧气、氨气、二氧化碳、粉尘、病原体等有害物质的浓度，创设适合畜禽生长的内部环境，保证畜禽健康生长、繁殖，从而提高生产率和经济效益。

2.1.1　畜禽舍通风技术

微课　畜禽舍通风技术

畜禽舍的通风换气是畜禽舍环境控制的第一要素，直接影响畜禽舍的空气质量和温度、湿度，是畜禽健康生活最关键的环境因素，也是对生产性能影响最大的因素。早在 1948 年研究者就发现，如果鸡舍内没有足量的新鲜空气，极易诱发呼吸道疾病。当前，高密度的集中密闭生产模式，对舍内外的空气质量要求更高，良好的通风是有效控制畜禽舍环境的重要手段和途径。研究人员对国内多个养殖场回访的调研表明：设计科学、通风良好的畜禽舍，经济效益普遍比传统畜禽舍高出 10%左右。

1.畜禽舍通风的目的及意义

第一，在气温高的夏季，通过加快空气流动促进散热，及时带走舍内多余的热量，使畜禽感觉舒适，缓和高温的不良影响。第二，补充新鲜空气，排除畜禽舍中含有尘埃、微生物和有毒有害气体的污浊空气，防止舍内潮湿，保持舍内空气清新、干燥，有助于提高畜禽的抵抗力，降低发病率，特别是对预防呼吸道疾病、大肠杆菌等条件性致病菌有重要意义。畜禽舍通风基本过程见图 2-1。

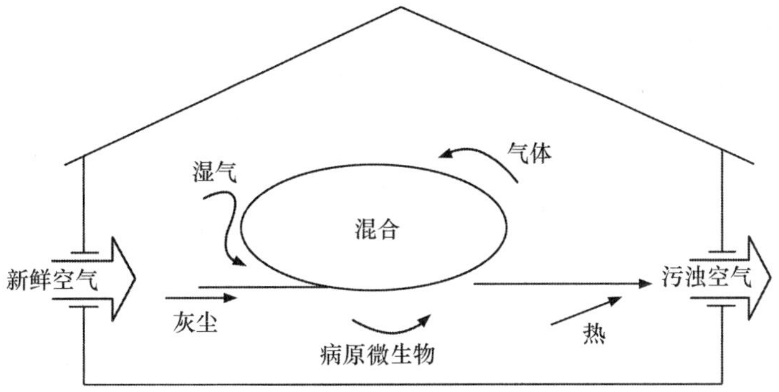

图 2-1 畜禽舍通风基本过程

（引自：贺东昌，王伟伟. 猪场建设与环境控制）

2.畜禽舍通风方式

通风方式主要有自然通风和机械通风。自然通风（图 2-2）是利用舍内外温度差产生的热压或风力作用造成的风压，来实现换气的一种通风方式，多用于开放式、半开放式畜禽舍。优点是易设计、建设成本低、几乎无后期运行成本，缺点是温度不易控制，多用于小型养殖场或农户。本项目只探讨机械通风。

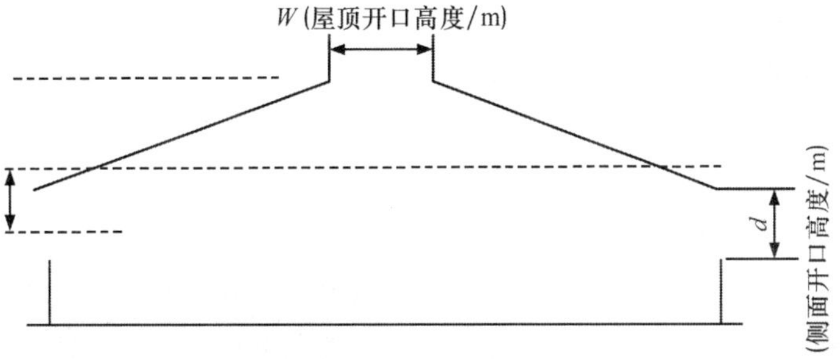

图 2-2 自然通风漏顶畜禽舍示意图

（引自：贺东昌，王伟伟. 猪场建设与环境控制）

机械通风多用于密闭式、跨度较大的畜禽舍。可根据不同气候、不同畜禽设计适宜的通风量和舍内气流速度，方便控制温度，但建设成本高。

机械通风根据通风压力的不同，可以分为正压通风、负压通风、联合通风等方式；依据舍内气流的方向，可以分为纵向通风、横向通风、多单元式通风等方式。

(1)正压通风。是让风从舍外吹到舍内,舍内的风压大于舍外,风从窗口或门洞口排出,实现通风的模式。适用于开放、半开放或封闭的畜禽舍。正压通风可以将畜禽舍内部的氨气、硫化氢等有害气体以正压的形式,通过敞开或半敞开的门和窗排出,确保畜禽舍有一个洁净、清新的环境,降低疾病感染风险,减少用药。降温、通风、换气一次性解决。

正压过滤式通风系统在过滤粉尘和微生物方面效果显著,但夏季高温季节如果舍内温度达到 35 ℃及以上后,正压通风的降温效果不再明显。

(2)负压通风。是用风机从畜禽舍内部吸入空气排到室外,使舍内空气气压小于外界大气压,被动进风的通风模式。通常与水帘降温联合运用,风机一般安置在畜禽舍一侧的墙上,风机的运转可以将畜禽舍内的污浊空气抽排到舍外,使近风机一侧的空气减少,外部清洁空气从与安置风机相对的一侧经过水帘进入,从而达到降温换气的目的(图 2-3)。

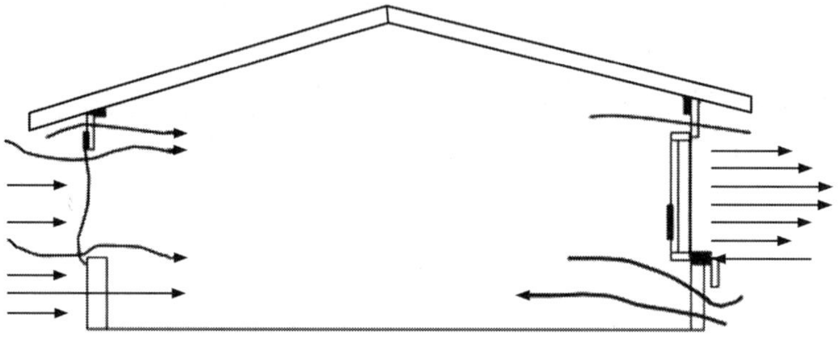

图 2-3　负压通风系统气流交换示意图

负压通风的优势在于外界空气经过降温水帘才可进入畜禽舍,并且空气温度经过水帘可降低 5～10 ℃,在通风的同时就可以达到降温的效果。负压通风也有自身的缺点,一是水帘需要经常更换;二是畜禽舍内的湿度相对较大。此外,负压通风对畜舍的密闭性要求较高,如果畜禽舍密闭性不好则降温效果也不理想。负压通风对畜禽舍长度有严格的要求,一般长度不超过 90 m;采用双向隧道式通风,长度不超过 100 m,否则影响降温效果。

为使负压通风系统达到理想的通风效果,必须保证进气口的风速,进气口的气流射流速度越高,通风系统对舍内温度的控制效果就越好,舍内气流分布就越均匀。

负压通风系统一般采用自动控制进气口,并与风机的控制装置相连接,这样既可以根据舍内动物的数量及季节的变化调节通风量,也可控制进气口的气流速度。见图 2-4。

图 2-4　负压风机

(3)联合通风。也称混合式通风，是一种负压通风和正压通风同时使用的通风方式，因可保持舍内外压差接近于零，故又称为等压通风。

根据畜禽舍内气流流动方向，可以分为垂直通风、横向通风、纵向通风、多单元通风。

(4)垂直通风。可大大降低舍内的废气浓度，确保畜禽舍内空气新鲜，减少呼吸道疫病等的发生率。对采用了地脚通风窗和漏粪地板的畜禽舍，外界新鲜凉爽空气从畜禽舍地脚通风窗进入，带走热量和废气，可起到明显的降温作用。垂直通风可以选择在屋顶开窗、安装屋顶无动力风扇(图 2-5)或安装屋顶负压风机等。

图 2-5 屋顶无动力风机（左)和屋顶负压风机(右)

(5)横向通风。应用于地形较为狭长、不便于采用纵向通风的情况。主要用于开放式和半开放式猪舍的通风。其缺点是存在气流死角，通风不均匀；气流的速度衰减较快。

(6)纵向通风。风速比横向通风高 5～10 倍，进入舍内的空气沿一个方向平稳流动，舍内气流均匀；进气口设在净道一侧，排风口设在污道一侧，避免交叉传染，保证空气清新。通过湿帘对外界新鲜热空气进行适当降温，通风降温一次完成。密闭性好的畜舍，一般采用负压纵向通风。

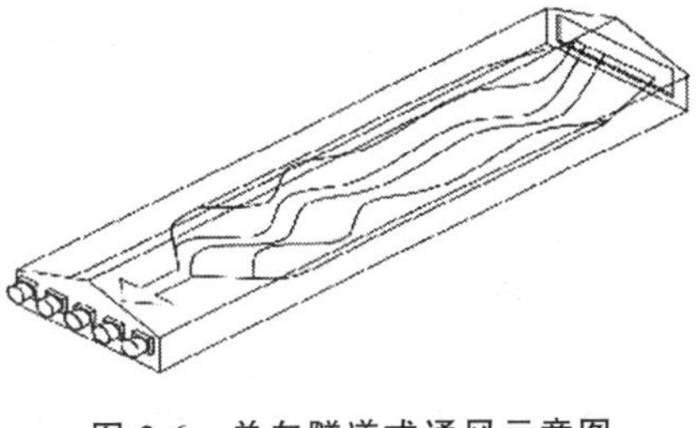

图 2-6 单向隧道式通风示意图

单向隧道式通风(图 2-6、图 2-7)。风机在猪舍一端，水帘在另一端。用于育肥舍时，房舍最长距离不超过 90 m；用于妊娠舍时，房舍最长距离不超过 100 m。

图 2-7 单向隧道式通风

双向隧道式通风(图 2-8)。风机在房舍的两端,水帘在房舍的中间。用于较长的育肥舍或妊娠舍,房舍最长距离不超过 100 m。

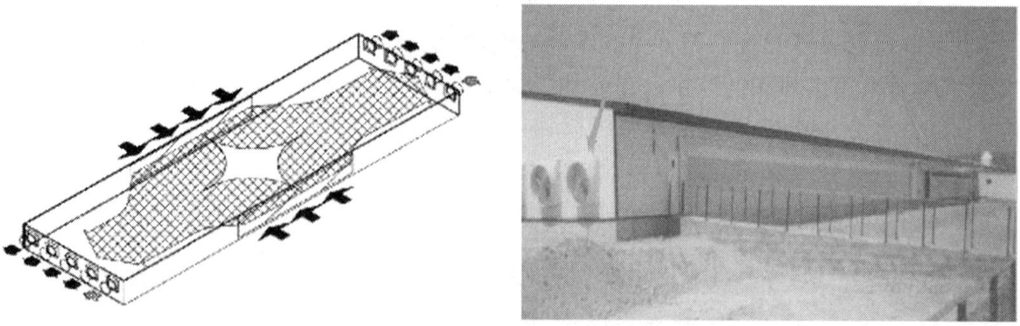

图 2-8 双向隧道式通风示意图(左)和效果图(右)

(7)多单元式通风(图 2-9)。主要用于多单元式产房或保育舍。在一栋畜禽舍的同一平面,划分多个相对独立的生产单元,各单元共用通风走廊和湿帘,通过控制系统和各自的风机,调节各区域的温度和湿度。

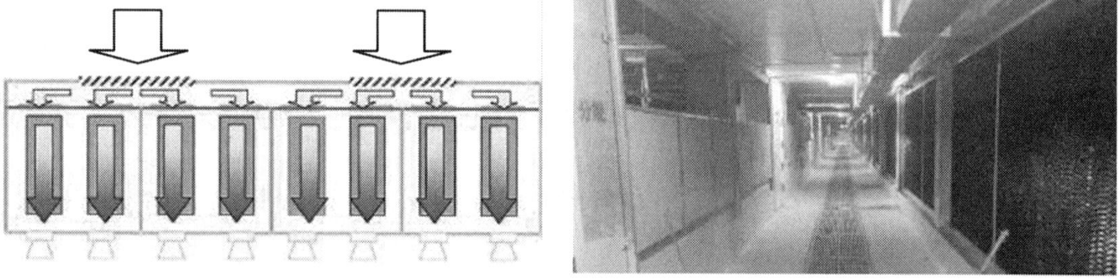

图 2-9 猪舍多单元式通风示意图(左)和猪舍多单元式通风公用走廊湿帘(右)

2.1.2 畜禽舍温度控制技术

环境温度是温热因素的主要指标,温度高或低于适宜温度,均对畜禽健康及生产性能产生不利影响。例如,高温可降低猪采食量和日增重、增加呼吸频率、减弱免疫功能等;低温导致猪采食量增加,日增重减缓。研究表明,环境温度每低于临界温度 1 ℃,生长猪(25～60 kg)每天需要额外增加 25 g 饲料,而对育肥猪(60～100 kg)则每天需要额外增加 39 g 饲料。

采用智能温控系统,通过温度传感器采集不同点位的温度并发往温控模块,温控模块根据设置的参数自动开启和关闭风机、水帘、小窗等外部设备,以达到调节舍内温度的目的。

微课 畜禽舍温度控制技术

1. 畜舍保温措施

供暖系统按照热媒的不同可以分为:热水供暖系统和热风供暖系统。

(1)热水供暖系统。使用无压力热水炉或锅炉将水烧至设定温度后,给地暖或散热片加温,加热猪舍的空气,保持舍内适宜的温度。

(2)热风供暖系统。通过加热空气或直接输送热空气来供暖。近年来，正压管道送风技术被引入畜禽舍内，即使用暖风机和热风炉把引进舍内的新鲜空气加热后再送到畜禽舍内。这样供热和通风相结合，从根本上改善了寒冷季节畜禽舍内的环境。

(3) 局部采暖。为满足分娩舍哺乳仔猪对较高温度的需求，常采用局部采暖，主要有以下几种。

保温箱和加热器(图 2-10)。保温箱通常用水泥、木板或玻璃钢制成；加热器主要是电热保温板和红外线灯。仔猪保温箱能保持仔猪生活环境温度在 30～32 ℃。

电热地暖(图 2-11)。过去一般使用可移动电热板，由于导线接口部分容易损坏，使用不方便，现在多在栏舍建设阶段做预埋，预埋的材料也由原来的电热丝改为碳纤维，安全性和耐用性有较大提升。保育舍躺卧区及分娩舍仔猪活动区采用碳纤维地暖更有利于均匀供暖。

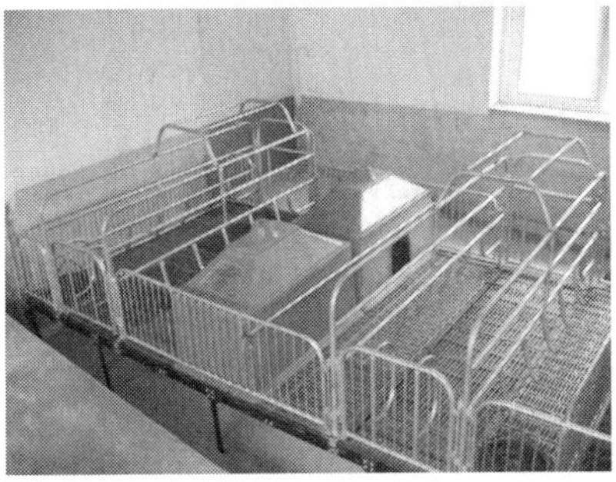

图 2-10 保温箱和加热器

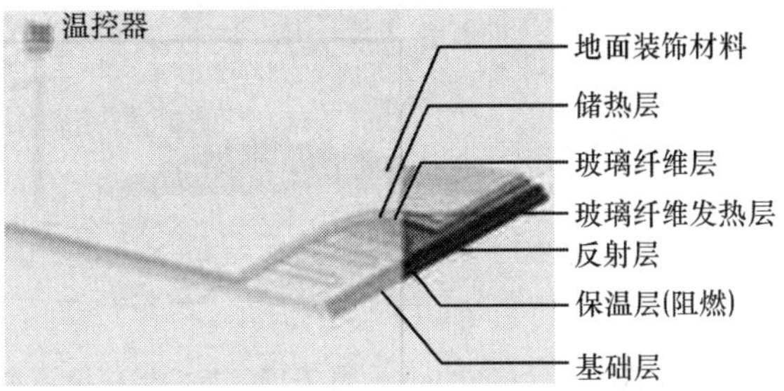

图 2-11 电热地暖

(4)智能地板降温加热系统。在漏缝地板内嵌水管，夏季通凉水，冬季通温水，解决高温高湿地区夏季猪群热应激问题，提升夏季生产效率，冬季地板加热提高动物福利。

智能地板降温加热系统由空气源热泵机组、冷/热蓄水箱、机组水泵、外网主管道泵、单元支管道送水管、单元支管道回水管、单元舍泵、混水中心、分集水器、内嵌水管的水泥漏缝地板等组成。见图 2-12。

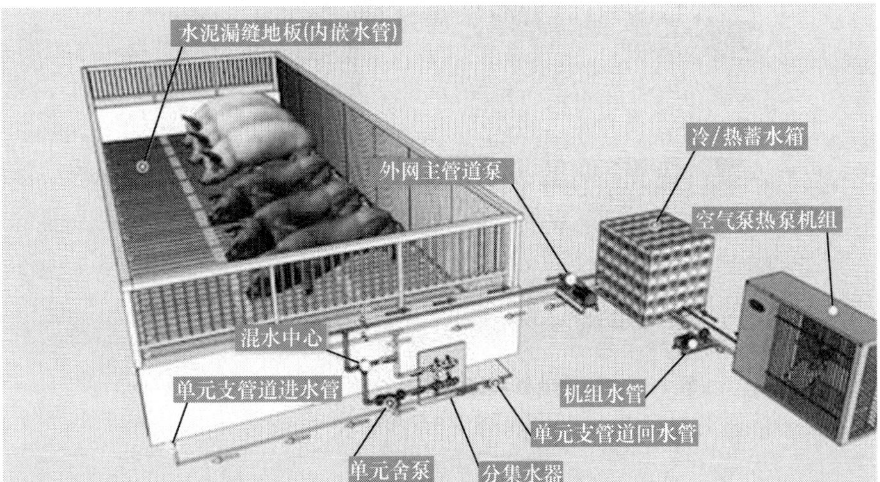

图 2-12 智能地板降温加热系统结构图

(引自：养猪科普 第 6 集)

工作时，电脑控制器会实时接收来自各单元的夏/冬季水目标温度与制冷/热量要求，间歇性自动启停空气源热泵机组，使整个系统实时准备好所需水温和水量进入单元猪舍。见图 2-13。

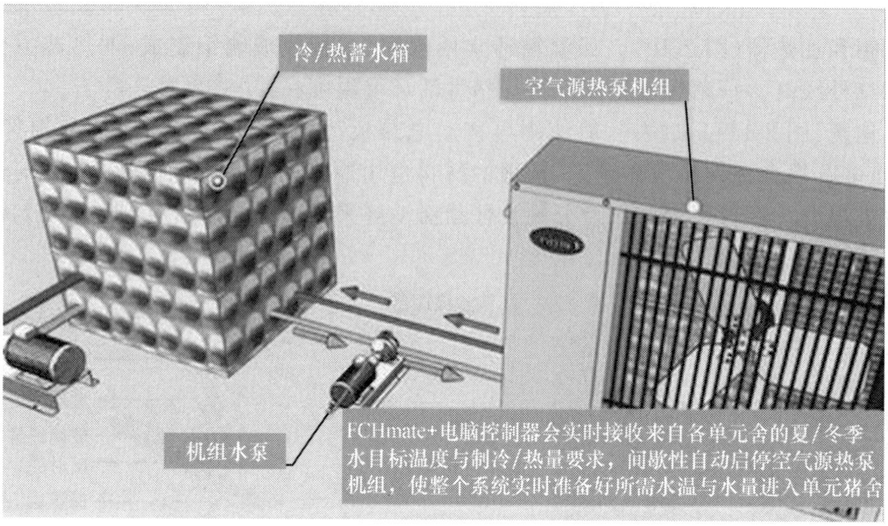

图 2-13　智能地板降温加热系统结构图

（引自：养猪科普 第 6 集）

单元支管道进水管、单元支管道回水管与水泥漏缝地板嵌入的水管并联。见图 2-14。

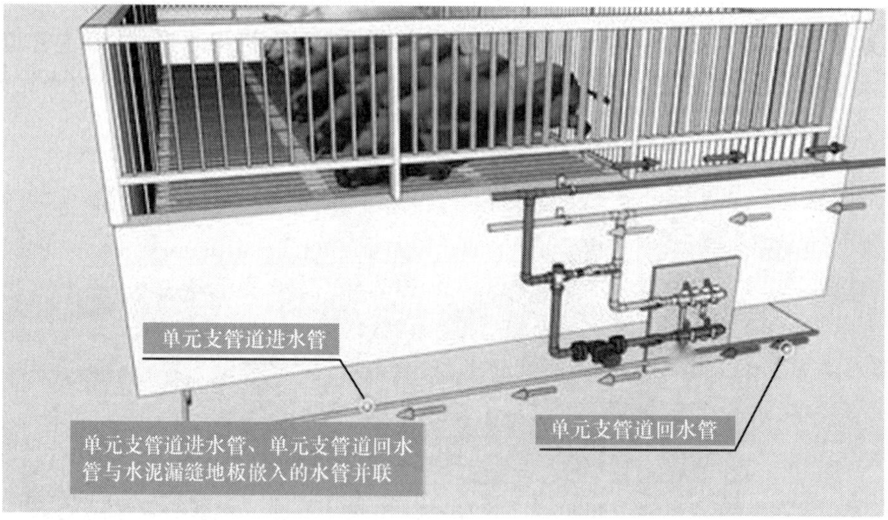

图 2-14　智能地板降温加热系统单元支管道结构图

（引自：养猪科普 第 6 集）

内嵌水管通过热传导，使地面温度达到目标温度，保证猪群冬季的舒适性，并避免传统地暖加热导致热应激的发生；夏季保证猪群代谢产生的多余热量可以及时排除，避免热应激，稳定采食量与泌乳量等，同时又可以避免地板过凉导致冷应激的发生。见图 2-15。

图 2-15　智能地板降温加热系统热传导示意图

（引自:养猪科普 第 6 集）

主管道来水与单元舍回水混合后,再泵送进入猪舍地板 FCH＋电脑控制器,实时控制进入猪舍的水介质,使其达到目标水温、目标流量,实现猪舍内热平衡。

通过配置地板降温加热专用环境控制器,可实现 11 路温度、湿度等传感器,7 路设备输出控制,1 路报警,热泵机组与各单元舍实时联网控制,用户设置简单,后台计算功能强大。

2. 降温措施

在舍内温度高于设定温度时,常采用喷淋、滴水、喷雾等方式,降低舍内和动物体表的温度。

(1) 体表喷淋。喷淋降温是利用动物出汗散热原理,将较大水滴直接喷到动物的体表,有较多的水穿透被毛到达动物的皮肤表面,水分的蒸发直接带走动物的热量帮助动物散热。体表喷淋与强制通风相结合,形成体表喷淋降温系统。

体表喷淋降温是高温季节非常有效的人工降温方法。在平均气温达 35.8 ℃时,对青年母猪进行体表喷淋降温,可使母猪的呼吸频率降低至 25 次/min,直肠温度降低 0.2 ℃。

(2)滴水降温系统。滴水降温系统是将水滴到动物颈背部,该部位血管分布多,血液流量大,体表皮温较高,水滴到颈背部后通过传导作用吸收部分体热;同时正压风管将高风速的风送到动物的颈背部,加快该部分水分的蒸发,水分蒸发过程要吸收一部分体热,使动物身体保持凉快,达到一定的降温目的。

滴水降温系统由滴水和送风两部分组成。系统的送风部分有不同的方式,包括自然通风、纵向通风、循环风机或局部正压送风。滴水部分由过滤器、电磁阀、恒温器、控制器、水管和滴头组成,该部分的总体布置如图 2-16 所示。根据国外经验,每个滴头提供的水量为 2～3 L,滴水量以动物体不要过湿为原则。

(3)喷雾降温系统。喷雾降温可使舍内温度下降 3.3～4.4 ℃,是一种蒸发降温方法。由喷雾和送风两部分组成。喷雾能使空气湿度提高,在湿热天气不宜使用。

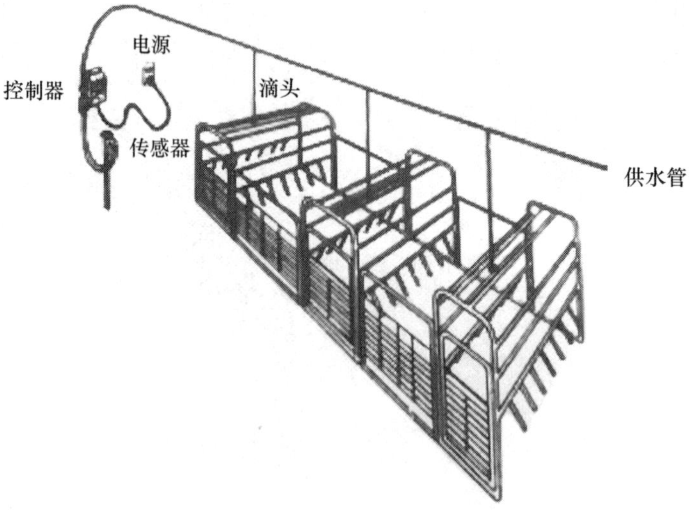

图 2-16　滴水降温系统中滴水部分组成结构图

（引自：董红敏，陶秀平. 畜禽养殖环境控制与通风降温）

(4)湿帘风机降温系统。在干燥气候条件下，湿帘风机系统能使舍内外气温差达到 5～10 ℃。该系统只适用于密闭式畜禽舍，在喷雾降温等不适用的地方可采用该系统。

湿帘——风机降温设备由湿帘、风机、循环水路和控制装置组成。工作时，水泵把水箱中的水经上水管送至喷水管，再到达疏水湿帘，确保水均匀地淋湿整个降温湿帘墙，从而保证与空气接触的湿帘表面完全湿透。安装在畜禽舍另一端的轴流风机向外排风，使舍内形成负压区，舍外空气穿过湿帘被吸入舍内。空气通过湿润的湿帘表面导致水分蒸发而使温度降低。

最常用的是纸质湿帘，由经过树脂处理并在原料中添加了特种化学成分的纤维纸黏结而成，具有耐腐蚀、使用寿命长、通风阻力小、蒸发降温效率高、能承受较高的过流风速、安装方便、便于维护等特点。

湿帘风机降温系统是炎热气候下规模化、标准化养殖场最有效的通风降温方法，能有效解决高温闷热、粪水散发出臭气、空气污浊等问题。

2.1.3　光照技术

1.光照在养猪生产中的作用

(1)光照对公猪的影响。主要表现在影响公猪的性欲以及精液的品质上。在一定的范围内，适当延长光照时间可以增强公猪的性欲；增加光照强度对提高公猪的精液品质有一定的促进作用。

(2)光照对母猪的影响。母猪配种前以及妊娠期适当延长光照时间，可以使性激素的分泌量增加，同时可增强卵巢和子宫机能，从而使配种受胎率提高，利于胚胎的附植和发育，并可以减少妊娠期胚胎死亡数，增加产仔数。给哺乳母猪延长光照时间，可以增加猪泌乳量。

(3)光照对仔猪的影响。适当延长光照时间可以减少哺乳仔猪患肠胃炎的概率，使死亡率下降，提高哺乳仔猪的日增重。

2.光照控制标准

光照分为自然光照和人工照明。

封闭式猪舍必须靠人工光源照明，自然光照圈舍也需设人工照明，以作为短日照季节的补充光照或晚间工作照明。人工照明设计应保持圈舍照度均匀，满足畜禽的光照需要。

各类猪的照度需求如下：

妊娠母猪和育成猪 50～75 lx，育肥猪 35～50 lx，其他猪群为 50～100 lx。无窗式猪舍的人工照明时间，育肥猪为 8～12 h，其他猪群为 14～18 h。表 2-1 为美国农业生物工程学会标准建议猪舍光照指标。

表 2-1　美国农业生物工程学会标准建议猪舍光照指标

猪舍类型	光照强度/lx	光照时间/(h/d)	备注
配种舍/后备舍	＞100	14～16	对发情很重要
妊娠舍	＞50	14～16	刺激发情
分娩舍	50～100	8	如果没有烤灯，建议 24 h
保育舍	50	8	24 h 有照明
育肥舍	50	8	

（引自：贺东昌，王伟伟. 猪场建设与环境控制）

3.猪舍照明设备选择与安装

人工光照的强度与灯具种类、功率、清洁度、灯罩、灯具高低及平面布置等相关。

生产中常用的照明光源是白炽灯和荧光灯。此外，也常用紫外线消毒灯、红外线和远红外线加热保温灯。

任务 2.2　畜禽养殖环境智能监控系统

畜禽舍内的环境质量是影响畜禽健康状态与生产性能的首要问题。随着规模化养殖的迅速发展，传统的环境控制技术也将逐渐被数字化、精细化和智能化的环境监控系统取代。

畜禽养殖环境智能监控系统，围绕养殖生产与管理的环境特点，应用物联网技术，借助智能传感器采集畜禽舍环境核心指标（NH_3、H_2S、CO_2、温度、湿度、光照强度等）数据，以监测数据为参考依据，自动调节环控设备，实现智能监测与科学管理。

微课　养殖环境智能监控系统

2.2.1　系统结构

1.系统设计原理

畜禽养殖环境智能监控系统（图 2-17）通过智能传感器在线采集养殖场 CO_2、NH_3、H_2S、空气温湿度等环境信息，利用传输系统将采集的信息上传至控制平台，与系统设置的各类参数进行对比，如果超出相应的阈值，控制器向风机、供暖、光照等系统发出指令，启停相应的设备，以达到环境调控的目的。管理员可以通过手机、移动手持机、计算机等信息终端，实时掌握养殖场环境信息，及时获取异常报警信息，并可以根据监测结果远程控制相应设备，实现健康养殖、节约成本、减少人工、节能降耗的目的。

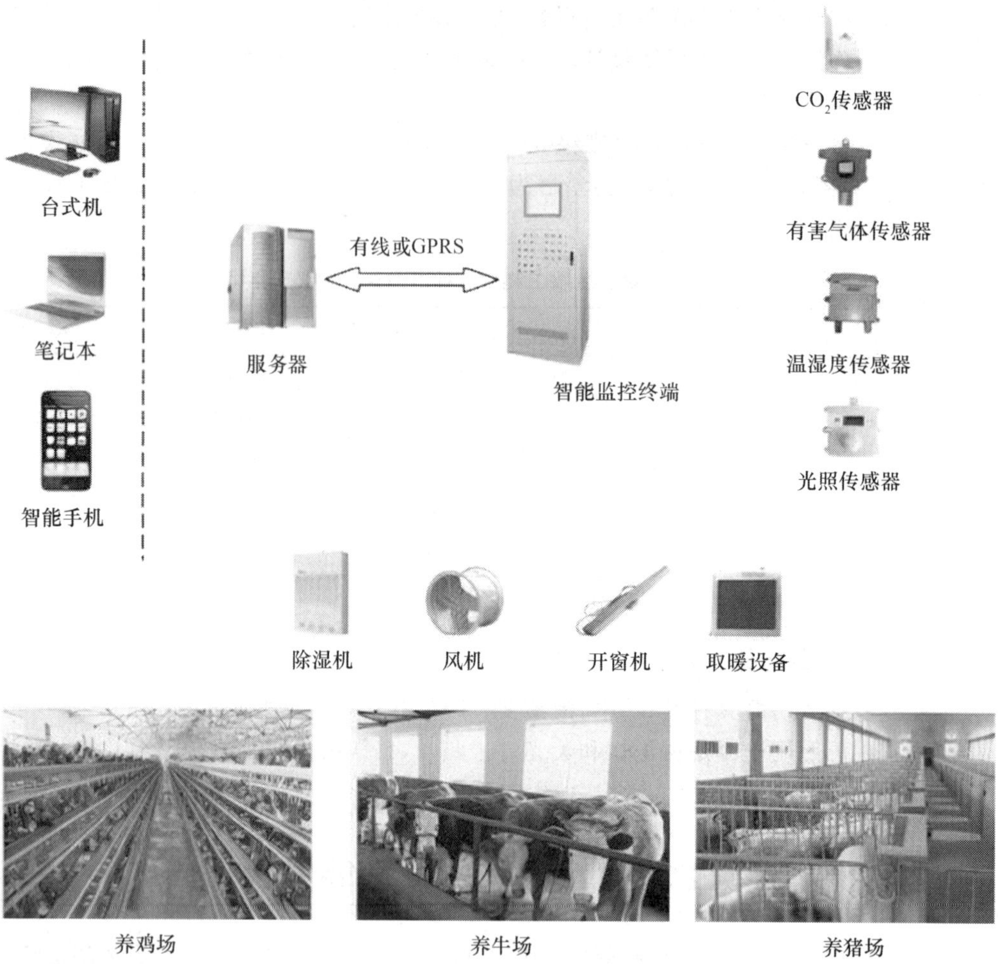

图 2-17　畜禽养殖环境智能监控系统示意图

2. 系统组成结构及优势

系统主要由采集层、传输层、控制层、应用层组成。

——信息采集系统。由 CO_2、NH_3、H_2S、空气温湿度、光照强度、气压、粉尘等各类传感器组成，实时采集畜禽舍内的环境值。

——无线或有线传输系统。由有线或无线设备组成，通过无线传输终端或有线链路，将采集层的数据传输到上位机平台。

——自动控制系统。主要包括温度控制、湿度控制、通风控制、光照控制、喷淋控制以及定时或远程控制设备等组成，实现设备的启停。

——视频监控系统。可远程监控各舍内的视频图像及环境变化情况，及时查看畜禽的成长生活状况，密切关注疫情的发生、防治。

——软件平台。链接各应用系统的服务平台，可通过电脑或手机等信息终端，实时查看养殖舍内的环境参数，通过应用平台实现自动控制和报警功能。

系统优势：

——采用先进准确的数字传感器，可精准地检测各项环境指标。

——采用物联网技术，利用无线通信，用户可远程监控。

——自动化控制，可自动控制风机、光照等装置，大大降低人工成本。

——自报警装置，当某项环境指标不达标或超标时自动报警。

——人性化人机界面，简便易懂，操作方便。

2.2.2 系统功能及应用

微课 传感器的部署方式

1.感知层应用——信息采集系统

感知层信息采集一般有空气温湿度传感器、二氧化碳传感器、氨气传感器、硫化氢传感器等，实时采集舍内的环境数值，并上传至采集终端。实现养殖舍内环境参数信号的自动监测、采集与传输。

(1)温湿度监测——营造舒适的温湿度环境。通过温湿度传感器(图 2-18)，实时监测采集圈舍内外的温湿度数值，通过舍内、外的温度对比，及时采取控制温湿度的措施。例如，鸡舍内温度以保持在 18～23 ℃为宜，最低不应低于 15 ℃，普通的兔舍温度应维持在 16～29 ℃，相对湿度为 40%～70%。在炎热夏季，当室内温度高于设定温度时，启动风机进行空气交换、通风排湿；在寒冬需要进行保温处理时，适当进行送暖调控等。

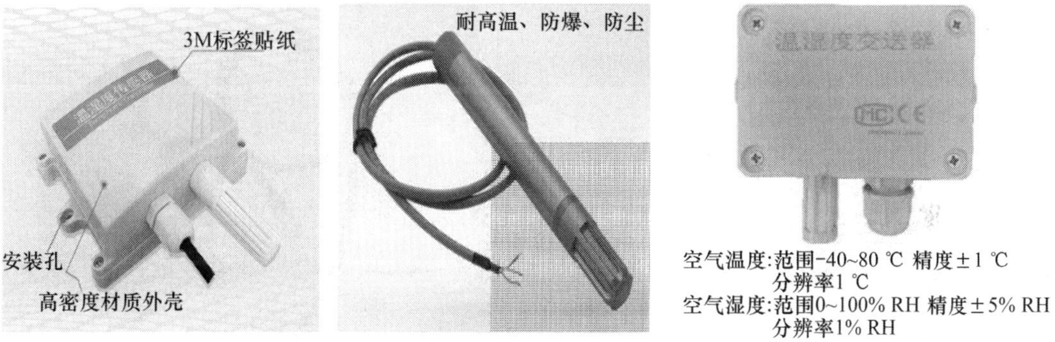

图 2-18 温湿度传感器

【案例】圣启科技在智能畜禽养殖环境测控物联网系统中采用的温湿度传感器具有以下功能特点：相对湿度和温度一体测量，同时可监测露点；全量程校准，数字信号输出；壁挂式安装；稳定性好；不需要其他外部元件；超低功耗。

(2)光照度监测(图 2-19)——保证充足的光照时间。光照影响畜禽生长发育、食欲、性成熟、换毛，尤其对鸡的产蛋率、啄癖等有重要影响，充足的光照时间是保证动物健康、促其快速成长的重要因素。针对阴天养殖舍内光线阴暗或冬季日照时间不足的情况，适当增加辅助照明，可以弥补光照度的不足。

(3)CO_2、NH_3、H_2S 等气体监测——通风换气，保持圈舍内空气清新。二氧化碳为无色、无臭、高浓度时略带酸味的气体。二氧化碳无毒，但养殖舍内二氧化碳含量过高，氧气含量会相对不足；氨气和硫化氢主要来自有机物(粪尿、垫草和饲料)的分解。氨气是公认的应激源，

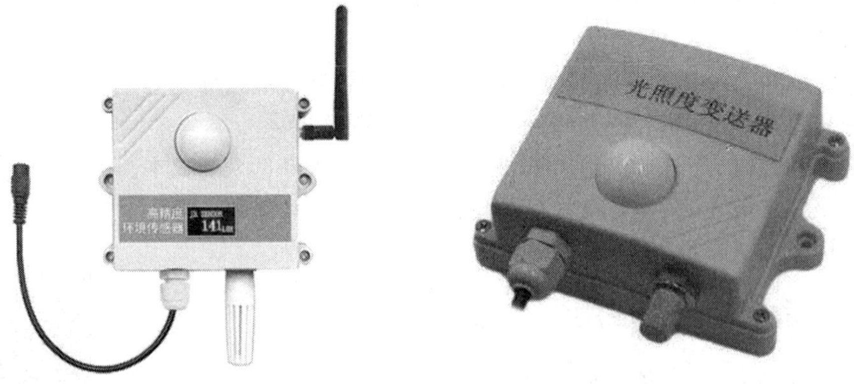

图 2-19　光照度传感器和变送器

硫化氢是畜禽养殖舍内浓度比较高的一种有毒气体，具有臭鸡蛋味，这些有害气体不仅对人和畜禽的健康造成影响，而且容易对周围环境产生污染。氨气等有害气体对动物呼吸道黏膜的刺激，极易诱发慢性呼吸道病症，继而发生腹水综合征等，对养殖动物的危害极大。

应用二氧化碳传感器、氨气分析仪、硫化氢传感器等设备（图 2-20），实时采集养殖舍内的气体参数值。将数值传输到管理平台，控制设备联动通风换气，及时排出污浊空气，不断吸收新鲜空气。同时考虑到对舍内温湿度的影响，冬天选择温度较高时通风换气，夏天选择凉爽的夜晚或早晨通风换气。

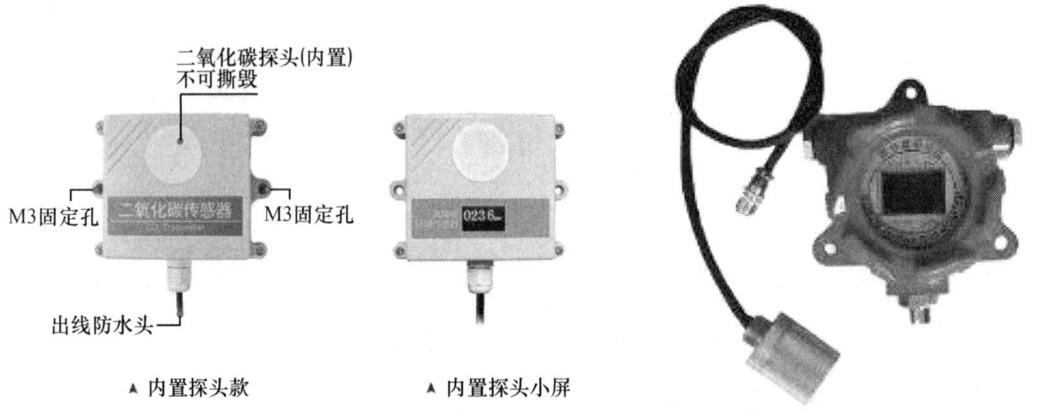

图 2-20　气体收集传感器

（4）压力监测——保证环境适宜。因通风较差等原因，会造成养殖舍内外压力存在差异，不利于气体流通，导致舍内有害气体浓度过高。通过实时监测采集圈舍内外压力，当出现压差时，系统可联动控制相关设备运行，以保证空气流通。

2. 控制层应用——智能人机界面

畜禽圈舍内的各类设备需要在前端进行控制。为实现远程控制功能，可通过远程控制系统将圈舍内各种设备集中、整合，以实现联动控制。

（1）现场控制设备。分开关设备、智能设备两大类。支持 I/O 信号输出。

开关设备。只需要控制设备的启、停，如灯光、风机等，可以直接接入动环监控报警主机或IPC的开关量接口。平台通过网络发送开关控制命令，控制设备的启、停；也可以设置相应的联动规则，如通过温度报警联动风机启动散热等。

智能设备。需要多种控制模式（如空调有模式控制、温度控制、风速控制等），根据不同设备需要配置不同的控制模块。如空调需配置空调控制器，空调控制器相当于可以联网的遥控器，通过相应的接口与动环监控报警主机连接，平台只需要通过网络远程控制红外发射头，发射空调控制命令即可，不需要人到现场操作。

系统可采取分区分级环控策略，对不同区域的畜禽进行独立控制，调整分区以保证生产管控系统能够灵活应对生产中的各种复杂情况。

(2)智能人机界面。数据信息采集传输到控制层，形成智能畜禽养殖环境物联网系统的控制终端——智能控制柜。控制柜通过智能人机界面（HMI）实现养殖舍内参数显示、设备的联动控制（图 2-21）。

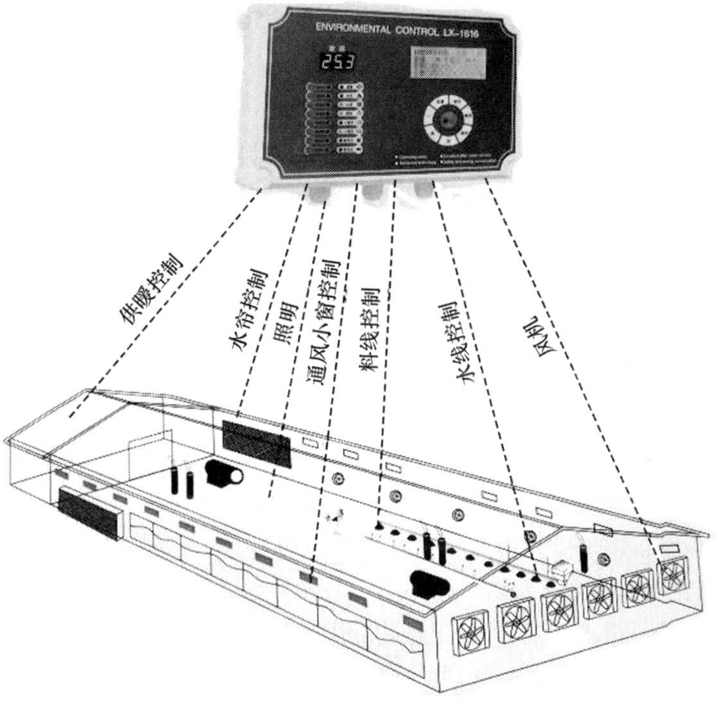

图 2-21 畜禽智能环控系统显示器

（引自：领翔科技）

触摸屏主要用于系统的数据显示和参数设置，提供数据查看、数据修改等功能，主控柜面板显示养殖舍内部的温度、湿度、光照强度、CO_2 含量等数值参数，以及配套设备如风机、空调、喷淋和刮粪板等设备的启停状态。系统异常状况在屏幕上及时显示，并有声光报警提醒工作人员及时处理信息和排除故障。

(3)主要功能有如下一些。

实时的动态趋势显示——把读取的数据资料立即显示在屏幕上。

自动记录运行过程——自动将资料储存至数据库中，以便日后查看。

历史资料趋势显示——把数据库中的资料作可视化的呈现。

报表的产生与打印——把资料转换成报表的格式,并打印出来。

图形接口控制——操作者能够透过图形接口直接控制机台等装置。

警报的产生与记录——使用者可以定义一些警报产生的条件。

调取系统运行参数——使用管理员身份可调取系统运行参数进行查看和修改。

管理员权限——具有管理员操作界面,提高系统安全性。

2.2.3 畜禽养殖环境智能测控系统设计规范

畜禽密闭舍养殖环境智能测控系统是通过物联网和智能设备,人工监测、调控畜禽舍环境指标的应用系统,其设计建设应满足以下要求。

1.功能要求

(1)信号采集。实现养殖舍内环境(包括二氧化碳、氨气、硫化氢、温度、湿度、光照强度、视频等)信号的自动检测和传输。

(2)数据传输。在畜禽密闭舍内采用有线、无线或有线、无线相结合的方式实现信号的同步输送。

(3)终端控制。①实现养殖舍内环境(包括光照度、温度、湿度等)的集中、远程、联动控制。指标和要求的制定应体现行业先进水平。②实现视频监控,以便随时查看现场畜禽生长情况。③系统的设定值能调整改变,系统依据设定参数可自动调控相应设备;同时,各调控设备具有手动控制功能,紧急状态下可启动手动控制。④系统一旦监控到仪器发生故障、调控设备异常时,应发出报警信号,并对异常事件进行记录和复位。⑤系统应与其他节点保持相互独立,其他节点失效后,仍可独立运作。

2.设计要求

(1)信号采集端要求如下。总体要求。依据畜禽密闭舍养殖环境物联网自动监控系统的需求,分光照、温度、湿度、二氧化碳、硫化氢、氨气六个要素进行信息采集。

光照强度传感器。用于检测畜禽生长环境的光照强度,以决定是否需要遮阳或补光。光照强度单位 lx(勒克斯),有效范围在 0～2 000 lx;在一个畜禽密闭舍中一般安装 1 个。

温度传感器。用于对比舍内、外的温度,当舍内温度高于舍外温度时,启动风机进行空气交换,对舍内降温;当需要进行保温处理时,适当进行送暖等。在一个畜禽密闭舍中一般安装 1 个。

湿度传感器。用于采集密闭舍湿度,当密闭舍内湿度高于舍外湿度且湿度较大时,启动风机通风排湿。在一个畜禽密闭舍中一般安装 1 个。

二氧化碳传感器。主要检测密封环境下二氧化碳浓度是否超出影响畜禽生长发育的最大浓度,以便及时通风换气。独栋畜禽舍安装 1 个。

硫化氢传感器。用于检测畜禽舍环境中硫化氢的含量,以决定是否需要通风换气和清除粪便。独栋畜禽舍一般安装 1 个。

氨气传感器。用于检测畜禽舍环境中氨气的含量。氨气是畜禽舍内最有害的气体之一,氨气浓度的高低将直接影响动物的生长发育及抵抗病毒的能力。氨气检测仪一般使用 ppm 为单位,有效范围在 0～100 ppm。独栋畜禽舍一般安装 1 个。

(2)性能要求。①长期稳定性好。畜禽用传感器的使用环境比其他行业更恶劣,如高温、高湿,因此要求传感器长期稳定性要更高。②能适应系统要求。传感器的性能应与控制系统相适应,使系统做到快速反应和调控环境的高效。

(3)部署要求。一般根据畜禽舍长度安装1~4个不等,除安放在畜禽舍中空气流通较好的遮阳处,水平置于监测区域中央外,传感器安放还应注意以下几点:

根据所在场所的气流方向、风向等具体因素,一般安放在下风处;

对于气体密度大于空气的介质,应将传感器安装在下方;

对于气体密度小于空气的介质,应将传感器安装在上方;

传感器应放置在空气湿度小的地方,避免传感器过快老化;

传感器安放位置应方便标定和进行后期维护。

(4)环境调节终端要求。畜禽密闭舍养殖环境智能监控系统应包括湿帘—风机降温系统、加热系统、通风系统、遮阳保温系统等环境调节设施,但对于调控设施不做具体要求,生产者可根据生产实际需求选择安装不同设施。调控终端设备安装应按照已发布标准规定执行,具体如下:

降温系统的选择与安装应参照JB/T 10294—2013的要求;

加热系统的选择与安装应参照JB/T 10297—2014的要求;

通风系统的选择与安装应参照GB/T 26623—2011的要求;

视频监控的选择与安装应参照GB 50395—2007的要求。

(5)系统调控要求。24 h不间断实时采集、显示畜舍内的各环境参数,包括:光照度、温度、湿度、二氧化碳浓度、氨气浓度和硫化氢浓度。

系统调控时,应保证畜禽舍的环境适宜畜禽生长要求,同时兼顾节约能源原则。

环境调控不能忽高忽低,导致环境参数相差较大,以阶梯方式进行最好。

在进行温度调控时,目标温度一般维持在平均温度,昼夜温差控制在2 ℃以内。

对于畜禽舍内的特定气候区域,能进行独立调控。

任务2.3 生猪养殖环境智能控制技术规程

2.3.1 术语和定义

(1)智能化养殖环境控制技术(intelligent control technology for livestockraisingenvironment)。基于计算机软件、硬件和有线、无线网络环境,通过传感器采集养殖环境信息,集成养殖环境测控设备,实现养殖环境智能化控制的一种技术。

(2)舍区(livestock housing)。生猪所处的封闭或半封闭生活区域,即生猪直接的生活环境区。

(3)环境信息智能监测系统(intelligent collection system for environmental information)。由布置在养殖舍区内的具有对温度、湿度、光照强度、二氧化碳、硫化氢、氨气气体浓度等信息进行实时采集、数据处理及上传功能的多种传感器及相关通信装置组成的系统。

(4)环境智能调控系统(intelligent control system for environment)。由温湿度控制、通

风换气、遮补光、清粪等设备及其配件组成。

2.3.2 基本要求

(1)软硬件应安全可靠,抗干扰能力强,能适应养殖现场各种环境要求。

(2)应选用标准、通用的设备,满足系统维护、兼容、升级换代的要求。

(3)系统工程的设计、设备组成、选型、安装、验收、运行维护除应符合本标准规定外,还应符合国家现行有关标准的规定。

(4)工作人员应能通过人机交互系统了解系统的工作情况,并可通过人机交互系统对控制系统下发人工指令。

2.3.3 系统组成与要求

1.系统组成

生猪舍区养殖环境智能控制系统应包括环境信息智能监测系统、环境智能调控系统。

2.环境信息智能监测系统

(1)基本要求。①监测系统应实现对生猪养殖舍内环境温度、湿度、光照强度、二氧化碳、硫化氢、氨气信息的实时自动监测、传输。②应采用低功耗、响应速度快、数据传输效率高、受环境影响小、应用范围广以及长时间工作无故障的传感器。③应采用模块化设计,方便维护及更换。④应对设备和设施进行必要的固定,并采取必要的防水、防锈、防腐蚀、防冻、防压、防淤等措施。

(2)技术要求。①监测仪器应经检定或校准合格,且在有效期内,仪器的测量范围和准确度应满足生猪舍区环境控制指标的要求。②应具备现场显示功能及故障自检功能。应在出现电源故障时自我保护,再次通电时自动恢复。③应有连续或间歇可调节的功能,支持 24 h 不间断运行。④数据采集与传输应完整、准确、可靠。⑤传感器及其输出信号线应有防雷电和抗干扰措施。⑥宜采用直流供电,电源电压在额定电压的－10%～＋10%波动时,应能正常工作。

(3)监测点位。传感器的监测位置应满足设计、监测和系统功能的要求。

温度、湿度、照度监测点设置符合以下要求:

——舍区面积每 50 m^2 设置 1 个监测点;

——监测点应避免阳光直射,距地面高度 1.2～1.5 m,距墙壁不小于 0.5 m,温度监测点还应距离热源不小于 0.5 m;

——1 个监测点的设置在中央,2 个监测点的设置在对称点,3 个监测点的设置在对角线四等分的 3 个等分点上,5 个监测点的按梅花布点,其他按均匀布点原则布置。

气体浓度监测点设置应符合以下要求:

——宜选择生猪舍区两端位置和中间位置,监测点距离入口和出口(排风口)的距离不少于 2 m;

——舍区长度不超过 50 m 时,不少于 2 个监测点,舍区长度超过 50 m 时,不少于 3 个监测点，也可根据舍区长度，适当增设监测点；

——高度以舍内生猪背脊高度为准；

——应在避免影响正常生产和设备运行的情况下尽量靠近生猪群。

3.环境智能调控系统

（1）基本要求。①应能按照控制程序根据实测数据自动启动和关闭机械通风系统、湿帘降温系统、照明控制装置、加热系统、清粪系统等执行单元。②应具备数据存储功能。③控制器件应装在操作人员易见且便于操作的位置，应具备手动控制强制执行的功能。④系统上应能显示调控设备的运行时间、运行状态。⑤安全操作标志的安装应符合 GB 18209.2 的要求。⑥设备的安全要求应符合 GB 4793.1 的规定。

（2）技术要求。①机械通风系统技术要求应符合 NY/T 1755 的规定。②湿帘降温系统应符合 JB/T 10294 的要求。③清粪系统应符合 JB/T 12450 的要求。④加热系统应满足猪生长、生产的需要。采用电加热的加热板应符合 NY 535 的要求。⑤猪舍人工照明宜使用节能灯，光照应均匀，按照灯距 3 m、高度 2.1～2.4 m，每灯光照面积 9～12 m^2 的原则布置。

引自：智能化养殖环境控制技术规程 DB 37/T 2942.1—2017

任务 2.4 肉鸡养殖环境智能监控系统构成及基本要求

肉鸡舍养殖环境智能控制系统主要包括环境智能监测系统和环境智能调控系统。是基于环境智能监测系统、环境智能调控系统建立的鸡舍环境即时精准控制技术。

2.4.1 环境智能监测系统

由布置在鸡舍内的对温度、湿度、风速和二氧化碳、硫化氢、氨气等有害气体浓度等环境信息进行实时采集、数据处理的设备及相关通信装置组成。

1.基本要求

监测系统宜模块化控制，包括温度、湿度、光照、风速、声音、二氧化碳、硫化氢、氨气等环境参数的实时自动监测模块，并能即时传输、预警。

传感器工作环境应能适应鸡舍环境条件，功耗、响应速度、数据传输效率等符合 GB/T 33905（所有部分）的规定。

设施设备应安装牢靠，并采取防水、防腐蚀、防压、防尘等防护措施。

2.技术要求

监测仪器应在有效期内，量程和精度应满足设计要求，经检定或校准合格。

应具备现场和远程实时显示功能。

应能连续运行，稳定可靠，能根据需要设定参数、记录时间间隔。

数据采集与传输应实时、准确、可靠。

宜采用直流供电，电源电压在额定电压的－10％～＋10％波动时，应能正常工作。

3.平养监测点位

平养鸡舍监测点设置应符合以下要求：

鸡舍入口区应设置1个舍外温度、湿度监测点；

鸡舍内监测点应能准确测定鸡舍环境参数，宜按鸡舍前部、中部、后部布置，与鸡背部同高；

监测探头与地面、墙壁、热源等保持适宜距离，并应远离进风口和出风口，能够反映鸡舍的实际环境状况。

4.笼养监测点位

规模化笼养肉鸡养殖场监测点设置应符合以下要求：

——鸡舍入口区应设置1个舍外温度、湿度监测点；

——舍内监测点应按前部、中部、后部布置，多层立体养殖模式应高、中、下分层布置，能准确反映环境参数；

——温度、湿度、照度监测点与地面、墙壁、热源等保持适宜距离，并应远离排风口、门口，避免设置在鸡舍死角或通风条件差的位置；

——气体浓度监测点与地面、墙壁等保持适宜距离，并应远离排风口、门口，二氧化碳传感器应避免设置在肉鸡呼气位置。

2.4.2 环境智能调控系统

基于标准养殖参数设定的由温湿度控制、通风换气、光照时间及强度等设备及其通信、控制装置组成的系统。

1.基本要求

应能根据环境参数设置智能调控通风系统、温控系统等执行单元。

应具备数据存储功能，数据应全养殖周期保存。

控制器件应装在便于操作的位置，应具备手动控制强制执行功能。

显示器应显示调控设备的运行时间、运行状态，各参数的即时测定数据或者变化曲线。

安全操作标志的安装应符合GB 18209.2的要求。

设备安全要求应符合GB 4793.1的规定。

2.技术要求

通风系统技术要求应符合NY/T 1755的规定，湿帘降温系统应符合JB/T 10294的规定。

采用电加热的加热器应符合GB 4706.47的要求。

鸡舍人工照明宜使用节能灯具，笼养鸡舍应上下错层，保证鸡生活的区域光照均匀。

2.4.3 鸡舍环境控制要求

肉鸡鸡舍环境控制应符合GB/T 19664的要求。

2.4.4 运行与维护

1.基本要求

应制定系统运行、维护、管理制度,由专人负责管理。

应有技术手段和管理制度预防计算机病毒对系统的破坏或非法入侵。

应有适量的备件,并对其进行规范管理。

应定期检查工程及配套设施的状况,并及时进行维护、修理或更换。

应制订应急预案,规避系统运行异常和故障所产生的损失。

2.运行

运行操作人员应具备相关技能,并被授权操作。

操作人员应每天对系统设备、软件工作状态进行巡查,并做好记录,发现异常情况及时汇报。

系统运行出现异常或故障时,维护人员应及时处置。

3.维护

基础数据和业务数据应每年备份1次,如需修改系统软件,修改前应做好备份。

系统设备每年应至少进行1次保养检修。

每次保养检修完成后,应校准设备并记录保养检修及校准情况。

任务2.5 蛋鸡智能化养殖环境控制技术规程

2.5.1 基本要求

设施设备应安全可靠,能适应鸡舍内高温高湿、粉尘及酸碱环境要求。

应能即时获取鸡舍环境参数,并能在权限范围内对控制系统发送调控指令。

宜选用行业通用设备,便于系统维护、兼容、升级换代。

应具备故障自检功能,在出现故障时自我保护,再次通电时自动恢复。

系统运行故障或测定数据异常时,应能及时发出警报并记录相关信息。

系统应具备应急方案。

2.5.2 系统组成与要求

1.系统组成

蛋鸡舍养殖环境智能控制系统应包括环境智能监测系统和环境智能调控系统。

2.环境智能监测系统

(1)基本要求。①监测系统宜模块化控制,包括温度、湿度、光照、风速、声音、二氧化碳、硫化氢、氨气等环境参数的实时自动监测模块,并能即时传输、预警。②传感器工作环境应能适应鸡舍环境条件,功耗、响应速度、数据传输效率等符合GB/T 33905(所有部分)的规定。

③设施设备应安装牢靠，并采取防水、防腐蚀、防压、防尘等防护措施。

(2)技术要求。①监测仪器应在有效期内，量程和精度应满足设计要求，经检定或校准合格。②应能连续运行，稳定可靠，能根据需要设定参数记录时间间隔。③应具备现场和远程实时显示功能，数据采集与传输应实时、准确、可靠。④宜采用直流供电，电源电压在额定电压的－10％～＋10％波动时，应能正常工作。

(3)监测点位。规模化笼养蛋鸡养殖场监测点设置应符合以下要求：

——鸡舍入口区应设置1个舍外温度、湿度监测点；

——鸡舍内监测点应按前部、中部、后部布置，多层立体养殖模式应高、中、下分层布置，能准确测定鸡舍环境参数；

——温度、湿度、照度监测点与地面、墙壁、热源等保持适宜距离，并应远离排风口、门口，避免设置在鸡舍死角或通风条件差的区域；

——气体浓度监测点与地面、墙壁等保持适宜距离，并应远离排风口、门口，CO_2传感器应避免设置在蛋鸡呼气位置。

3.环境智能调控系统

(1)基本要求。①应能根据设置环境参数智能调控通风系统、温控系统等执行单元。②控制器件应装在便于操作的位置，应具备手动控制强制执行功能。③应具备数据存储功能，数据应全养殖周期保存。④显示器应显示调控设备的运行时间、运行状态，各参数的即时测定数据或者变化曲线。⑤安全操作标志的安装应符合GB 18209.2的要求。⑥设备安全要求应符合GB 4793.1的规定。

(2)技术要求。①通风系统技术要求应符合NY/T 1755的规定，使用湿帘降温系统的应符合JB/T 10294的规定。采用电加热的加热器应符合GB 4706.47的要求。②鸡舍人工照明宜使用节能灯具，笼养鸡舍应上下错层，保证鸡生活的区域光照均匀。

2.5.3 鸡舍环境控制要求

蛋鸡鸡舍环境控制应符合DB 37/T 3492的要求。

引自：山东省地方标准DB 37/T 3492—2020

任务2.6 智能养殖环境控制设备

2.6.1 “艾格多”环境控制系统

1.主要功能

环境采集：可实现4组室内温度采集、1组湿度采集、1组光照采集、1组空气质量采集。

设备控制：可同时实现8组风机自动控制、2组风机手动控制、2组湿帘水泵自动控制、2组照明自动控制、2组小窗自动控制。

异常报警：可实现高温/低温报警(远程短信/本地)、设备断电报警(远程短信/本地)、设备缺项报警(本地)、设备来电报警(远程短信)、传感器故障报警(远程)、电机过载报警(远程)。

设备保护：具有稳压保护、缺项保护、过载保护、相序保护等功能。

远程环境监控。

2.产品特点

传感器。精准可靠，温度传感器测温范围－40～125 ℃或－40～200 ℃、－40～300 ℃，误差 0.2 ℃；湿度传感器测湿度范围 0～100，误差 1%；有害气体浓度监测范围 0～100%。

温控系统。可根据实时温度分段控制各个风机和湿帘开启和关闭。

通风控制系统。可根据所监测到的有害气体浓度自动控制通风风机的启停，同时设定最低温度保护值，当通风风机开启后舍内温度低于最低温度保护值时，自动关闭通风风机。

光照系统。可自主设定光照程序，并使用光照传感器根据外界的光照强度，线性调整舍内照明设备的亮度。

消毒系统。可自主设定消毒程序，通过时间段控制消毒设备的启停。

报警系统。可实现高低温超限报警、湿度超限报警、有害气体浓度超标报警、电机故障报警、传感器故障报警等。

集中控制系统。在总控机房即可监测各个养殖舍的环境指标，同时控制各个圈舍内的环控设备。

历史信息查询。可查询近段时间内的温度历史、湿度历史、有害气体浓度历史信息等。

远程环境控制系统。通过手机、手持机或电脑，用户无论身处何时何地都能实时监控养殖场各圈舍的环境指标和视频。

图 2-22 为艾格多畜禽智能环控系统产品功能特点和结构图。

图 2-22 艾格多畜禽智能环控系统结构及功能特点

（引自：艾格多公司产品介绍）

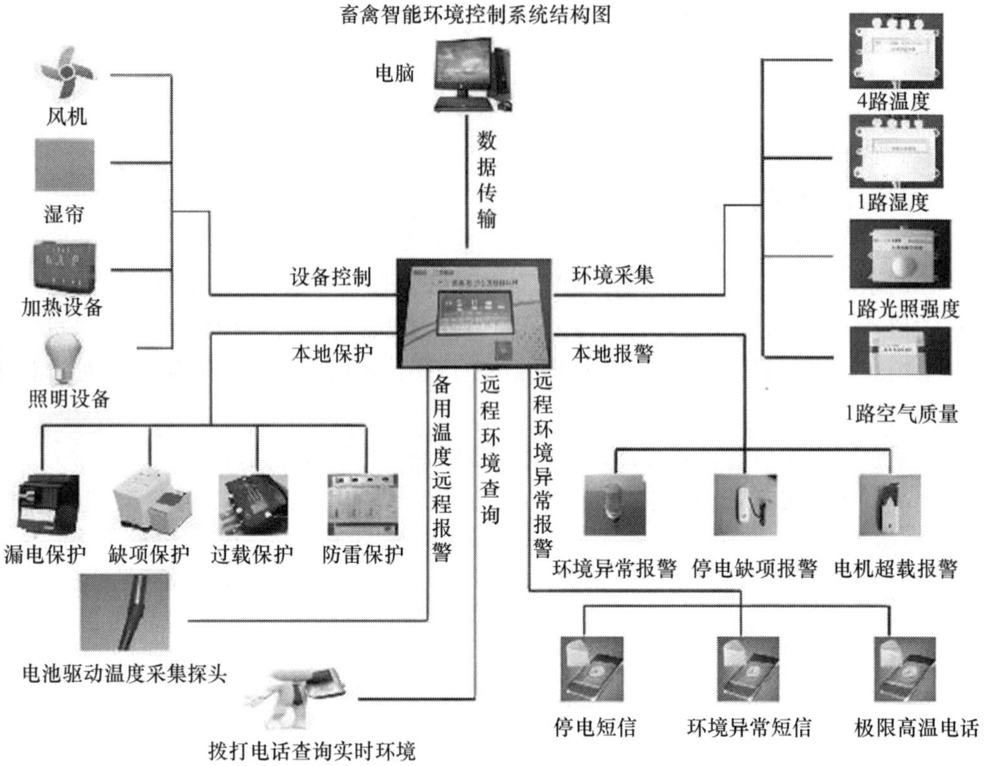

续图 2-22

2.6.2 养殖专用温湿度控制报警器

图 2-23 为 YZTW-1 型养殖专用温湿度控制报警器。

图 2-23 YZTW-1 型养殖专用温湿度控制报警器

1. 技术参数

显示通道数量:温度 1～36 路,湿度 1～36 路。

同时显示通道数量:温度 4 路,湿度 4 路。

巡检时间:10 s/次。

测量分辨率:温度 0.1 ℃,湿度 0.1% RH。

2.养殖专用温湿度远程监控报警主机主要功能

实时显示监控点温湿度测量值;

支持以太网通信;

设置温度上下限报警,报警时自动发送短信到手机,可用手机远程实时查询温湿度值,实现无人值守;

自动报警,当被测量值超过上限报警值时监控自动报警;

可介入 36 个温湿度传感器,具有主机供电一线传输功能;

可配套电脑版,实现远程异地多用户同时使用。

2.6.3 养殖场温湿度检测器

1.温湿度检测器(图 2-24)主要参数

测量范围:温度−20～80 ℃,湿度 0～99.9% RH。

测量分辨率:温度 0.1 ℃,湿度 0.1% RH。

测量精度:温度±0.5 ℃,湿度±3% RH(25 ℃,30%～80% RH)

2.温湿度检测器主要功能

实时精确测量现场温湿度。

实时显示现场温湿度。

多台同类产品和温湿度检测控制器,可组网与 Internet 连接,实现手机报警及温湿度监控。

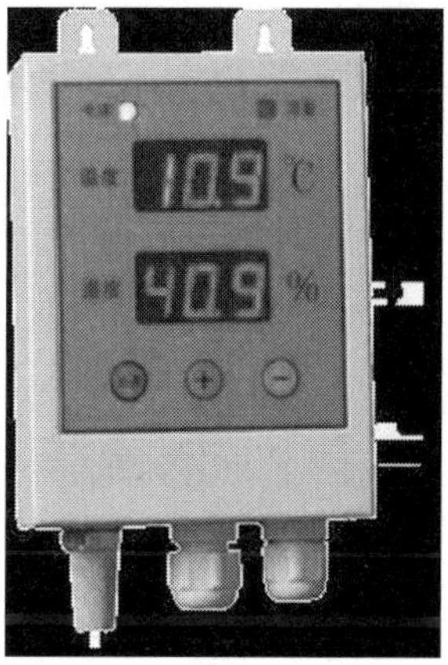

图 2-24　温湿度检测器

2.6.4 温湿度检测控制器

1.温湿度检测控制器(图 2-25)主要参数

测量范围:温度−20～80 ℃,湿度 0～99.9% RH

测量分辨率:温度 0.1 ℃ ,湿度 0.1% RH

测量精度:温度±0.5 ℃,湿度±3% RH(25 ℃,30%～80% RH)

控制输出:1～4 路开关量输出,每路控制输出的内容可选为温度上限(控制制冷设备)、温度下限(控制加热设备)、湿度上限(控制除湿设备)或湿度下限(控制加湿设备)。

2.温湿度检测控制器主要功能

实时精确测量现场温湿度。

实时显示现场温湿度。

根据设定温湿度范围,自动启停温湿度调节设备。

图 2-25　温湿度检测控制器

多台同类产品和温湿度检测器可组网并可与 Internet 连接，同时可实现手机报警及温湿度监控（图 2-26）。

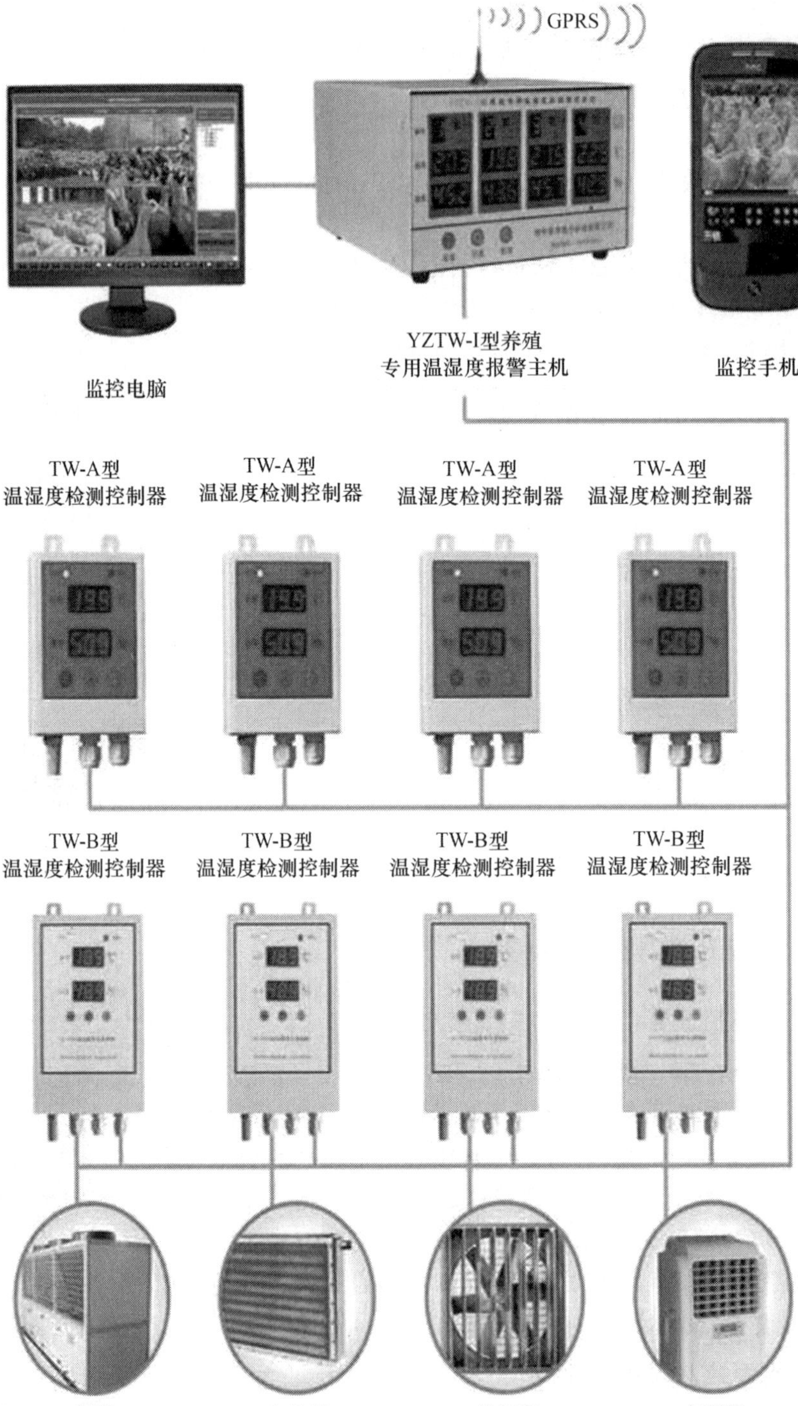

图 2-26　养殖场温湿度智能环控系统结构图

思考题：

1. 畜禽养殖环境包括哪些方面？有哪些主要影响因素？养殖场如何选址更好？
2. 畜禽舍通风和温度控制有何关系？你了解哪些通风和保温、降温方式？
3. 水帘和风机适用于何种畜禽舍？它们是如何工作的？
4. 你了解哪些畜禽舍环境智能控制方式？你希望如何控制畜禽舍的养殖环境？

项目3 智能养殖可视化监控管理

知识目标

了解养殖环境监控系统的建设需求、建设目标、建设要求。

熟悉智能养殖监控系统的结构、功能及养殖场监控点位的布局。

了解养殖场监控网络及通信网络的结构及组网方式。

能力目标

掌握养殖场智能监控系统的使用方法。

能够利用智能监控消毒系统对人、车、物进行消毒管理。

能够参与养殖场监控系统的建设和管理。

素质目标

增强生物安全认识，增强做好养殖场生物安全工作的责任感。

培养学生的规则意识和按规矩、程序办事的自觉性。

微课 智能监控系统结构

任务 3.1 养殖环境监控需求及系统结构

养殖环境监控、预警是养殖场生物安全防护的重要组成部分，通过建设可视化监控、预警系统，有序管控人、车、物的流动，及时发现、处置异常情况，可有效阻断外来风险的侵入及场内交叉带来的隐患，提高养殖场的安全管理水平。

3.1.1 养殖环境监控需求

智能养殖环境监控管理主要包括圈舍环境监控、畜禽个体溯源信息建立、异常监测与报警、人员车辆进场消毒监控管理等方面。

1. 监控业务需求

(1)圈舍环境监控。主要包括物联网传感和环境因子的智能控制。通过各类环境传感器实时感知环境因子的变化，理性判断动物群体所处的生活条件。通过设置各类环境指标的阈值，控制畜禽圈舍环境变化范围，使畜禽个体始终处于最佳生活环境中。

微课 养殖环境监控需求

(2)畜禽个体溯源信息建立。通过在生活区、进食区、排泄区、分娩区、育儿区等养殖场所和装卸区、待宰栏、刺杀车间、去毛车间、检疫车间、无害化处理车间等屠宰场所安装前端摄像机，应用智能视频监控技术进行 24 h 不间断盯防、巡逻、值守，实时掌握及记录每只畜禽从出生到出栏到运输再到屠宰的全过程环境及行为动态，记录畜禽圈舍内发生的所有人工生产管理画面，配合入侵报警设备有效防止闯入、偷盗、人为破坏、动物混入等事件。同时，当有设置的预定事件发生时，自动联动摄像机进行存储记录，方便对事件发生原因及产品质量的追溯。

(3)人、畜、车分别管理。通过在人员活动区、车辆进出区、动物活动区安装不同类型的门禁道闸系统，给管理人员及访客发放授权，严格控制不同场所人员进出权限，防止人、畜病菌交叉感染；在养殖场/屠宰场出入口安装车辆道闸和抓拍机，建设消毒、烘干房，对车辆消毒和出入进行监管；在畜禽圈舍门栏上安装小门禁，远程控制各个限位栏内个体的进出，尽量减少人的在场因素，达到人、畜、车的分开管理。

(4)辖区企业集中监管。畜禽产品管理离不开政府监管，通过在前端养殖场、屠宰场、乳品收购站等地建设监控子系统，接入上级政府监控中心，实时上传环境数据和视频流，实现对辖区范围内各养殖基地的统一监管。

2.监控系统需求

畜禽养殖、运输、屠宰环节可视化监管系统主要包括：

(1)畜禽圈舍内监控。通过接入各种环境因子监测传感器将环境信息叠加在视频图像上，展示生产现状；当环境指标超过阈值时，系统立即发出报警信号，通知管理员及时调控；前端配备红外镜头或补光灯，实现对畜禽圈舍内外环境 7×24 h 实时录像监控。

(2)门禁管理。通过接入门禁管理子系统，实现对人、车的身份识别和消毒管理；对人、畜分开管制，减少人、畜接触频率，降低相互感染的风险。

(3)监控中心。对所有监控点的情况进行实时监控、录像回放、智能检索、云台控制等操作，对重点区域实现事件回放与追溯。

(4)大数据分析平台。通过对传感器、视频监控等智能终端获取的数据进行积累，利用平台系统进行自动化巡检分析，并自动生成报表。

3.建设目标

养殖环境智能监控系统主要实现以下目标：

(1)前端平台。能够对畜禽圈舍内视频监控、环境监测、安全警卫、智能控制等辅助子系统实现统一接入及联动配置，有效节省管理及运维成本，任何事件都能关联相应视频，做到事件能够被有效查询及追溯。

(2)视频监控系统。能够与第三方的畜禽产品质量安全溯源信息化管理平台实现对接，使饲料、兽药的进出库过程能够联动视频，实现业务管理的全过程可视化。

(3)畜禽圈舍前端系统。能够与上级监控中心实现互联互通，通过前端系统上传的信息、图像，上级监控中心能够对生产现场进行远程巡视，及时掌握下属养殖基地的生产情况。

(4)系统分析。形成畜禽圈舍生活环境信息的各类统计报表，供管理人员统筹决策。

4.建设要求

通过建立综合管理平台将各个子系统集成到平台进行集中管理。

(1)覆盖范围广。监控终端应覆盖养殖场出入口、人员通道、圈舍内畜禽生活区域等全部生活、生产、运输等环境，能够实时无死角监控。

(2)多级联网监控。养殖场与上级动物防疫部门互联互通；视频监控数据在省(市)级动物防疫部门或云端存储；各级动物防疫部门在数据保存期内，可根据授权对相应信息进行查看。

(3)智能监控管理。24 h 全天候红外监控、智能管理,当有越界、区域入侵、快速移动等预设值的异常行为发生时,摄像机自动跟踪、自动变倍聚焦到可疑点位,第一时间做好记录。

(4)实时诊断报警。中心平台通过轮巡方式,对前端监控点位进行定期诊断,并输出诊断报告,发现设备故障及时提醒维修。对门禁、安全防范、火灾报警等系统反馈的异常情况,实时自动报警并联动相关系统,实现集中监控。

3.1.2 智能监控系统结构

基于“高内聚、松耦合”的设计原则和顶层模块化设计的思想,采用 SOA 架构[①],平台提供统一的服务管理,各应用或子系统以及功能模块的服务端皆以独立服务方式提供并注册到平台,具备良好的伸缩性和业务扩展能力,符合信息技术发展趋势并适应动态升级的需要。

1. 系统结构

系统可分为五个层次,并根据技术标准和设备标准进行保障(图 3-1)。

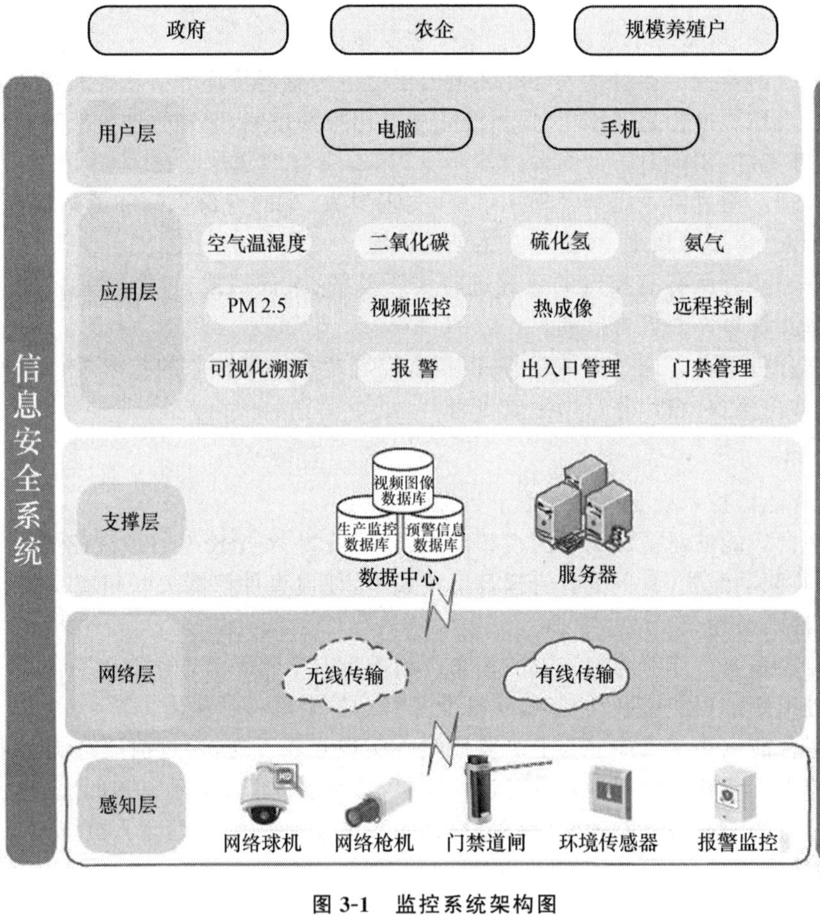

图 3-1 监控系统架构图

(引自:海康威视畜禽养殖可视化监管系统解决方案)

① “SOA 架构”:是指“面向服务架构”,是一个组件模型,它将应用程序的不同功能单元称为“服务”,通过在这些服务之间定义良好的接口和契约联系起来,但其又独立于实现服务的硬件平台、操作系统和编程语言,使得构建在这样的系统中的服务可以以一种统一和通用的方式进行交互。

(1)用户层。为平台各类用户提供良好体验的终端展现界面,业务数据自动录入,多种前端接入方式,包括智能手机、智能手持机、拼接大屏、个人电脑、前端查询机等设备。

(2)应用层。用于实现不同功能的应用系统,支持不同权限管理者和用户的业务应用和智能化、自动化生产,主要包括各应用系统、政府应用平台和企业/个人应用平台。

(3)支撑层。支撑层负责为应用系统的运行提供技术支撑服务,并将这些服务依据不同功能进行划分,以松散耦合的形式组织成各类基础服务,构成上层应用系统所需要的底层应用支撑,为上层系统提供数据支持,包括生产环境监测数据库、预警信息数据库、视频图像数据库、门禁管理数据库等。

(4)网络层。主要包括前端硬件设备上传数据所需传输网络,通过光纤、双绞线、交换机等有线、无线传输方式与中心平台的连接。

(5)感知层。是保障上层系统正常运行的硬件设备,主要包括各类环境量传感器、前端监控摄像头、门禁道闸及各类报警设施设备等。

系统拓扑结合。系统由各级监控中心和前端监控点位组成。重点在前端畜禽养殖基地设置不同类型的网络摄像机,监控视频直接传输到基地的控制中心进行实时查看和存储,同时也可以转发给省(市)畜牧局或企业总部的视频监控中心,构建省、市、县(区)、畜牧相关企业等多级联网的视频监控系统。

环境传感监测数据及视频数据等信息在各级监控中心均可单独存放,可采用云存储或集中存储(CVR)等存储专用设备,将所有监测点的环境、视频数据进行长期保存,便于日常管理或突发事件的记录及历史信息检索。图 3-2 为监控网络拓扑图。

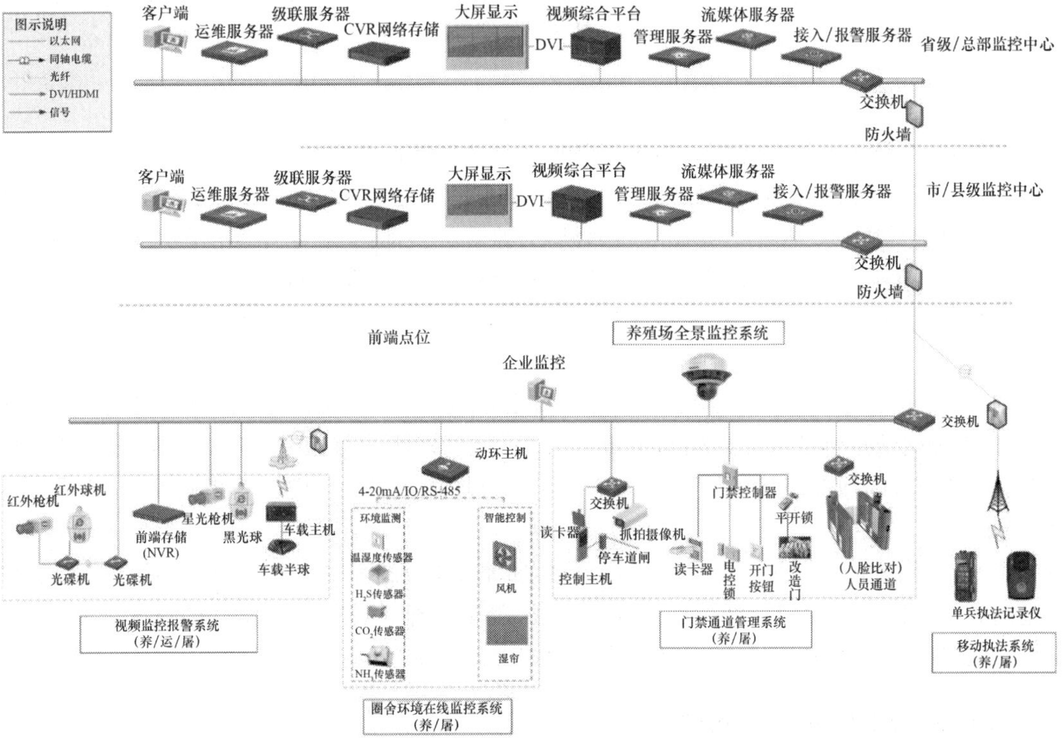

图 3-2 监控网络拓扑图

(引自:海康威视)

2.系统功能

(1)环境感知(图 3-3)。通过监控报警主机对前端环境监测传感器实现接入,在线采集畜禽圈舍内环境指标数据,让管理者对圈舍内的环境变化了如指掌。

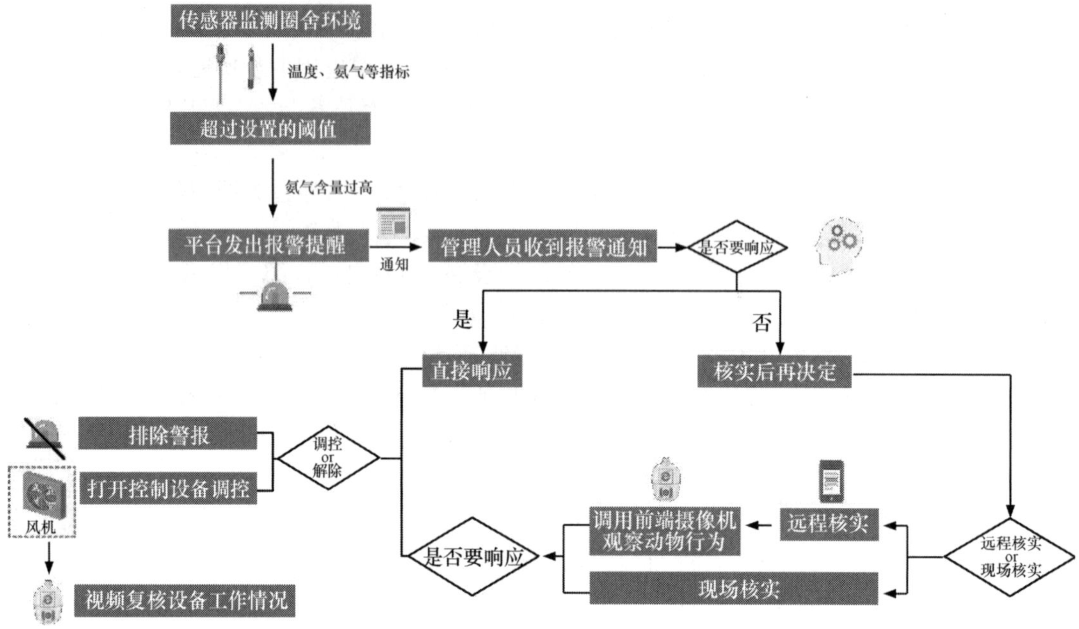

图 3-3 环境感知调节流程图

(引自:海康威视)

(2)动物个体生长过程追溯。通过养殖场及圈舍内的网络摄像机,对畜禽日常生活、饮食、排泄、防疫等过程和进出重要区域的人员、车辆行为活动进行跟踪拍摄并记录存储,方便后期对养殖环节及风险问题发生的原因进行回溯,为监管提供证据,利于标准化养殖体系的完善。

(3)养殖场拜访授权管理(图 3-4)。对养殖场来访人员、车辆的进出进行审批授权,管理中心根据不同身份的管理人员、来访人员设置不同的权限。员工和访客根据授权通过不同的门禁系统。

(4)进场前消毒门禁管理。为保障生产安全,维护一个健康卫生的环境,针对所辖的各个养殖场(屠宰场)建设一套进场前消毒管理子系统,对进出场区的人员、车辆、物资等进行全面消毒管控,确保养殖场的生产安全,实现养殖场无人值守,减少管理人员投入,提升管理效率。

(5)畜禽圈舍门禁管理。对各个畜禽养殖场(屠宰场)的畜禽个体/群体生活区进行隔离,通过远程控制的方式对门禁开关进行统一管理,避免管理人员在未经允许的情况下私自打开圈门或将畜禽带出圈舍;在屠宰过程中实现对静养时间的准确把控。

3.1.3 视频监控预警系统

视频监控预警系统包括养殖场常规视频监控、运输车车载定位监控、屠宰场常规监控等内容。对养殖场监控,特别是在圈舍内实施全方位视频监测,需布设相应数量的枪机和球机。一

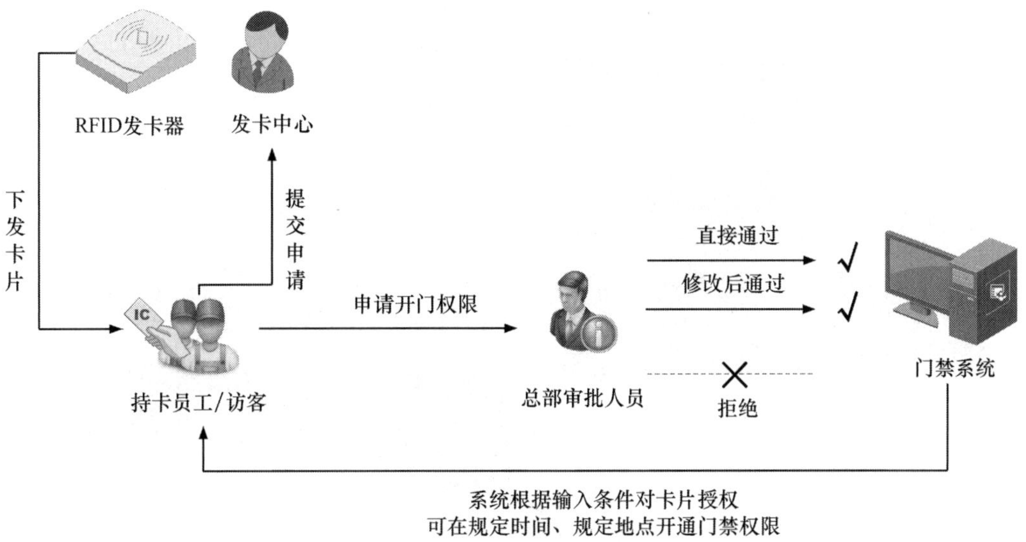

图 3-4 门禁授权管理流程图

（引自：海康威视）

般每个圈舍至少安装 2 个网络枪机、若干高清变倍球机，方便观察畜禽个体细节、体表异常，为专家远程诊断提供可视化服务。

1.养殖场常规监控

养殖场内监控摄像机主要有网络枪机和网络球机 2 种类型，网络枪机一般为定焦镜头，用于固定视场角监控；网络球机为变焦镜头，360°旋转变焦看细节。

网络枪机主要布设在养殖场内主干道、主要建筑及圈舍内部（每个角落各 1 个）看全景，对畜禽个体日常生活、饮食、排泄、防疫等过程和进出重要区域的人员、车辆行为活动进行跟踪拍摄并记录。

网络球机主要布设在畜禽圈舍内中间位置，查看室内高清画面，随时掌握畜禽群体生活状况，并可根据实际需要变倍看细节，全面了解畜禽的饮食状况、休息状态、配种过程、分娩过程、产出（蛋、奶）过程等情况。

场景一 养猪场

前端设备根据不同的功能，其安装位置也有不同的要求，主要部署在畜禽圈舍内、养殖场制高点及消毒间、粪污池等场所（图 3-5）。

（1）养殖圈舍内。在育儿室、小猪生活间、成年猪生活间等重要养殖室内的角落，每个角落各布设 1 个星光红外枪机，对动物日常生活、饮食、排泄、防疫等过程和进出重要区域的人员、车辆行为活动进行跟踪拍摄并记录。

在育儿室、小猪生活间、成年猪生活间等重要养殖室内的中央棚顶布设黑光球机，随时掌握畜禽群体生活状况，可变倍查看某一个体的形态细节。

在圈舍内部署空气温湿度、CO_2 浓度、NH_3 浓度、PM2.5、噪声等环境传感器，可接入前端摄像机，也可接入环境控制主机。

图 3-5 养猪场前端点位部署图

（引自：海康威视）

(2)养殖场制高点。一般部署环形鹰眼或 360°全景鹰眼在养殖场内制高点或较高的立杆上，视场角达 180°或 360°，对养殖基地内所有人、车的进出动态进行自动跟踪，完整记录整个养殖场内发生的活动情况。

(3)消毒间、粪污池。养殖场一般配有标准的人员消毒间和粪污处理池，可在人员消毒间内安装人脸识别摄像机，自动记录并统计进出消毒间的人员信息、消毒流程及停留时间，加强养殖过程的规范化管理；在粪污处理池布设摄像机，实时观察反应池运作情况、排水泵工作情况。

场景二 养鸡场

图 3-6 为养鸡场前端点位部署图。

图 3-6 养鸡场前端点位部署图

（引自：海康威视）

2.运输车车载定位监控

待宰畜禽从养殖场运送至屠宰场的过程中或乳品从养殖场运送至乳品收购站的过程中均需要搭乘畜禽/冷链运输车，在运输车内安装带北斗定位功能的车载摄像机(半球)，通过北斗实时上传车辆定位信息，记录车辆移动轨迹和停留时间，防范意外发生(3-7)。

图 3-7　畜禽运输车车载定位监控

(引自:海康威视)

车载定位监控系统基于无线传输网络，实现前端视音频信息、定位信息和报警信息通过无线网络传输到后台，实现前后端的音频交互以及前端设备的远程控制。

3.屠宰场常规监控

屠宰场内部视频监控点位主要包括装卸区、待宰栏、刺杀车间、去毛车间、检疫车间、开膛车间、无害化处理车间等地点，覆盖畜禽进厂(场)查验、宰前停食静养、同步检疫检验、无害化处理和肉品出厂(场)等关键环节，可以实时查看待宰动物动态和屠宰过程，及时发现有异常行为的动物个体和工作人员的不规范作业行为。

在屠宰场进出口部署视频监控点位，能够实时监控进出车辆、人员动态，加强屠宰场人、车流动的管理。表 3-1 为屠宰场前端点位设计。

表 3-1　屠宰场前端点位设计

点位设计	需求	推荐产品
入场检查点	监控查验物体、是否采集尿样	高清红外筒机
检测室	监控是否按规定检测肉质	高清红外半球或筒机
屠宰生产线	监控检疫员是否及时到岗，操作规范	高清红外半球或筒机
无害化处理间	监控病害废弃物是否彻底无害化处理	高清红外半球或筒机
进出口消毒处	监控车辆冲洗消毒是否到位	高清红外抓拍机

4. 养殖场全景监控系统

随着视频监控应用的不断深入，对大场景的监控需求也越来越多，除了能“看全”“实时”之外，还希望看清局部细节。虽然越来越多的一体化高清全景摄像机或通过多台摄像机后端拼接的方案都可以满足“看全”和“实时”的需求，但是两者都无法洞悉大场景中的局部细节。如果大场景中发生突发性事件，我们希望能看清细节，并清晰记录事件的整个过程；否则，虽然具备无盲区全景监控的优势，但不能辨别监控物体与细节，此时的监控变得形同虚设。

在养殖场制高点或立杆布设鹰眼，可以环顾全景，同时也可以捕捉细节（图 3-8）。球形鹰眼全景跟踪摄像机，采用“多水平全景摄像机＋中心特写跟踪”的方案，单摄像机即可实现全景加细节的监控效果。主要由以下几个部分组成：

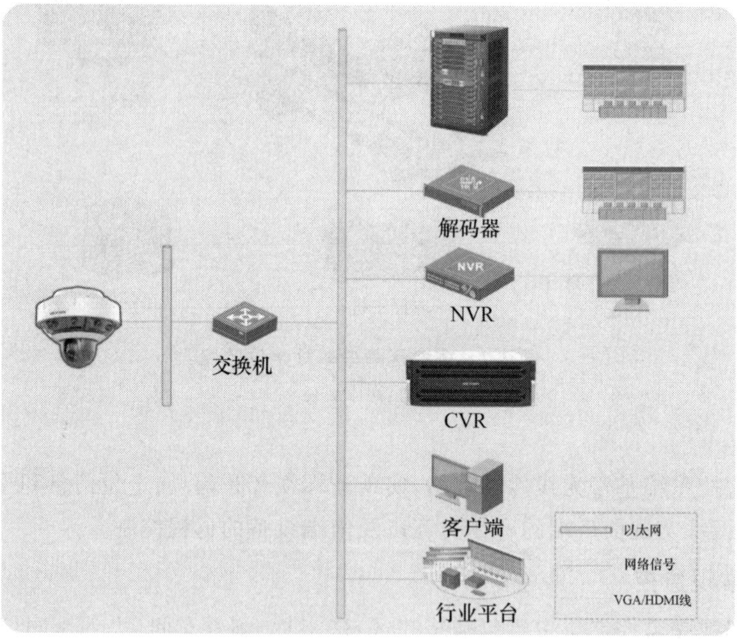

图 3-8　鹰眼网络拓扑图

（1）前端采集子系统。前端通过球型鹰眼全景跟踪摄像机实时采集全景以及细节视频信息，并在前端摄像机内完成多水平摄像机的图像拼接。

(2)网络传输子系统。通过网络实时传输视频流。

(3)解码显示子系统。通过解码器或综合平台对视频信号进行解码,并实现电视拼接的分割与图像显示。

(4)后端存储子系统。可对实时图像码流进行存储。

(5)中心管理子系统。通过客户端/IE 对摄像机进行配置、图像调节等,并可接入行业平台。

表 3-2 为主要设备简介。

表 3-2 主要设备简介

1.200 万红外网络高清球机【DS-2DE7230IW 系列】 · 采用高效红外阵列,低功耗,照射距离达 150 m · 支持 360°水平旋转,垂直方向−15°～−90° · 支持定时抓图与事件抓图功能 · 支持区域曝光与区域聚焦功能	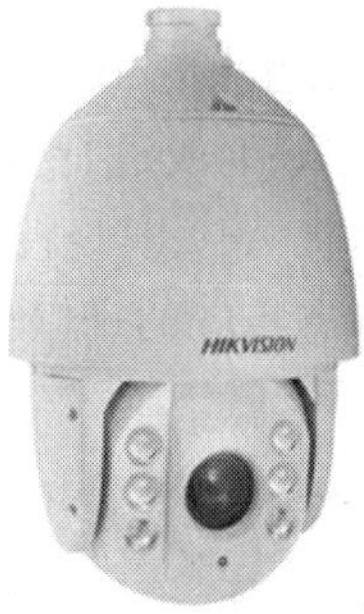
2.200 万超宽动态红外网络枪机【DS-2CD4025FWD-(A)(P))】 · 支持走廊模式,增加纵向狭长环境下监控区域 · 支持区域裁剪,小带宽看清大细节	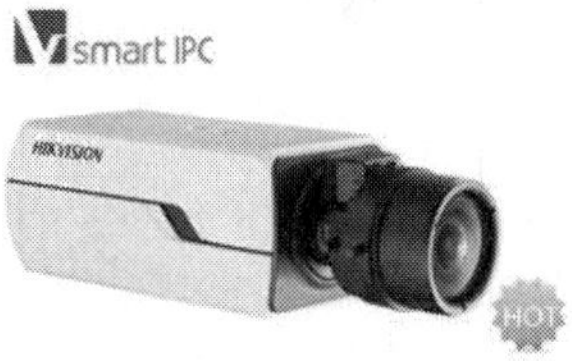
3.黑光球机,可选型号:iDS-2DF8225IH-A	
4.黑光护罩一体机,可选型号:DS-2CD5028FWD/E-IRA	
5.360°全景鹰眼(DS-2DP1636Z-D) · 全景摄像机 · 水平 360°连续旋转,垂直−15°～−90°(自动翻转) · 支持检测直径 300 m 范围内运动目标,可同时检测 60 个目标	

任务 3.2 门禁通道管理系统

门禁通道管理系统包括授权管理子系统、进场前消毒管理子系统、进出通道闸道管理子系统、人员门禁管理子系统、无卡化人脸通道子系统和畜禽圈舍门禁管理子系统。门禁通道管理系统通过各种门禁设备使入场人/车、企业内部工作人员、畜禽个体得到有效管理，渗透到了企业管理和物业管理的各个环节，使得各项管理工作更加高效、科学、便捷、安全。

3.2.1 拜访授权管理子系统

对养殖场来访人员、车辆进出权限需要设置相应的审批环节。养殖场管理中心先给员工/访客发 IC 卡或进行身份信息注册申报，提交开门权限申请给行政部门，行政部门审批授权(可通过手机 App 实现授权)，可以直接通过，也可以修改后再通过。审批通过后，持有的卡片或身份即有相应的开门权限。图 3-9 为门禁授权管理流程图。

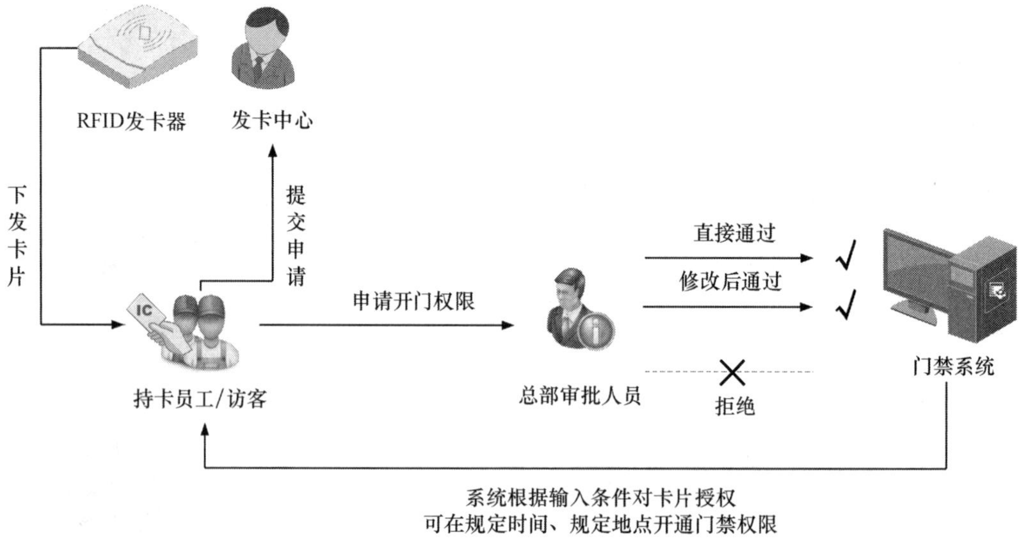

图 3-9 门禁授权管理流程图

(引自:海康威视)

1. 权限申请

申请人根据自己的工作范围、拜访计划，选择申请何时拥有何地的开门权限，可通过 PC 端或手机 App 向行政部门提交申请。

2. 权限审批

申请上报到行政部门后，审批人员根据申请内容给予通过或者拒绝。可以直接通过，也可修改开门地点和开门时间，还可针对不同的受控人员设置不同的区域活动权限，将人员的活动范围限制在与权限相对应的区域。

审批结果自动反馈给申请人员，告知其获准进入的时段、范围或拒绝的理由。

3.获得开门权限

申请人员获知授权后,可在准入时间内自行前往。

4.养殖场门禁记录查询

系统可实时显示、记录所有事件数据。所记录的信息不可更改。报警事件发生时,计算机屏幕上会弹出醒目的报警提示框。

5.系统保障模式

具备离线、断电和灾害三种模式,分别对应通信网络故障、供电电路故障和灾害三种状况。

(1)离线模式。当通信网络中断时,系统转为离线工作模式。即脱机情况下,网络控制主机及门禁控制器可根据本地存储的门禁参数及权限信息独立工作,并存储脱机时的信息记录。通信恢复后立即将中断时记录的信息上传至工作站。

(2)断电模式。通过配备UPS电源保障养殖场断电后自动开门或手动开门。

(3)灾害模式。在火警等紧急情况下,工作站根据消防信号或管理员命令自动进入灾害模式。此模式下,工作站向指定区域或所有门禁设备发出开门指令,便于消防疏散和紧急救灾。也可通过紧急联动按钮,对指定区域或所有门禁进行断电开门。

3.2.2 进场前消毒管理子系统

为降低养殖场疫病风险,在养殖场通道建设一套消毒管理子系统,对进入场区的人员、运输车辆、物资等进行全面消毒管控,确保养殖场的生产安全,实现养殖场无人值守,减少管理人员投入,降低公司运营投入,同时提升公司管理效率。传统进场消毒管理见图3-10。

微课 进场消毒智能控制

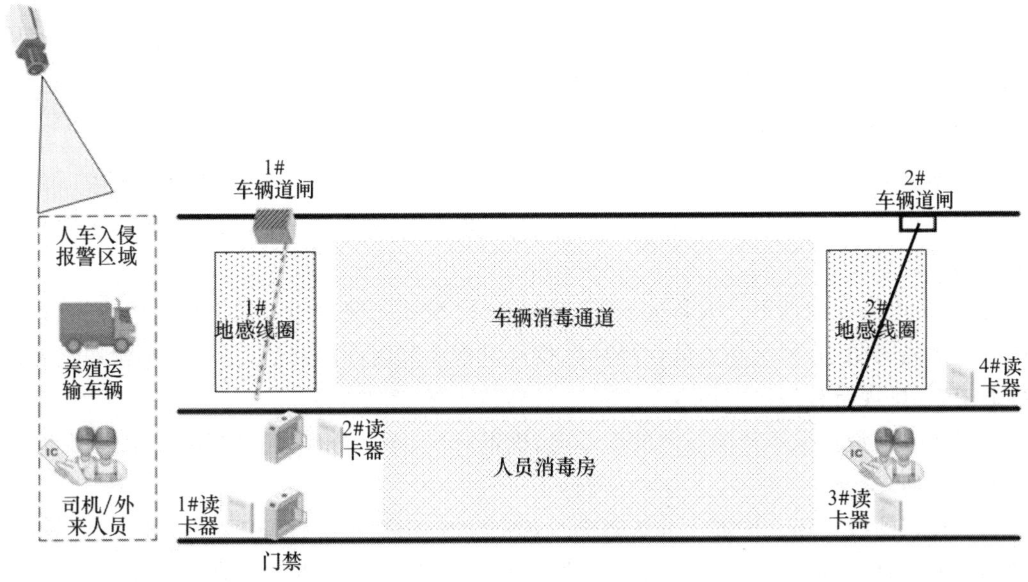

图3-10 传统进场消毒管理示意图

(引自:海康威视)

1.传统进场消毒流程

规模养殖(集中屠宰)场出入口均有人员消毒房、车辆消毒通道,进出养殖场人员一般会有管理员、上班员工、运输司机等,不同人员进入的权限各不相同,进场流程也不相同。

进场时,获得相应授权的人员刷卡或通过人脸识别,开启门禁或车辆道闸;没有获得相应授权时,读卡器或识别系统会报警提示,门禁或车辆道闸无法打开。

(1)管理人员。管理人员获得其所管理的养殖场所有门禁、道闸授权,刷卡后车辆道闸立即抬启。管理人员进入养殖场先刷1#读卡器联动1#、2#车辆道闸开启,车辆压过1#地感线圈1#道闸回落,压过2#地感线圈2#道闸回落;出养殖场先刷4#读卡器联动1#、2#车辆道闸开启,车辆压过2#地感线圈2#道闸回落,压过1#地感线圈1#道闸回落。正在生产的养殖场,尽量少给予高度授权的审批。

(2)上班员工/来宾。根据授权,只能打开某一区域的相应门禁。没有获得授权的区域,员工不能进入。若需临时进入其他养殖场区时,需向行政部门申请,获得批准后给予相应的授权。一卡一车、一卡一人通行,已获授权的员工,不得带未经授权的人员进入养殖区域。

(3)运输司机。平台可以灵活配置1#、2#、3#、4#等读卡器的刷卡顺序,各个读卡器增加反潜回功能,只能按照规定配置的顺序刷卡,才能开启门禁和车辆道闸,否则刷卡无效。

进入养殖场,来访人员(司机)需按照1、3、2、4的顺序刷卡,具体操作流程如下:

进场流程:首先运输司机下车刷1#读卡器,进入人员消毒房;消毒完成以后刷3#读卡器联动1#车辆道闸开启,再回来刷2#读卡器出消毒房;开车进入车辆消毒通道,车辆压过1#地感线圈,视频监测车辆进入消毒区后1#车辆道闸回落,车辆在消毒通道等待3 min(时间可配)进行消毒,2#车辆道闸开启,车辆经过2#地感线圈,2#车辆道闸回落,完成车辆进场流程;

出场流程:运输司机刷4#读卡器,2#车辆道闸开启,车辆压过2#地感线圈2#车辆道闸回落,车辆在消毒通道等待3 min(时间可配)进行消毒,之后1#车辆道闸开启,车辆压过1#地感线圈,1#车辆道闸回落,完成出场流程。

2.智能监控消毒流程

非洲猪瘟的大范围传播,对养殖场人、车、物的进出消毒提出了更严、更高的要求。养殖企业从消毒流程、智能控制环节、消毒方式等方面,不断进行改进和升级,通过智能技术提高疫病传播的防控效果。

(1)人员进场智能消毒。人员进入养殖场核心区域实行隔离消毒与进场前消毒相结合,隔离区一般远离养殖场,拟进场人员在隔离区按规定程序和时间隔离后,由专用车辆送至养殖场进场通道,并按规定程序再次消毒后方可进入养殖区域(图3-11)。

拟进场人员消毒采用智能控制的消毒房,确保脏区、净区分离,通过智能控制门锁的启闭,防止人员返回、交叉。

经过授权的拟进场人员进入进场通道后,通过人脸识别系统打开1#门,进入第一间雾化消毒间,1#门自动落锁;消毒室雾化机自动开启,进行人员体表和鞋底消毒,时间完成后,2#门自动打开,随身衣物全部放入消毒柜再次消毒;人员通过2#门进入淋浴室后,2#门自动落锁,淋浴头下传感器检测到人员后自动喷淋计时;淋浴合规后,3#门自动开启,人员进入第二

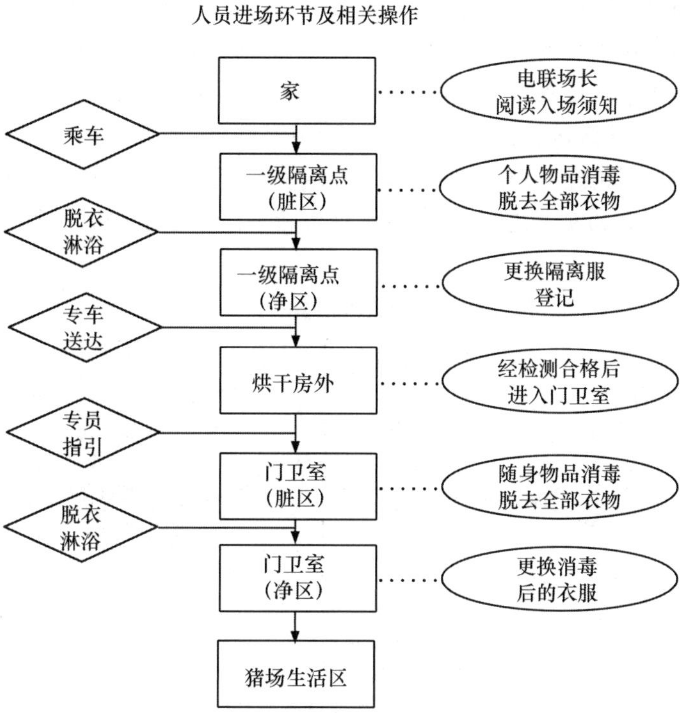

图 3-11　人员进场消毒流程图

间雾化消毒间,更换工作服后再次雾化消毒;时间结束后,摄像机自动检测工装是否合规,符合标准后 4＃门自动打开,人员进场(图 3-12)。

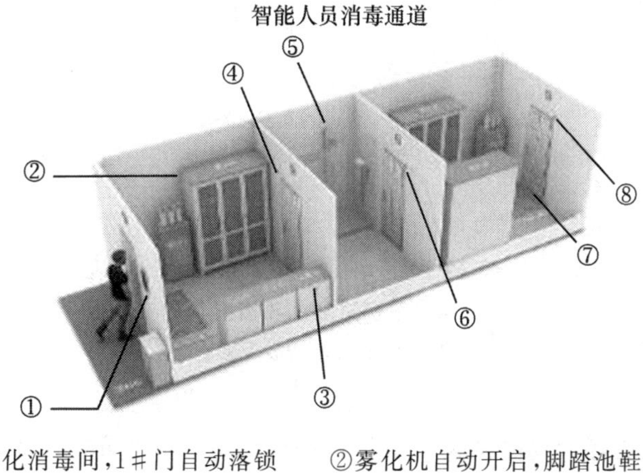

①人脸识别进雾化消毒间,1＃门自动落锁　②雾化机自动开启,脚踏池鞋底消毒

③随身衣物放入消毒柜消毒　④进入淋浴间,2＃门自动落锁

⑤淋浴头下检测到人员自动喷淋计时　⑥淋浴合规后,3＃门自动开启

⑦更换好工作服,自动雾化消毒　⑧出 4＃门,AI 摄像头自动检测工作服是否合规

图 3-12　人员进场消毒智能监控

(引自:农信互联产品手册)

(2)车辆进场智能消毒。车辆消毒分为车辆清洗、采样、消毒、沥水、烘干和司机进场消毒两个部分。司机消毒流程与人员进场流程一致。车辆进场消毒一般经过以下环节。

经过授权的车辆进入进场通道后，通过车牌识别系统读取车辆信息，核实准确后 1＃闸道自动开启，车辆进入预冲洗区进行高压冲洗；冲洗结束后 2＃闸道自动开启，车辆进入洗消间，进行再次清洗、消毒，司机进入消毒间消毒；消毒结束后，车辆进入沥水区；沥水时间结束后进入烘干室，在 57 ℃左右的室温进行烘干，时间结束后 3＃门自动开启，车辆进入厂区（图 3-13、图 3-14）。

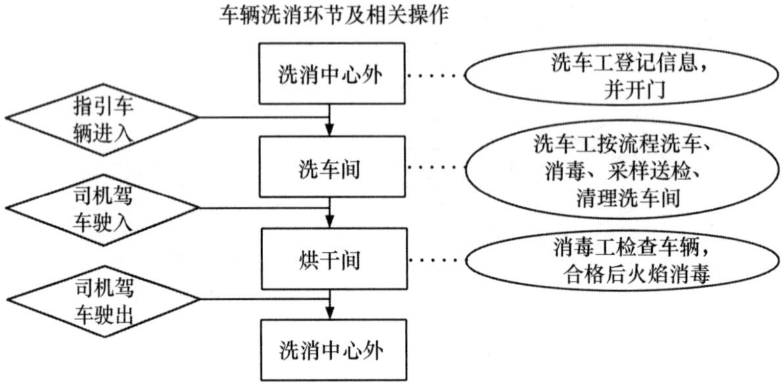

图 3-13　车辆进场消毒流程图

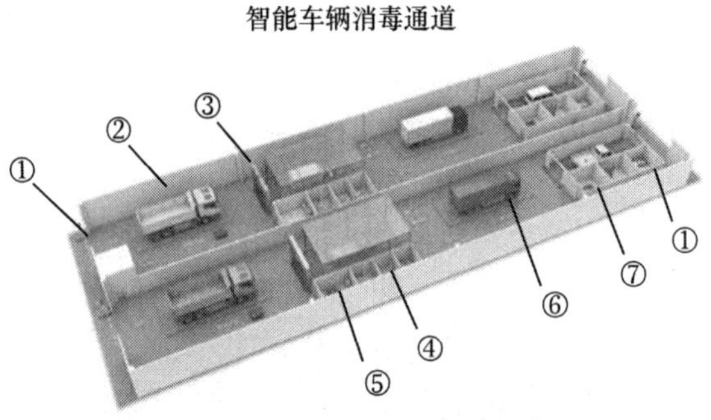

①车辆识别　②预冲洗　③笼门、地喷清洗　④司机洗消
⑤车辆消毒　⑥车辆沥水　⑦车辆烘干　⑧车辆离开

图 3-14　车辆进场消毒智能监控

（引自：农信互联产品手册）

(3)物品进场智能消毒。物品消毒一般经过中转消毒和入场前消毒环节，根据物品的性质采用烘干或浸泡等方式消毒。

物资进入消毒间时，通过人脸识别系统打开 1＃门，工作人员将拟进场物资运入消毒间，并按规定摆放整齐；工作人员从 1＃门返回，1＃、2＃门均自动落锁，系统启动熏蒸消毒，至消毒结束；2＃门自动开启，场内工作人员从 2＃门进入取运已消毒物资入场，此过程 1＃门无法打开，避免净污交叉（图 3-15、图 3-16）。

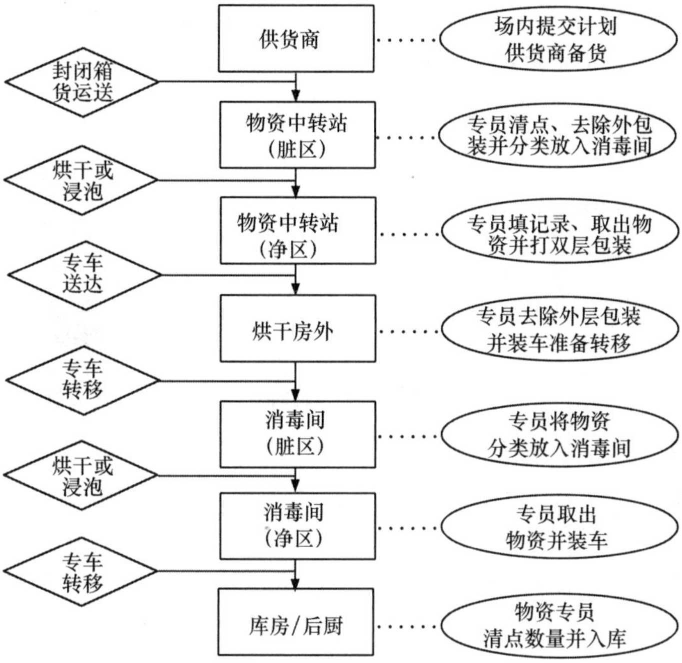

图 3-15　物资进场消毒流程图

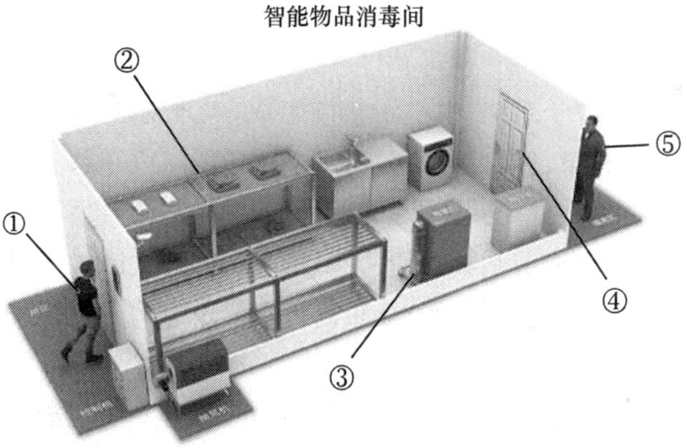

①人脸识别，从脏区门进入物资消毒间

②摆放好物资，从脏区门返回，无法通过净区门

③启动消毒，两门自动落锁，直到消毒结束

④净区门进入，取走物资，无法通过脏区门

⑤人脸识别，从场内进入消毒间

图 3-16　物资进场消毒智能监控

（引自：农信互联产品手册）

3.2.3 进出通道道闸管理子系统

进出通道道闸管理系统可以有效解决人、车随意进出养殖场的现象，减少外来人员、车辆带病入场，阻断传染病传播渠道(图 3-17)。

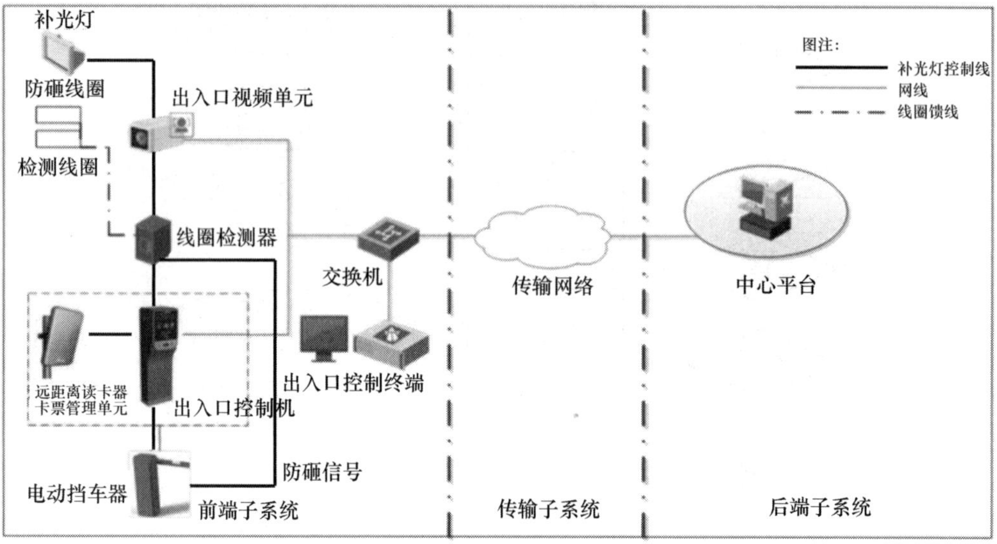

图 3-17 进出通道道闸管理子系统结构示意图

(引自:海康威视)

1.系统组成

系统由前端子系统、传输子系统、中心子系统组成，实现对车辆的 24 h 全天候监控，记录所有通行车辆，自动抓拍、记录、传输和处理，同时系统还能完成车牌、卡片(固定卡、临时卡)与车主信息管理等功能。

(1)前端子系统。负责完成前端数据的采集、分析、处理与上传，负责车辆进出控制，主要由刷卡及电动挡车器模块、车牌识别模块、远距离识别模块等构成。

①刷卡及电动挡车器模块主要设备。

电动挡车器。支持软件控制“升闸”“降闸”及“停止”操作；手动按钮能做“升闸”“降闸”及“停止”操作；停电自动解锁、停电后可用摇把手动抬杆。

出入口控制机。用于控制车辆进入和开出，车主驾车至入口控制机前，地感线圈、车辆检测器自动检测到有车辆，车主刷有效卡后，电子挡车器开启。

远距离识别模块。由远距离读卡器，远距离识别卡、桌面式发卡器等组成。

②车牌识别模块主要设备。

出入口视频单元。由抓拍摄像机、智能补光灯、成像控制软件等组成，能自动调整抓拍摄像机的成像模式，使用软硬件结合的方法控制图像曝光，保证车牌成像清晰、容易识别。

补光单元。智能补光灯由抓拍摄像机控制，在环境照度不足的情况下，抓拍摄像机执行精确的控制指令，控制智能补光灯补光，保证在全天候环境下都能拍摄到包含清晰牌照图像的理想图片。如果要看清驾驶室人脸需要采用闪光灯，如不需要看清人脸，则采用普通的 LED 频闪灯。

出入口控制终端。负责进行前端数据(车辆信息/人脸信息)采集、处理、上传后端平台，实现实时视频、抓拍图片显示、进出抓拍图片关联、实时报警信息显示、系统日志显示、软件开关闸、高峰期锁闸、设备连接状态显示、报警联动等功能。

(2)网络传输子系统。负责数据、图片、视频的传输与交换。其中前端主要由交换机、光纤收发器等组成；网络中心主要由接入层交换机、核心交换机等组成。

(3)后端平台管理子系统。平台完成数据信息的接入、比对、记录、分析与共享。主要包括：数据库服务器、数据处理服务器、Web 服务器。其中数据库服务器安装数据库软件保存系统各类数据信息；数据处理服务器安装应用处理模块负责数据的解析、存储、转发以及上下级通信等；Web 服务器负责向用户提供访问服务。

2.系统功能。

(1)车辆管控。主要有如下 3 点。

一卡一车。发行固定卡时若与车牌号码绑定，只有该车牌号码的车才可以使用该固定卡，其他车辆无法使用。

防止换车。车辆出场时，系统自动比较该车的进出场车牌号码是否一致，若不一致，出口电动挡车器不动作，并发出报警提示，以提醒值班人员注意。

布控车辆。对频繁在道闸附近徘徊、停靠的嫌疑车辆，系统自动在前端和中心产生报警，同时人工参与处理。

(2)电动挡车器软件控制。客户端或中心管理平台能够远程控制电动挡车器启闭，方便操作人员管理和特殊需要。

(3)号牌自动识别。系统可自动对车辆牌照进行识别，包括车牌号码、车牌颜色的识别。扫牌识别与授权相结合，以车牌代替 IC 卡。

(4)车辆信息记录。包括车辆通行信息和车辆图像信息。车辆通过出入口时，系统准确记录车辆通行信息，如时间、地点、方向等。在双立柱闪光灯补光时，拍摄的图像可全天候清晰辨别驾驶室内司乘人员面部特征。

(5)数据管理。过车数据自动上传中心，由中心集中存储和管理，支持前端数据缓存以及断点续传。可查询通行信息、报警信息、场内车辆、操作日志、设备状态等信息。

(6)报警功能。当系统识别出来的车辆车牌不符合授权条件时，或者车牌在黑名单库时，系统自动报警，提示工作人员进行检查，用户可根据实际需求选择不同的报警联动方式，如预览通道切换、报警输出、软件提示、LED 显示等。

3.系统现场布局

车辆通道道闸现场布局图见图 3-18。

现场安装效果见图 3-19。

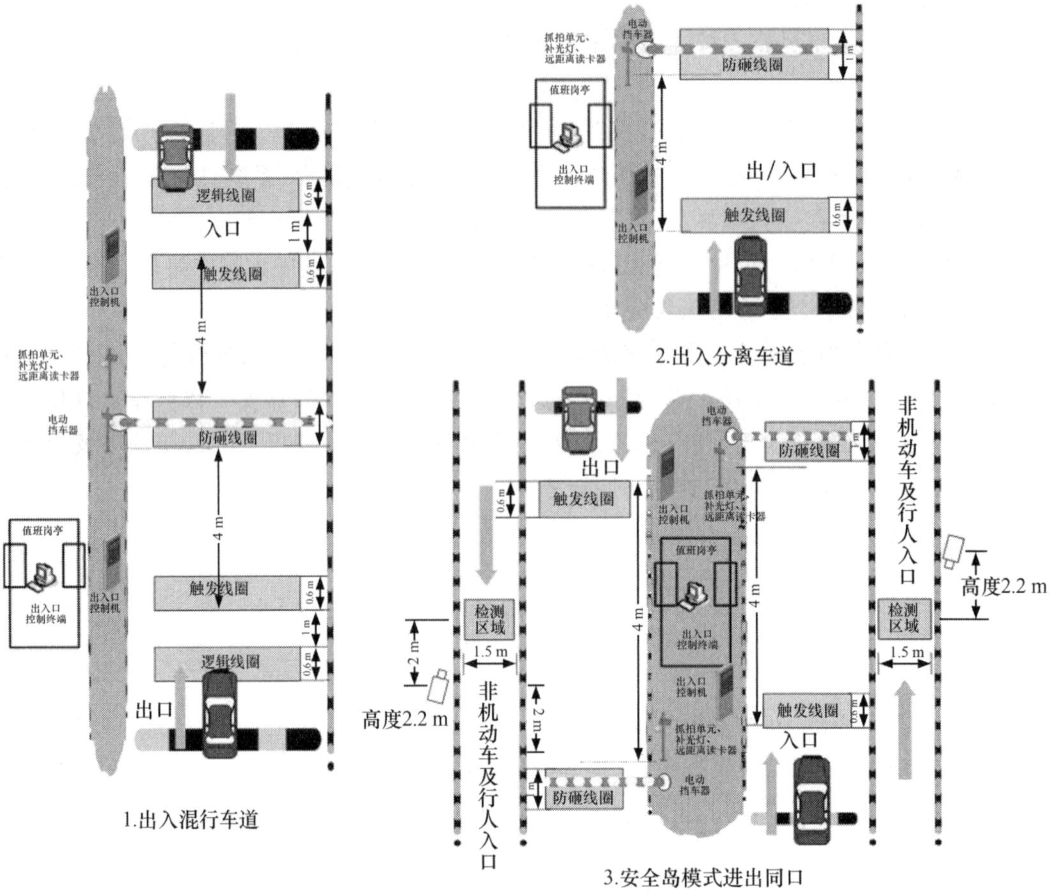

图 3-18　车辆通道道闸现场布局图

（引自：海康威视）

图 3-19　车辆道闸现场安装效果图

（引自：海康威视）

3.2.4 人员门禁管理子系统

将IC卡或生物体征识别系统(指纹、人脸识别等)与电子锁有机结合,实行智能化管理;根据不同授权,打开相应的门禁(图3-20)。

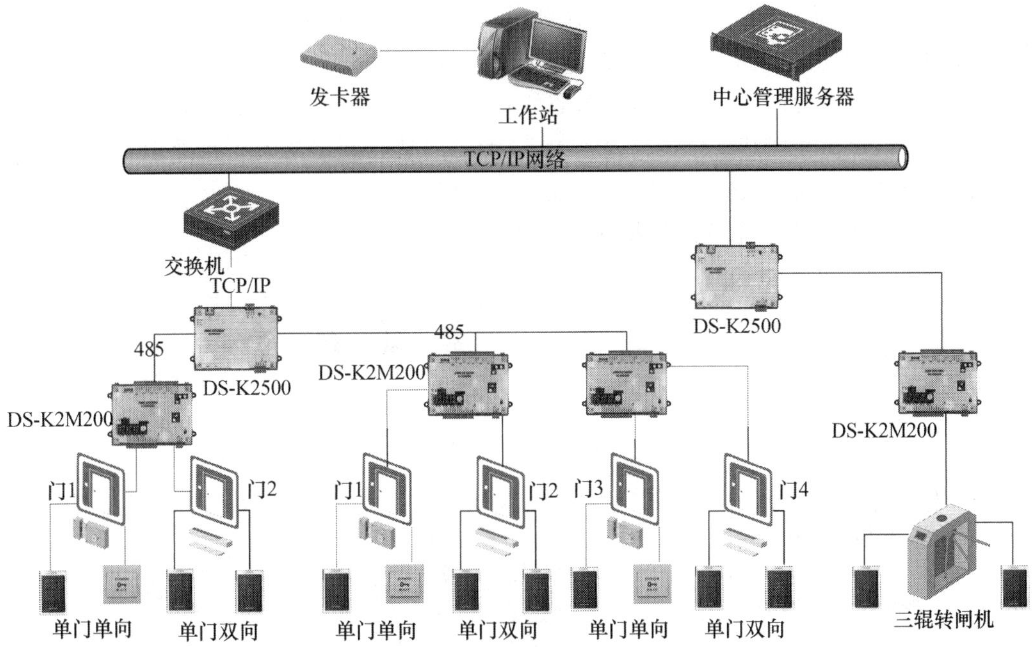

图3-20 人员门禁系统拓扑图

(引自:海康威视)

1.系统组成

主要由前端设备、中间传输网络与管理中心设备等组成。

前端设备由感应IC卡、感应读卡器、门组、门禁控制器、网络控制器、门禁管理软件等组成。主要负责采集与判断人员身份信息与通道进出权限,结合电锁控制对授权人员放行。传输网络主要负责数据传输,包括门边设备与门禁控制器之间,以及控制器与管理中心之间的数据通信。管理中心负责系统配置与信息管理,实时显示系统状态等,主要由管理服务器与管理平台组成。

2.前端门禁点设计原则

对不同受控区域配置门禁点,应遵循以下原则:

(1)按需确定受控区域。门禁点设计应首先确定受控区域与控制需求,如养殖区、隔离区、生活区、行政区等,不同的区域控制标准不同。

(2)全面的点位设置。对需要进行通行权限控制的区域,应全面考虑该区域的进出通道,对所有可能进入该受控区域的出入口均设置门禁点。

(3)配合门禁控制逻辑。门禁点配置需要与系统控制逻辑相对应,如单向控制只需在进门或出门处设置门禁点,双向门禁控制则需要在进出两边均设置门禁点。在门禁点设计的过程中，应同时考虑门禁与其他系统的联动，确定各门禁点的联动属性，如某一门禁点与消防信号联动的分区对应关系等。

(4)便捷的识别方式。门禁点通过门禁读卡器或生物识别仪对进出人员的身份进行识别，门禁点设置时应根据区域特点与受控区域的安全级别，同时考虑便捷性需求，选择不同的识别方式，如单纯的刷卡认证、密码认证、指纹认证、指静脉认证或多种认证方式相结合等。

(5)合理经济的门禁点汇聚方式。门禁点需要与管理中心进行数据通信，因此各门禁点与管理中心之间需要建设通信线路。基于节省线材与施工的考虑，门禁点较多的情况下需要将多个点位进行汇聚。在门禁点位设计过程中，应考虑门禁控制器的上下行通信方式以及单台控制器接入门禁点数量等，选择较为合理、经济的汇聚方式。

图 3-21 为门禁管理子系统网络拓扑示意图。

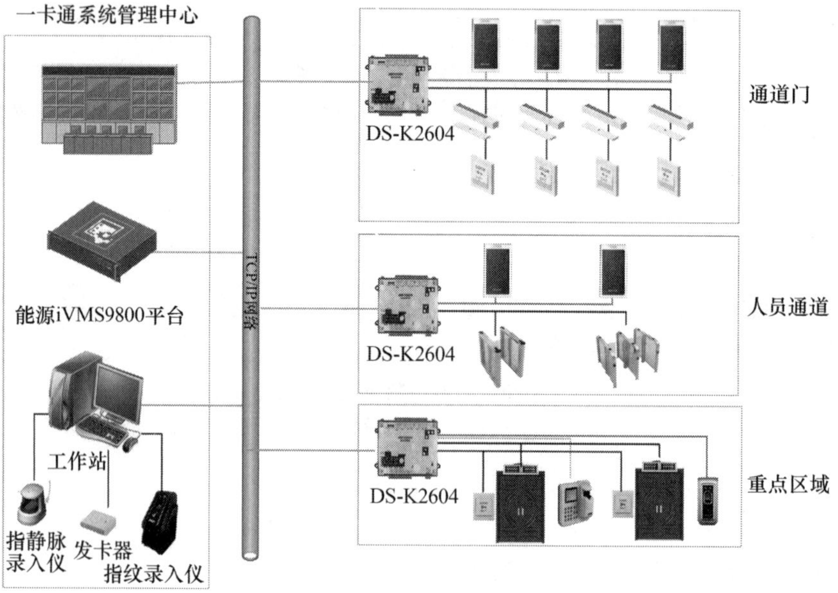

图 3-21 门禁管理子系统网络拓扑示意图

(引自：海康威视)

3.系统功能

设置门禁管理子系统的主要目的是对人员通行权限的管制，只有经过授权的人员才能进入受控的区域。

(1)实时监控功能。系统管理人员可以实时查看每个门区人员的进出情况，也可以在紧急状态时打开或关闭所有的门区。

(2)权限管理功能。可针对不同受控人员，设置不同的区域活动权限，将人员的活动范围限制在与权限相对应的区域内；可实现对指定区域分级、分时段通行权限管理。

(3)动态电子地图功能。以图形的形式显示门禁状态，管理人员同时拥有在电子地图上对各门点进行直接开/关控制的权限。

(4)数据备份与查询功能。主要包括数据库、各种业务数据、安全日志等各种数据的完整和差异化自动备份，支持灵活的备份管理，可提供统一的备份数据还原工具；系统可实时显示、记录所有事件数据；可按不同条件进行查询，并生成相应的报表。

(5)逻辑开门功能(双重卡)。同一个门需要二人同时刷卡才能打开电控门锁。设定某些重要门点如危化品库、重要种子资源库等，只有两人同时读卡才能开门。

(6)胁迫码功能。当管理人员被劫持入门时，可输入约定胁迫码进门，在入侵者不知情的情况下，中心及时接收此胁迫信息并启动应急处理机制，保障人员及受控区域的安全。

(7)防尾随功能。持卡人必须关上刚进入的门才能打开下一个门；持卡者从某个门刷卡进来就必须从某个门刷卡出去；进门未刷卡，尾随别人进来，出门刷卡时系统不通过；如果出门未刷卡，尾随别人出去，下次再进门系统也不通过；或者刷卡进来后，将卡从窗户丢给其他人进来，系统也会拒绝刷卡。

(8)双门互锁功能。当第一道门以合法方式打开后，若没关上，则第二道门不会被打开；只有当第一道门关闭之后，第二道门才能够被打开。同样的道理，如果第二道门没有关好前，第一道门也不允许刷卡打开。

(9)强制关门功能。如果管理员发现有入侵者在某个区域活动，管理员可以通过软件，强行关闭该区域的所有门，使得入侵者无法通过刷卡或者按开门按钮离开。

(10)异常报警功能。异常情况下可以实现 PC 机、手机报警或报警器报警，如非法侵入、门超时未关等；如发生火警时，自动释放相关区域通道的出入口控制，使内部人员及时外逃且消防人员可以顺利进入，实施灭火救援。

(11)与视频监控联动。为防止盗用他人合法卡进出，保证刷卡记录的真实性，系统可以要求每次刷卡都能联动视频抓拍刷卡人照片或保存刷卡时的录像资料。

(12)支持脱机工作。控制器可脱机(与管理主机失去联系)工作，并且不影响进出门；当门禁与管理中心重新建立通信时，控制器能实时上传事件信息。

4.系统运行模式

具备在线、离线和灾害三种模式，分别对应正常工作、通信网络故障和灾害三种状况。

(1)在线模式。系统工作于在线模式为正常情况。此模式下系统管理工作站将门禁控制参数和授权信息下发给网络控制主机和门禁控制器。网络控制主机及门禁控制器根据工作站要求控制门锁开启或关闭。同时，相关操作信息将全部实时上传至管理工作站。

(2)离线模式。当网络中断时，系统转为离线工作模式。即脱机情况下，网络控制主机及门禁控制器可根据本地存储的门禁参数及权限信息独立工作，并存储脱机时的信息记录，通信恢复后立即将中断时记录的信息上传至工作站。

(3)灾害模式。在火警等紧急情况下，工作站根据消防信号或管理员命令自动进入灾害模式。此模式下，工作站向指定区域或所有门禁设备发出开门指令，便于消防疏散和紧急救灾，也可通过紧急联动按钮，对指定区域或所有门禁进行断电释放。

3.2.5 人脸识别子系统

人脸识别子系统是以“门禁系统及智能闸机系统”为基础，辅以摄像头、指纹识别仪、显示屏等设备，通过人脸比对进行人员管理的通道管理系统。适合安装在养殖场大门口或楼道内无门的出入口处。

1.系统架构

系统采用以太网 TCP/IP 通信，中心采用专业管理平台，前端采用人证比对组件、人员通道等基础设备，配合人脸智能识别技术，使系统在完成人脸识别的同时，也给人员通道闸机一个开关信号，开启人行通道的闸机，同时存储、分析所识别的人脸数据，生成相应的统计信息与报表。

人脸比对人员通道支持对人员进行多种类、多级别权限管理，支持联网使用和单机使用，可有效提升防护区域的安全性。无卡化人脸识别系统架构图见图 3-22。

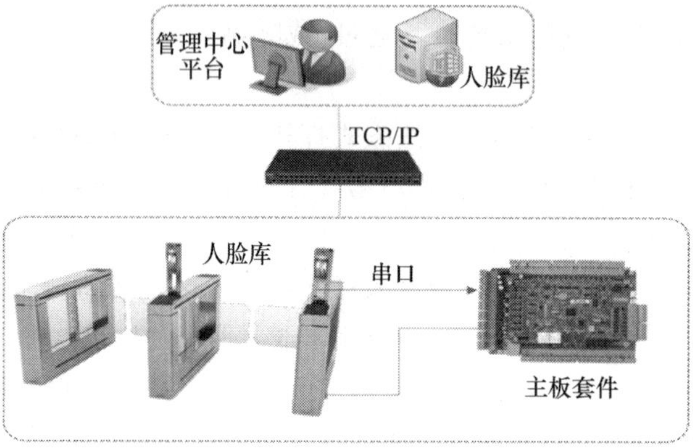

图 3-22　无卡化人脸识别系统架构图

（引自：海康威视）

支持对通行人员人脸、指纹信息建模处理后，建立人员信息数据库。其中人脸信息库可以通过导入标准照片或通过摄像机采集两种方式建立，人员信息库在前端本地存储也可以在后端存储。

2.比对模式

根据不同场景及功能需求支持多种比对模式。可以采用刷人脸，也可以采取刷人脸＋刷指纹的组合方式。

（1）刷人脸。在人员通道上直接刷人脸进行核验后控制闸机开启，无论人员通道是联网运行或者单机运行，用户只需要采用刷人脸一种方式进行比对，识别方式上比传统的刷卡验证安全性更高，更便捷（图 3-23）。

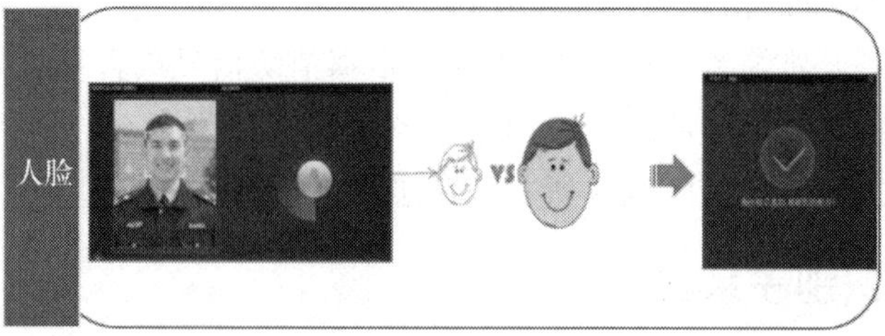

图 3-23　人脸比对

(2)刷指纹。在人员通道上直接刷指纹进行核验后控制闸机开启,在这种比对模式下,无论人员通道是联网运行或者单机运行均可完成(图 3-24)。

(3)指纹+人脸。用户使用指纹+人脸两种生物识别方式做比对,在两种方式都通过验证的前提下才可以通过核验或通行,适用于安全级别较高的场所(图 3-25)。

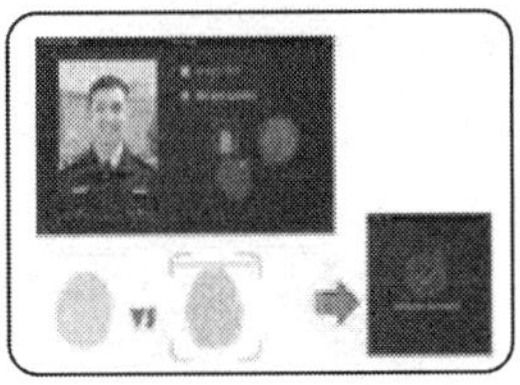

图 3-24 指纹比对

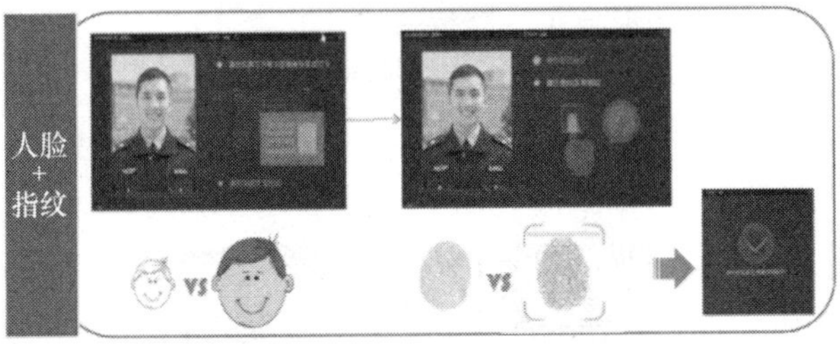

图 3-25 人脸+指纹比对

3.系统功能

(1)人员信息管理。包括人脸信息、姓名、证件号、部门、岗位等,可按不同参数为索引、排列、查询,并可以按条件生成工作人员信息报表。

(2)复合式验证比对管理。对拟通过人员进行人证或指纹等多种方式比对,管理控制通行,输出并保存识别结果。

(3)门禁、考勤记录统计报表管理。对通行人员门禁、考勤记录管理,并支持进行查询统计,生成对应工作报表供进一步管理使用。

(4)安全管理。对通行人员的权限进行判断处理,防止无权限人员混入,防尾随进入,实现安全管理。

(5)系统拓展管理。对其他业务系统提供标准的开发接口,实现人脸比对人员通道系统与其他业务系统的结合使用,方便业务拓展。

3.2.6 畜禽圈舍门禁管理子系统

畜禽圈舍门禁管理子系统是对畜禽养殖(屠宰)场的畜禽个体/群体生活区进行隔离,通过远程控制方式对门禁开关进行统一管理。

1.系统结构

系统由门禁控制器、闭门器、灵性锁、门组和门禁管理软件等部分组成的(图 3-26)。

管理系统根据管理节点需要,通过服务器的远程控制,让到达某个管理时间点的动物才可以通过门禁。如果系统没有发出指令,门禁控制器则控制门组成关闭状态。

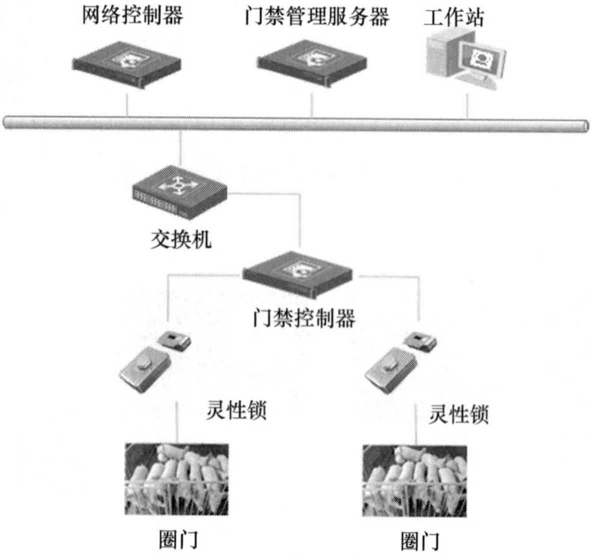

图 3-26 畜禽圈舍门禁管理子系统网络拓扑图

(引自:海康威视)

2.系统功能

(1)远程管理。通过网络传输设备直接将控制信号传输到本地网络,通过地址转换后直接传输到各个门禁控制器,并控制门禁开关和获取门禁状态。

(2)本地管理。通过本地计算机登录系统,发送信号给各个门禁控制器,并控制门禁开关和获取门禁状态。

(3)实时监控。通过远端计算机,实时查看养殖场各个圈舍门禁的开关情况。

(4)开关记录查询。通过业务系统,记录各个门禁的开关情况和时间,并进行匹配形成开关记录,方便后期查阅。

(5)异常报警。实时反应门的开关状态,异常情况下可以实现平台报警或联动报警器报警,并通过电子地图呈现具体位置。

任务 3.3 传输网络搭建

监控系统传输网络包括省级、市级、县(区)级畜牧主管部门区域性网络,也包括养殖企业的内部监控网络。养殖场前端畜禽圈舍、养殖(屠宰)基地的基础网络建设,是构建从前端到县级调度中心、从县级到市级调度中心、从市级到省级调度中心区域网络的基础。养殖企业内部监控网络既可独立自主运行,也可通过运营商网络与其他养殖企业、管理部门互联,构成一个多级联网的视频监控系统(图 3-27)。

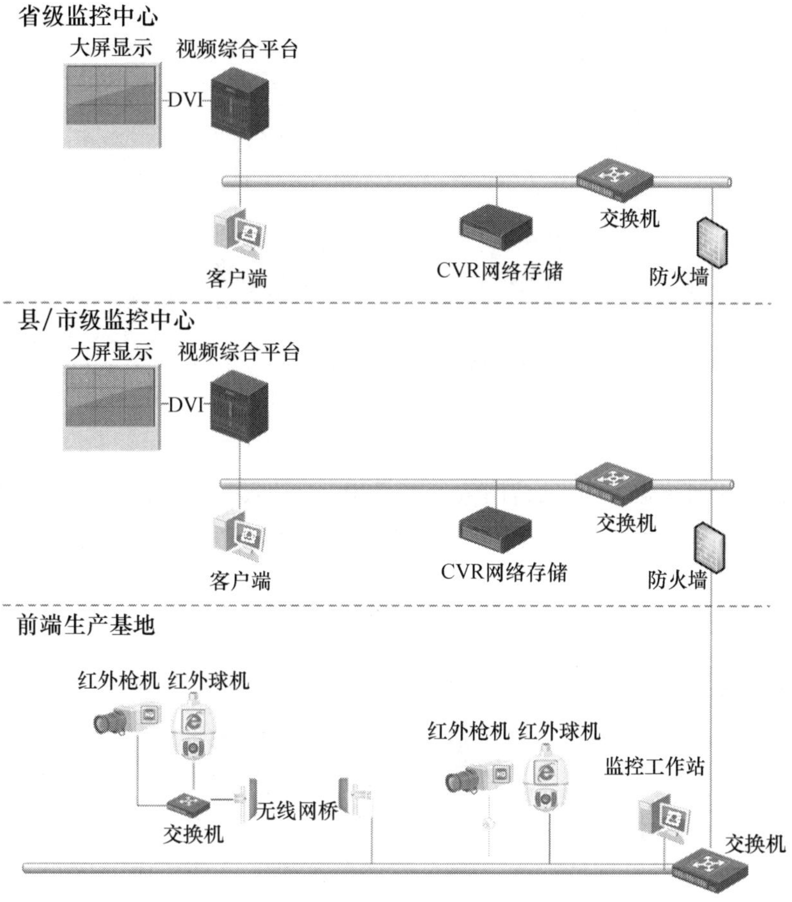

图 3-27 监控网络连接设计图

(引自:海康威视)

环境监测数据以及视频数据等信息可存放在各级监控中心,可采用云存储或者集中存储(CVR)等专用设备进行存储。

3.3.1 传输网络设计

传输方式分有线传输和无线传输 2 种主要方式,可根据实际需要合理选择。

1. 有线组网

畜禽圈舍视频监控系统的网络主要以有线的以太网为主,短距离传输采用双绞线即可,如果距离超过 100 m 甚至上千米时,可通过中间增加光端机,使用光纤进行传输(图 3-28)。

2. 无线组网

可以选用支持 Wi-Fi 传输,或支持 3G、4G、5G 网络功能的摄像机、传感器等终端,利用无线传输方式组网。

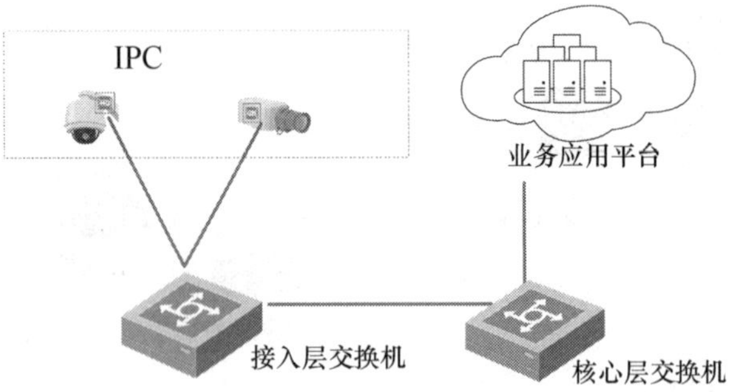

图 3-28　有线组网设计图

(引自:海康威视)

对前端点位较少且不必 24 h 回传图像的可采用 3G、4G、5G 网络产品,接入运营商网络;对前端点位较多且需长时间持续监拍回传的或无运营商网络信号的,可以采用无线网桥,点对点传输信号。

利用无线网桥的几种无线组网传输方式示意图如图 3-29、图 3-30 所示。

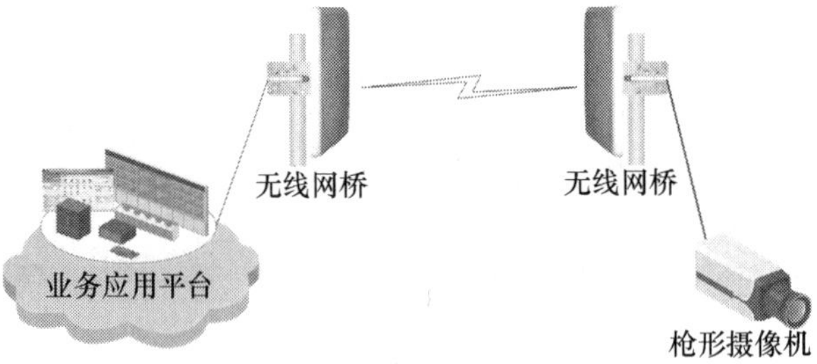

图 3-29　单摄像机无线连接示意图

(引自:海康威视)

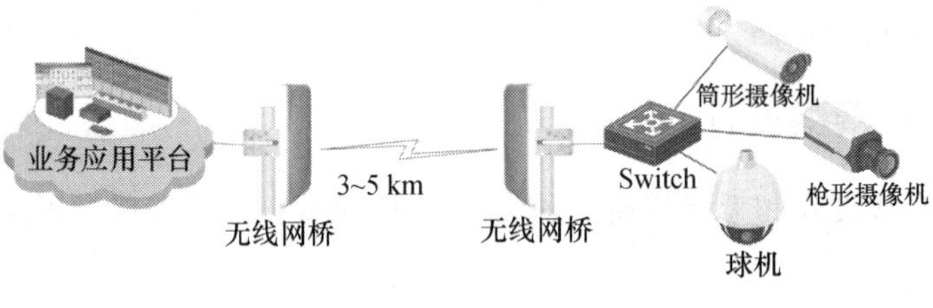

图 3-30　无线点对点传输组网示意图

(引自:海康威视)

3.3.2　监控中心组成

监控中心是视频监控系统的核心,实现视频图像资源的汇聚,并对视频图像资源进行统一管理和调度。监控中心建设主要包括服务器子系统、视频存储子系统、视频解码控制子系统、显示子系统、供电保障子系统及管理平台软件等。

监控中心系统结构图如图 3-31 所示。

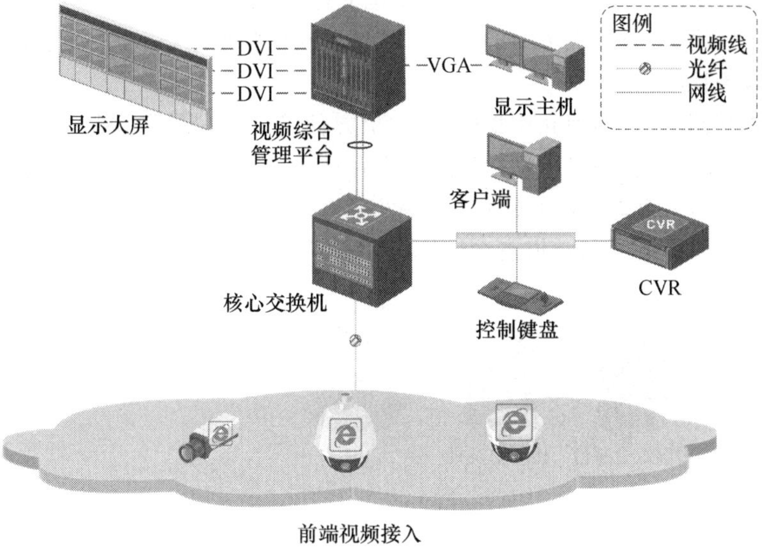

图 3-31 监控中心系统结构图

(引自:海康威视)

1.服务器子系统

平台服务器可分布式部署、独立运行,各服务器都可以以支持应用集群的方式冗余进行配置和在线扩充,具备彼此应用服务器接管能力。

服务器具有高速运算和联机事务处理能力,具备集群技术和系统容错能力;支持双路独立电源输入,采用机架式安装。

(1)管理服务器(CMS)。是综合监控平台的核心单元,实现前端设备、后端设备、各单元的信令转发控制处理,报警信息的接受和处理以及业务支撑信息管理。同时提供用户认证、授权业务以及网络设备管理的应用支持,包括配置管理、安全管理、故障管理、性能管理等。

(2)流媒体服务器(VTDU)。是环境与视频监控综合平台的媒体处理单元,实现客户端对音视频的请求、接受、分发,流媒体服务器仅接受本域管理服务器的管辖,在管理服务器的控制下为用户或其他域提供服务。

流媒体服务器可实现集群部署,也可实现分布式部署,既可向前端或其他流媒体服务器发起会话请求,也可以接受客户端设备或其他流媒体服务器的会话请求。能接受并缓存媒体流,进行媒体流分发,将一路音视频流复制成多路。

(3)存储管理服务器(VRM)。实现对嵌入式 NVR(network video recorder 网络硬盘录像机)、DVR(digital video recorder 模拟硬盘录像机)、CVR(存储一体化磁盘阵列)的统一管理,提供录像的查询检索、点播等视频录像管理、访问、下载服务。

2.存储子系统

可采用存储服务器、磁盘阵列、云平台等多种方式,对养殖场各类数据进行存储管理。系统支持前端编码器录像数据以流媒体直接写入存储系统，为用户提供高性能、可靠的监控存储服务。

(1)CVR存储设计。网络高清视频监控系统的存储，采用先进的视频流直存技术和CVR视频监控专用存储设备，通过集中式的存储方式部署在监控中心，用于存储管理所有前端监控摄像头的实时监控视频。

采用集中式存储方案，物理介质集中布放，更方便管理，数据更可靠、更安全，更容易实现数据的大规模共享和应用。此外，采用流媒体直存技术的CVR设备内嵌了流媒体模块，支持编码器数据流直接写入存储，或通过流媒体转发写入存储，节省大量存储服务器。平台和客户端可以直接从存储中点播、下载，提高系统性能和可靠性(图3-32)。

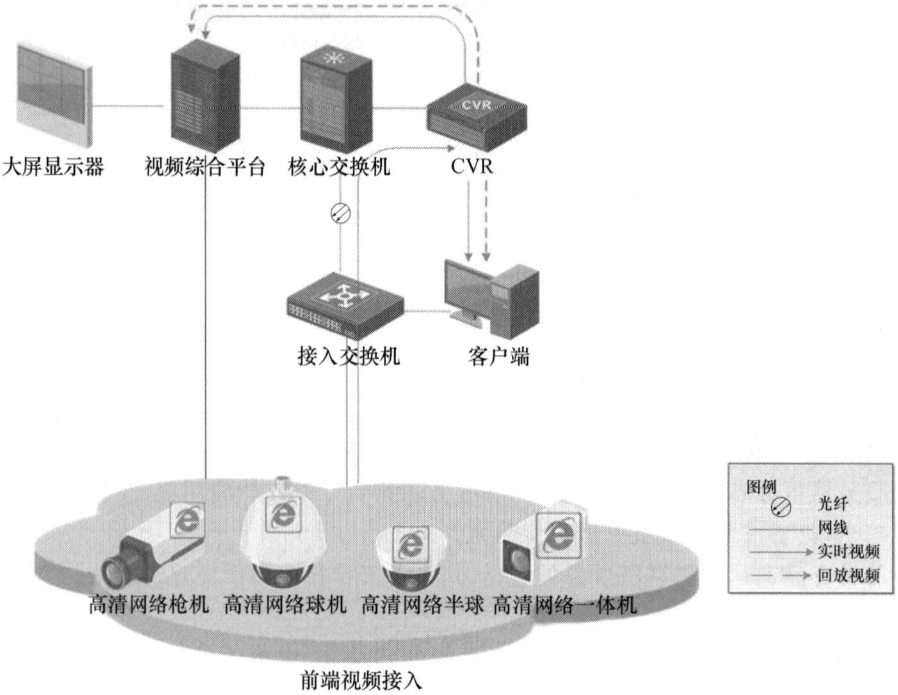

图3-32 网络存储部分结构图

(引自:海康威视)

(2)CVR存储特点。

①低成本。省硬件:CVR流媒体直存模式，支持前端视频流和图片直接写入，可节省大量存储服务器或图片服务器，项目越大，优势越明显;CVR存储可内嵌流媒体转发模块，可节省流媒体转发服务器成本。

省空间:在对录像质量要求不高的环境下，可通过子码流录像和抽帧存储的方式进行录像，存储容量空间最高可节省70%。

高密度机箱设计:提供高密度存储设备，以更少的结构空间提供更大的存储容量，可节省机房空间等其他资源，降低系统建设成本。

绿色节能:支持磁盘休眠，CVR设备无业务访问时磁盘可休眠，大大节省电能消耗成本。

②高性能。支持高达 768 路 2M 码流并发写入。视频流无须打包成文件，可即时回放查看、快速定位，检索效率高。采用专用数据管理结构，无文件系统，规避长期循环覆盖写入产生的文件碎片而引起的系统性能下降等问题。提供高性能并发点播下载能力，满足智能后分析高速提取、突发事件高并发点播和下载的应用需求。

③高可靠。N＋0 设备集群功能，保证任意一台或多台工作机故障时，其他工作机可自动接管故障设备的业务，确保系统业务不中断，提升系统可靠性。当发现故障设备恢复正常时，则停止所有的接管工作，并将接管期间的录像数据回迁到已恢复的工作中(图 3-33)。

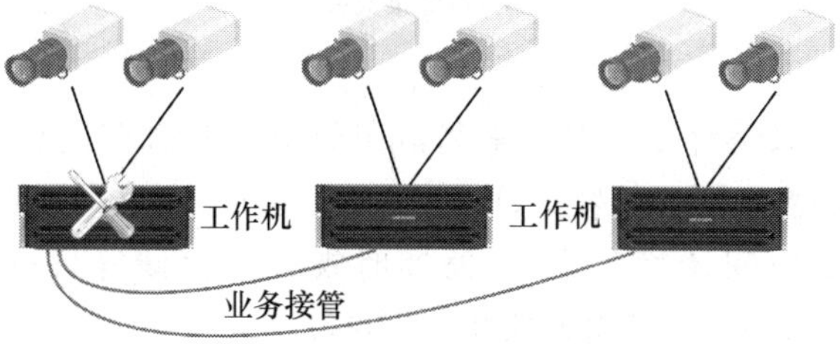

图 3-33　海康威视 N＋0 设备集群示意图

(引自:海康威视)

多盘容错。采用分区磁盘阵列 VRAID 技术，确保组内多块硬盘损坏时，录像、回放业务均不中断。智能跳过坏盘数据，回放流畅，且录像数据可持续写入。

数据备份。CVR 可取前端一路流实现多重数据备份，无须平台参与，节省网络带宽和流媒体负载，备份数据可保存于本机和其他存储设备，加强视频数据的安全性(图 3-34)。

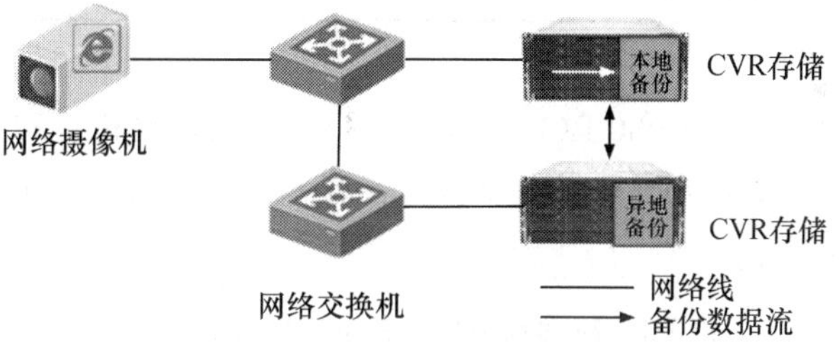

图 3-34　数据备份示意图

(引自:海康威视)

智能补录(ANR)。前端与数据中心网络异常时，前端设备启动录像并保存在本地存储设备上(SD 卡、硬盘等)。网络恢复后，录像自动回传到中心 CVR 存储，保证数据的完整性。同时，CVR 设备支持回传策略设定，可选择在业务空闲时(如夜间)进行回传，解决业务繁忙时录像数据与业务数据的带宽竞争问题(图 3-35)。

录像丢失检测报警。出现网络中断导致视频数据丢帧或整段录像丢失的问题，应用录像丢失检测及报警技术，支持实时流检测机制和历史数据定时检测两种机制。实时流即时检测，当录像取流失败持续 15 s 以上则触发报警机制；历史数据固定每小时检测一次，当发现在策略调度时间段内或者手动录像时间段内存在录像丢失，则报警，同时恢复策略录像。

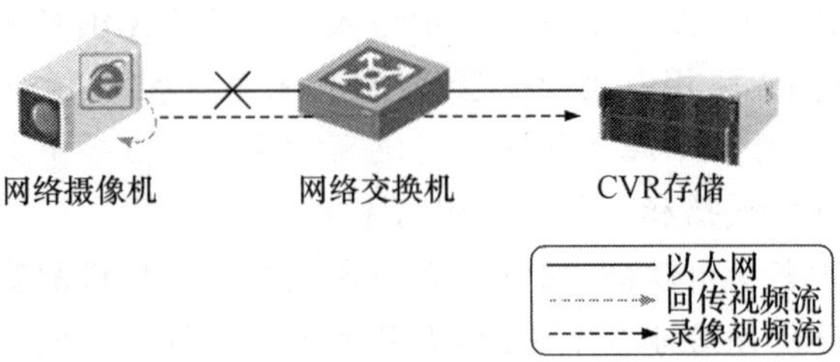

图 3-35 智能补录示意图

(引自:海康威视)

(3)存储容量计算。系统对 200 万像素高清图像进行实时存储和管理,分别采用 H.264 和 H.265 编解码技术监控系统存储容量,可以按照 1 920×1 080(1 080 P),分别对应 4 Mbps 和 2 Mbps 码流;其存储空间计算公式:单路实时视频的存储容量(GB)=[视频码流大小(Mbps)×60 s×60 min×24 h×存储天数/8]/1 024;

以一路视频图像在 7 天、15 天、30 天所需要的占用空间为例(表 3-3):

表 3-3 一路高清摄像机的存储空间需求

编码技术	存储方式	7 d	15 d	30 d
H.264	1 920×1 080(1 080 P),全天 4 Mbps 码流	295.3 GB	632.8 GB	1.24 TB
	每天早中晚各录像 1 h	36.9 GB	79.1 GB	158.2 GB
H.265	1 920×1 080(1 080 P),全天 2 Mbps 码流	147.65 GB	316.4 GB	632.8 GB
	每天早中晚各录像 1 h	18.45 GB	39.55 GB	79.1 GB

引自:海康威视

若前端总共布置有 10 个 1 080 P(1 920×1 080)的高清网络枪机和 10 个 1 080 P(1 920×1 080)的高清网络球机,要满足前端所有摄像机半年(180 d)时间的图像数据保存,其存储空间需求如表 3-4 所示:

表 3-4 20 台高清摄像机半年存储空间需求

编码技术	存储方式	180 d
H.264	1 920×1 080(1 080 P),全天 4 Mbps 码流	148.32 TB
	每天早中晚各录像 1 h	18.54 TB
H.265	1 920×1 080(1 080 P),全天 2 Mbps 码流	74.16 TB
	每天早中晚各录像 1 h	9.27 TB

引自:海康威视

3.解码控制子系统

拼接路数较少、控制要求不高的监控网络可采用普通解码器;拼接显示数量较多,监控网络较大的养殖场、监管部门可采用以解码、控制、拼控等功能集于一体的视频综合平台,满足解码、拼控等功能。

(1)解码器。在监控中心对所辖畜禽圈舍进行实时监控、集中管理。前端系统通过网络摄像机视频信号压缩编码,由监控中心的解码器统一解码,并实时显示到大屏上,解码器支持基础的拼接控制功能。

(2)视频综合平台。集所有控制解码设备于一体,支持数字视频的矩阵切换、视频图像行为分析、视音频编解码、集中存储管理、网络实时预览、视频拼接上墙等功能,可以集图像处理、网络功能、日志管理、用户和权限管理、设备维护于一体。

视频综合平台支持网络编码视频输入;支持实时视频、历史录像回放视频解码上墙,动态解码上墙云台控制功能;支持多画面分割、开窗漫游等拼控功能;支持单屏报警上墙和报警场景切换;集成视频输入、输出,视频编码、解码,大屏拼接控制、视频开窗、漫游等其他功能。

效果展示方式:

单屏显示。组合大屏的每个单元单独显示一路视频画面,每个单元的视频信号可以任意切换(显示效果如图 3-36 所示)。

图 3-36 单屏显示效果图

(引自:海康威视)

整屏显示。整个大屏显示一路完整的视频图像(显示效果如图 3-37 所示)。

图 3-37 拼接显示效果图

(引自:海康威视)

任意分割组合显示。以一个屏为单元可任意1、4、9、16路画面分割显示；可以任意几个大屏组合显示一路画面(显示效果如图3-38所示)。

图3-38 分割显示效果图

(引自:海康威视)

图像叠加漫游。可以将任意一个或者多个信号叠加到其他信号之上显示，并且可以随意移动，进行漫游(显示效果如图3-39所示)。

图3-39 叠加显示效果图

(引自:海康威视)

图像半透明混合处理。可将任意一个信号叠加到其他信号(地图)之上，图像透明度可调，既可以看到实图像又不覆盖其他信号(显示效果如图3-40所示)。

图像拉伸。可将一个信号在整个屏幕墙上随意缩放(显示效果如图3-41所示)。

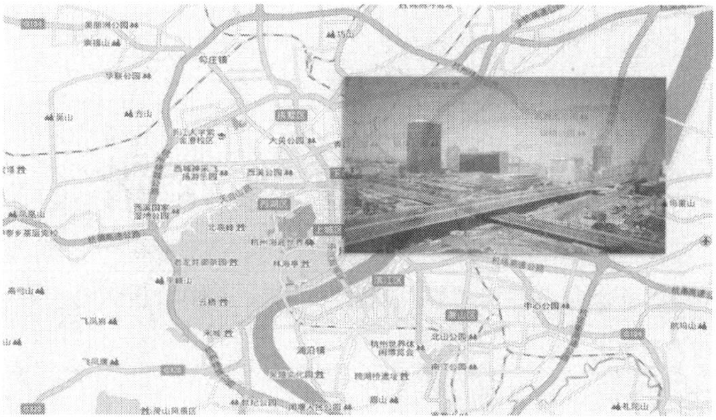

图 3-40 半透明显示效果图

（引自：海康威视）

图 3-41 图像拉伸显示效果图

（引自：海康威视）

思考题：

1. 养殖场建设可视化监控系统有何意义？
2. 你了解的养殖场监控系统包括哪些部分？
3. 视频监控和环境因子监测有何关系？
4. 运输车辆和屠宰场监控对非洲猪瘟防控有何作用？
5. 请简述人员进场智能消毒流程。
6. 请简要介绍养殖场可视化监控中心的系统结构及各部分的主要功能。

项目4 智能养猪

知识目标

了解智能猪场的建设内容。

熟悉不同阶段生猪智能饲喂设备的功能、特点和使用方法。

了解智能猪场管理平台的功能、特点及使用方法。

了解楼房猪场的结构、特点和优势。

了解养殖场料线输送方式。

能力目标

掌握生猪智能饲喂设备的使用方法。

掌握智能猪场系统平台的使用方法，能进行智能饲喂和智能猪场管理。

掌握楼房猪场生物安全防护、通风、饲喂等智能管理技术的应用。

掌握链盘式供料系统、绞龙式供料系统运行模式设置及使用方法。

素质目标

增强对环境污染的认识，提高对做好猪场节能减排，建设资源节约型、环境友好型社会的自觉性。

培养学生的节约意识、责任意识。

2006年荷兰群养母猪电子饲喂站系统进入中国，中国的生猪养殖步入了“半智能”时代。基于物联网平台技术的智能饲养管理系统与智能设备的协同发展，实现了猪舍、猪栏与猪以及猪个体的采食、饮水、活动、睡眠、体重等信息的精准管理，实现了猪个体智能饲喂，实现了养猪生产的高效、生态、安全。群养母猪饲喂站、泌乳母猪饲喂站等智能设备的应用，不仅使猪的健康福利得到保障，也极大地提高了猪的智能饲喂水平。

任务4.1 生猪智能饲喂设备

4.1.1 国内养猪生产状况

1.养猪生产的主要方式

工厂化、集约化养猪是我国现阶段养猪生产的主要方式，即以母猪胎次生产必需时间作为生产周期(21周),像工业生产一样,以生产线的形式,实行流水作业,连续均衡地进行生产,生产过程包括:配种、怀孕、分娩、哺乳、保育、育成、育肥等几大环节。

图4-1为猪场猪舍布局平面图,从右往左依次为配种舍1栋、怀孕舍1栋、分娩舍1栋、保育舍1栋、育肥舍5栋。

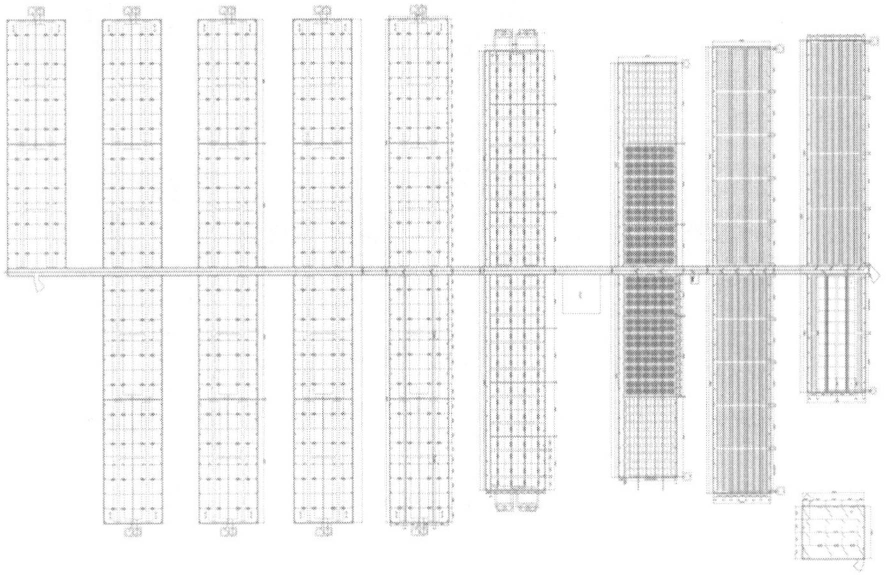

图4-1 猪场猪舍布局平面图

图4-2为集约化猪舍内环境。

图4-2 集约化猪舍内环境

2.母猪饲养管理的主要方式

当前国内母猪饲养管理的主要方式分为圈养方式和栏养方式,饲养方式主要分为人工饲养、机械饲养、智能饲养。图4-3为怀孕舍猪栏类型。

3.传统限位栏的缺点

传统的限位栏空间狭小,母猪缺乏运动,容易导致受伤和心肺功能不足;后肢虚弱,易引发多种肢蹄病;限位栏硬件容易对母猪造成伤害,特别是对肢蹄的伤害;容易对母猪的行为和心理造成伤害;没有实现个体化精确饲喂,猪群膘情差异较大。

配怀舍定位栏

怀孕舍自由进出栏

怀孕舍自由活动栏

怀孕舍智能群养栏

图 4-3　怀孕舍猪栏类型

4.1.2　智能养猪的发展现状

国内智能养猪开始于怀孕母猪智能化群养，即在母猪群养舍使用电子饲喂站对怀孕母猪进行个体精准饲养管理的一种方式。自 2006 年后，国内在怀孕母猪智能化群养方面得到启蒙和迅速发展。据不完全数据统计，到 2015 年国内已经投入使用的电子饲喂站超过 2 000 台，可以为 20 万头母猪提供智能化个体精准饲养。2019 年后，新建的规模化猪场基本实现了智能饲喂。

1.互联网＋养猪

2015 年，伴随着国家对“互联网＋”的政策支持，以农信互联为代表的企业，布局利用互联网技术改造传统养猪产业，提高生产效率，降低生产成本，改变生猪产业信息不对称的现状。通过利用互联网技术，开发猪场管理软件，对猪场生产管理和财务管理进行控制。通过管理软件的使用，对育种、种猪管理、猪舍环境控制、疫病诊断等信息及时进行掌握，并进行生产提示与警告、生成报表，实现节本增效。

2.智能猪场建设

智能猪场主要通过物联网、大数据、云计算、人工智能等技术，建立智能环控、智能饲喂、智能盘猪/估重、智能监控、智能测膘、智能测温等核心功能，形成生猪养殖的基础数据、追溯过程数据、检验监测数据、信用数据，为猪场提供基础数据库，从而在猪场生物安全管理、生猪健康管理、母猪繁殖管理、设备维护管理等方面输出准确及时的信息，为猪场运营管理决策提供支撑，减少人力和物力投入，降低成本，提升效益。智能猪场的特点如下。

智能监控：采用高清摄像头，实现全天候不间断地对人、猪、车、场监测、识别、行为预警、事件报警等功能，并将区域内的消毒过程、车辆路线、人员行为、猪只动态等综合分析，事件相互关联，可追溯事件起因，出具风险评估报告。

智能环控：通过控制器对风机、水帘等设备进行自动调控，为猪只打造舒适的环境，可节约70%的人工成本。

智能饲喂：可根据猪只大小、数量、母猪个体胎次、胎龄、膘体等数据自动计算采食需求，制定采食计划，智能设备支持远程监管功能，实现设备状态、采食状态等数据的可视化。采用粥料饲喂模式，水料比和采食速度可调，实现均匀料水混合，提高饲料适口性，从而提升猪只生长速度，降低料肉比。精准水料的投放和控制，能最大限度提高哺乳期采食量，提高仔猪断奶重，增加仔猪断奶成活率。

智能盘猪/估重：利用摄像头实现数据的精确采集，将所采集的照片、视频等影像资料传输至算法服务器，进行智能算法分析后得出最终盘猪/估重数据，可节约50%的人工成本。

膘情检测：背膘测定仪可通过蓝牙接口实现母猪背膘数据的准确采集。结合电子耳标读取功能，实现背膘数据绑定，通过将这些数据上传到手机、平板电脑等终端，降低背膘数据的记录、统计的错误率。

智能测孕：智能B超测孕仪通过Wi-Fi连接，检测母猪是否妊娠，及时检出未孕母猪，减少母猪“非生产日”，提高经济效益。

料塔称重：料塔称重设备主要由智能称重主机和称重传感器组成，通过平台系统实现饲料的远程监控、预警等功能，提高了养殖效率，降低人工成本。

能耗管理：利用智能水电系统，及时获得猪场内设备能耗数据，将帮助猪场管理者实现降低运行能耗、提高收益的目标。

4.1.3 生猪智能饲喂设备

1.智能保育猪饲喂器(图4-4)

精准饲喂：根据猪群数量、日龄和品系参数，计算每天最大投料量，通过设定水料比，由猪触碰拨片投料和水流计给水，来实现均匀水料混合。

水料比自动调节：根据猪只的采食需求自动调节水料比，低水压时水料拌比仍然很均匀，适口性强，浪费少。

智能学习：在未进行任何采食参数和猪群生理参数设置时，设备根据每天采食量、采食时段、采食频次以及日期自动分析、推算猪群等生理参数，以便自动采用最佳投料方式。

图4-4 智能保育猪饲喂器

通过手机端实时监控猪只采食情况、设备运行状态，无须人工24 h巡查。

2.智能育肥猪饲喂器(图 4-5)

精准饲喂:根据猪群数量、日龄和品系参数,计算每天最大投料量,通过设定水料比,由猪触碰拨片投料和水流计给水,来实现均匀水料混合。

水料比自动调节:根据猪只的采食需求自动调节水料比,低水压时水料拌比仍然很均匀,适口性强,浪费少。

智能学习:在未进行任何采食参数和猪群生理参数设置时,设备根据每天采食量、采食时段、采食频次以及日期自动分析、推算猪群等生理参数,以便自动采用最佳投料方式。

通过手机端实时监控猪只采食情况、设备运行状态,无须人工 24 h 巡查。

3.智能哺乳母猪饲喂器(图 4-6)

精准饲喂:根据母猪产前产后、产仔日龄、胎次等参数计算采食需求,通过水拌料进行饲喂,控制电磁水阀实现餐后补水。

智能补水:每一餐结束后,自动给料槽补水,既能满足猪大口喝水的习惯,又能清洗料槽残余饲料,减少饲料浪费和变质。

二合一传感器:通过无线探测原理,探测料槽剩料厚度以及动物活动行为,来判断最佳投料时机和投料量,按需投料,饲料新鲜不浪费。

图 4-5　智能育肥猪饲喂器

图 4-6　智能哺乳母猪饲喂器

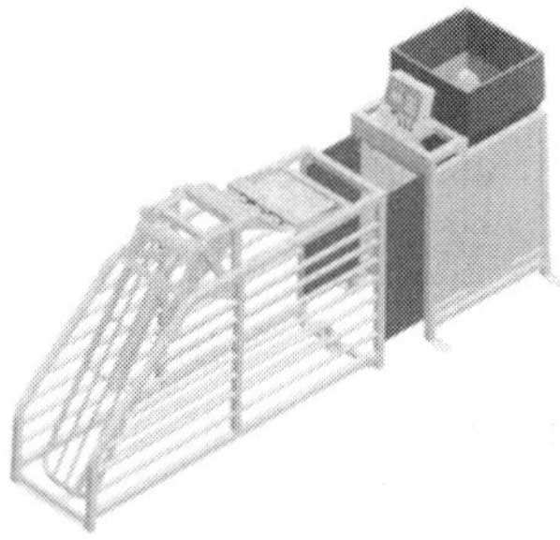

图 4-7　智能怀孕母猪群养系统

4.智能怀孕母猪群养系统(图 4-7)

精准饲喂:根据母猪的胎次、胎龄、季节气候等参数,自动设立饲喂曲线,每头猪可以根据饲喂曲线实现个体化营养套餐和精准饲喂。

猪只驯化:采用机械联动门设计原理,不用动力装置以及传感器,没有猪时门是敞开的,根据猪的习性实现自由进出站,只需要 3 d 猪就可以学会使用,结构可靠耐用。

生产管理:采用 25 头小群更适合生产批次化管理,降低群养过程中免疫、查返情和异常猪只分离等劳动强度。

通过手机端实时监控猪只采食情况、设备运行状态,无须人工 24 h 巡查。

5. 智能母猪单体饲喂器(图 4-8)

精准饲喂：根据母猪的胎次、胎龄、季节气候等参数，自动设立饲喂曲线，每头猪可以根据饲喂曲线实现个体化营养套餐和精准饲喂。

分餐饲喂：可以设定分餐饲喂事件和各餐比例，最多可以设置 6 餐。

智能调膘：和智能无线背膘仪对接，按照饲喂曲线设置的策略，对每头母猪进行个性化膘体调整。

6. 无线射频技术与耳标(图 4-9)

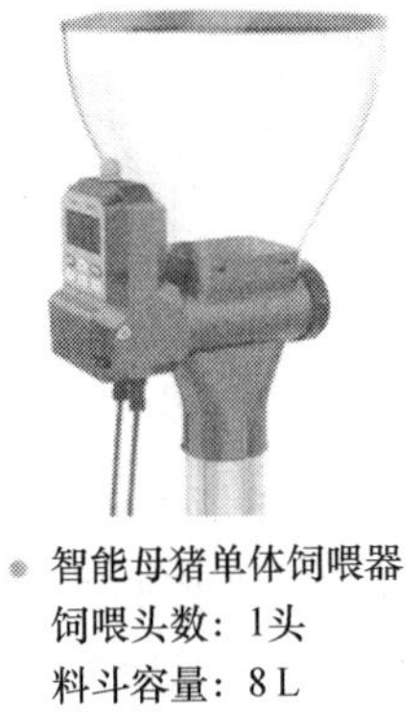

图 4-8　智能母猪单体饲喂器

（引自：农信互联产品手册）

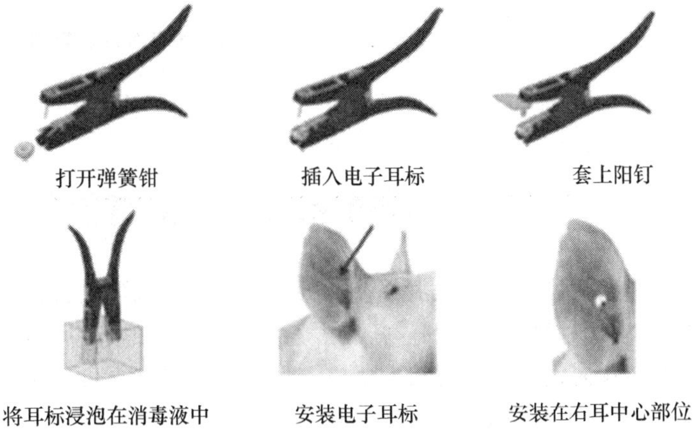

图 4-9　母猪安装电子耳标

7. 过道分离秤(图 4-10)

用于称重分栏，当猪经过第一道门进入过道后，会开始称重，当体重大于设定值时，前面分栏门会开启相应的门，当体重小于设定值时，会打开另一扇门，从而达到分栏效果。

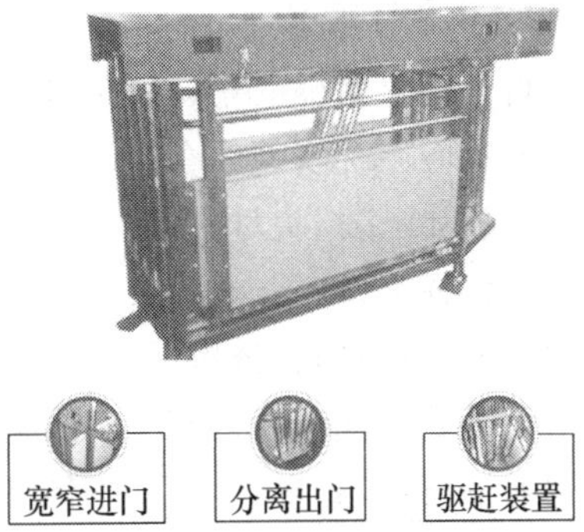

图 4-10　过道分离秤

8. 种猪性能测定站(图 4-11)

用于准确记录后备种猪日采食量、体重，通过这两项重要指标，计算平均日增重，从而筛选具有出色生产性能的测定猪，进行遗传选育和种猪生产。

可以监测猪测定期间任意阶段的平均日采食量、每头测定猪每天的采食时间、每头测定猪单次采食量、每头测定猪每天的采食次数、每头测定猪的日采食量、测定期间任意阶段的平均日增重、每头测定猪每次采食时的体重、测定期间任意阶段的平均日增重、测定期间任意阶段的料肉比、自动生成日测定明细表、自动绘制测定期内生长性能曲线等。

图 4-11　种猪性能测定站

（引自：南商农科产品手册）

任务 4.2　母猪智能饲喂系统

母猪智能饲喂系统由食料传感器、饲料控制器、喂料控制软件等组成。传感器安装在料槽内，母猪通过拱动电子感应器发出索要食物和水的信息。传感器传递信息到饲料控制器，控制器按照预先设定参数自动下放一定量饲料供母猪采食。喂料控制软件用于设定饲喂量、饲喂餐次、单次下料量等。

4.2.1　母猪群养智能饲喂管理技术规范

1. 术语与定义

自动饲喂站（automatic feeding station），为母猪提供专门的饲喂器具，通过电脑软件控制的智能饲喂系统实现采食时间、每日采食量的精确管理以及未采食猪只的统计、预报功能，每站可管理 40～60 头母猪。

发情探测站（rut testing station），设有专用 FRID 射频耳标识别器，统计发情母猪拜访公猪次数和拜访时间，报告母猪发情情况。

喷墨装置（inkjet device），根据现场实际要求进行电脑设定，在猪群采食时，对相应猪只体表喷射颜料，加以标识，便于个体猪只的识别管理。

分离器（selector），根据电脑设定的要求，将相应猪只分离到不同的栏位区或栏舍。

手持式读数仪（the hand-held reading device），用于生产现场的母猪数据录入、耳牌显示及生产命令提示。

动态组群（dynamic group），在一个群养饲喂栏内多次转入或转出不同批次母猪的组群模式。

静态组群（the static group），一个群养饲喂栏内一次性转入同一批次或相邻批次母猪的组群模式。

立即组群（immediately group mode），配种后 5 d 内混群的组群模式。

推迟组群（delayed group mode），在母猪配种 4～6 周后，确认妊娠后混群的组群模式。

2.组群混群

静态组群模式适用于基础母猪群实施批次化管理的猪场,按周安排生产的猪场基础母猪规模不少于500头。

动态组群模式适用于规模较小的猪场,应配备分离站和喷墨装置。

配种前未经饲喂调教的母猪适用于推迟组群模式。

立即组群模式应配备发情探测站。

对于新群间混群,后备猪和未训练过的经产母猪在独立饲喂站内分开训练或错时训练,互不接触,完成训练后混群。

对于新旧群混群,在稳定猪群日采食周期末期引入新猪群,新群不少于4头,严禁单头引入。

动态组群混群,每次新群体数量不少于15头,混群时可在大栏内用围栏将新老群体隔开,经接触、熟悉、了解后再真正混群;每次混群时,要加强观察,发现猪只打架及时进行人工干预、疏离。

混群应在采食完成后的晚间进行,混群时可用刺激性消毒液对猪群进行喷洒,减少打斗。

3.信息管理

信息登记:对母猪配种日期、耳号、电子耳标、入群日期、体况评定、妊娠状态、饲喂方案等基础性信息进行初始登记。

信息调整:根据母猪返情、流产、体况、环境、健康、淘汰等情况变化对母猪基础性信息进行新增、修改。

信息检索:对母猪采食状况、体况状态、生产日历、电子耳标等母猪生产信息进行数据查询,以进行临产提醒、异常提醒和生产工作安排调整。

4.饲喂管理

母猪饲料营养水平符合NY/T 65(猪饲养标准)的要求。

根据30 d测得的母猪背膘厚度、体况评定,结合母猪品种要求和饲料营养水平确定饲喂方案,在软件中进行相应设置。

经产母猪或采食比较快的母猪,下料间隔设置为20~25 s;初产母猪或采食比较慢的母猪下料间隔设置为25~30 s。

体况正常母猪配种后第75天、第85天进行校对性体况评分,体况差或体况异常母猪每15 d进行一次校对性体况评分,每次评分结果应录入饲喂系统,调整饲喂方案。

确保饲喂站料斗不断料。

每天注意查看采食报告和警告报表,密切关注不采食或采食量偏低的母猪。

母猪转栏或转移时,需当天在软件中进行转群操作,确认采食量等信息。

其他饲养要求符合GB/T 20014.9(良好农业规范第九部分,猪控制点与符合性规范)的要求。

定期巡视猪群,及时了解猪只健康状况。

4.2.2 智能化母猪饲养管理系统

采用智能化母猪饲养管理系统时，根据母猪的生物学特性，将猪舍划分为采食区、饮水区、躺卧区、排泄区、发情监测区、分离区等不同的功能区，从而实现以下功能。

通过扫描电子耳标，单独饲喂，系统自动控制每头母猪的饲喂量，确保母猪在完全无应激的状态下进食，达到精确饲喂，有效控制母猪体况，减少饲料浪费，提高母猪利用年限和生产效率。

配置发情监测器，解决监测母猪发情的难题。发情监测器通过和公猪的联合使用，24 h 不间断监测母猪的发情状况。当母猪发情时，和公猪的交流会更加频繁。发情监测器把这种交流的过程精确地记录下来，当达到系统设置的发情指标以后，系统自动将该头母猪喷墨标记。

配置自动分离器，及时分离需要处理的母猪。当发情监测器喷墨标记下发情母猪时，人工把这头被标记的发情母猪从大圈分离出来既耗时又耗力，而且对大圈的其他母猪也有一定的影响。分离临产母猪、生病母猪以及需要打疫苗的母猪也会让母猪产生应激。智能化母猪饲养管理系统配置的分离器可以让母猪在不知不觉中被分离到待处理区域，不需要分离的猪则回到大圈，既节省人力，又避免了猪的应激。

国内养殖企业针对母猪不同生理阶段，开发设计了满足不同阶段需求的母猪智能饲喂设备和管理平台。其中，挺好农牧开发的哺乳母猪精准饲喂管理设备“索喂”、分娩母猪智能饲喂管理设备“每天优”、妊娠母猪精准模块化管理智能设备“赛儿肥”等，根据母猪的进食习惯，在满足饲喂管理的同时，提供完整的智能化解决方案，实现了无人化管理、查询等。

1. 妊娠母猪智能饲喂系统

采用智能设备，只能实现养殖的机械化和半智能化，虽然可以实现部分智能控制，但无法做到全方位的数据收集与分析，只有通过综合性平台对设备及系统进行链接，才能实现从设备到管理，再到诊断和数据分析等全智能化。

(1)妊娠母猪智能饲喂系统的功能。其主要功能如图 4-12 所示。

每一台饲喂站配有一套 RFID 系统，通过读取母猪携带的电子耳标，智能识别母猪身份，从而按照其对应的饲喂曲线对其进行个体化精准饲喂。

根据不同妊娠母猪的进食需求，设置独立的渐进式、个体化饲喂管理方案。

通过使用高精准饲喂剂量，独立管理每头妊娠母猪的饲喂量和饮水。

批次化管理，每个栏围搭配多个食槽，减轻母猪进食应激反应，猪群更加安静平和。

每个食槽配备余料检测传感器，及时检测记录饲喂情况。

通过干湿混合“即时稀拌料”的饲喂模式，增加适口性，有效提高母猪采食量 7%～12%。通小剂量(约 100 g)多次发放的方式，根据母猪的营养需求以及遵循其采食节奏与习性，让机器适应动物。

通过操作系统，将母猪的采食情况直观完整地呈现在面前，定期形成生产报表、历史记录供饲养员调取、查询。同时，饲养员可以通过手机 App 管理猪场，在巡栏的同时，快速实时查阅猪场动态讯息，了解每一头母猪的饲喂情况，并针对异常情况，快速做出调整。

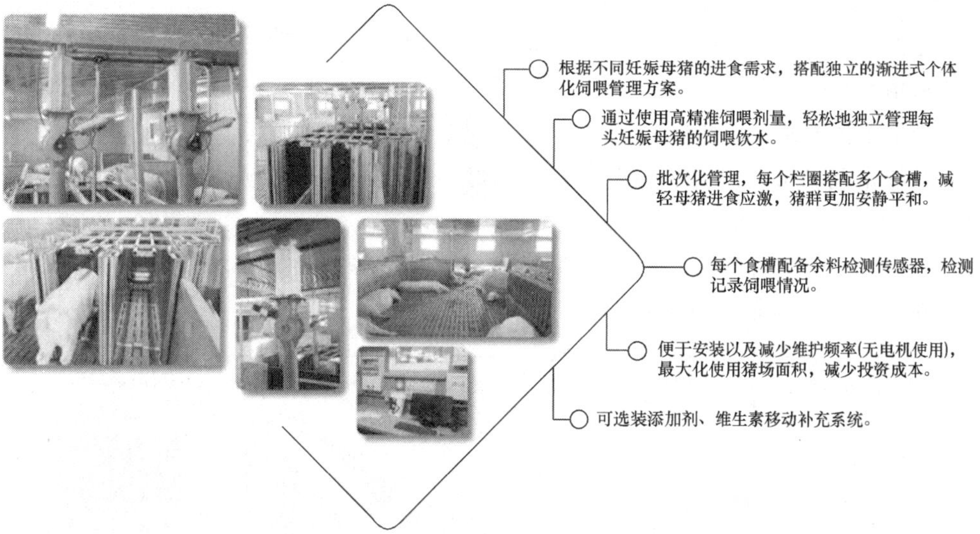

图 4-12　妊娠母猪饲喂系统功能图

（引自：赛儿肥产品手册）

通过可移动式添加剂与兽药添加装置，对特定批次的母猪进行个体化的营养补充或用药干预。

通过使用母猪自动返情监测系统，读取记录母猪嗅探公猪的频次，捕捉母猪返情信号，及时发出报警，尽早将返情或未配怀母猪从大群分离，安排后续批次化管理计划。初产母猪、经产母猪可单独区分饲养，减少初产母猪应激表现。

图 4-13 所示为系统辅助设备装置。

图 4-13　系统辅助设备装置

（引自：赛儿肥产品手册）

(2)妊娠母猪智能饲喂系统的特点如下：

个性化饲喂管理，为每头母猪量身定制饲喂管理计划，不需要多余人工介入，每头母猪按照每天需求精准饲喂。

智能化猪个体养殖数据捕捉，实现生产信息追溯、饲料库存管理、个体进食量查询等。

使用系统定制 App，面对面直接管理猪群，减少了人与猪的接触，降低猪的应激，提高了动物福利。

每个小群栏中多个料槽供若干母猪同时进食，减少猪群采食打斗，缩短进食时间，猪群进食快速安静。图 4-14 为妊娠母猪饲喂器。

图 4-14　妊娠母猪饲喂器

(引自：赛儿肥产品手册)

2. 分娩母猪智能饲喂系统

分娩母猪智能饲喂系统，是根据每头母猪的真实需求和进食习惯，为哺乳阶段母猪量身打造的智能化产品。见图 4-15、图 4-16。

(1)分娩母猪智能饲喂系统的功能。

系统通过每次 100 g 的小剂量饲喂，结合料槽检测技术，杜绝饲料的浪费。产房不单独配备饮水嘴，系统直接管理母猪饮水，在料槽底部保留一定的水位，24 h 不间断提供新鲜、适口的饮用水，节约猪场用水，降低排污压力。

通过操作系统将母猪的采食以及饮水情况直观、实时、完整地呈现在管理员面前，定期形成生产报表、历史记录供饲养员调取和查询。

系统搭配智能手机端 App，实现远程管理、猪场大数据集成，简化猪场日常饲喂管理工作。

全年无休，每周 7 d，每天 24 h 实时在线。

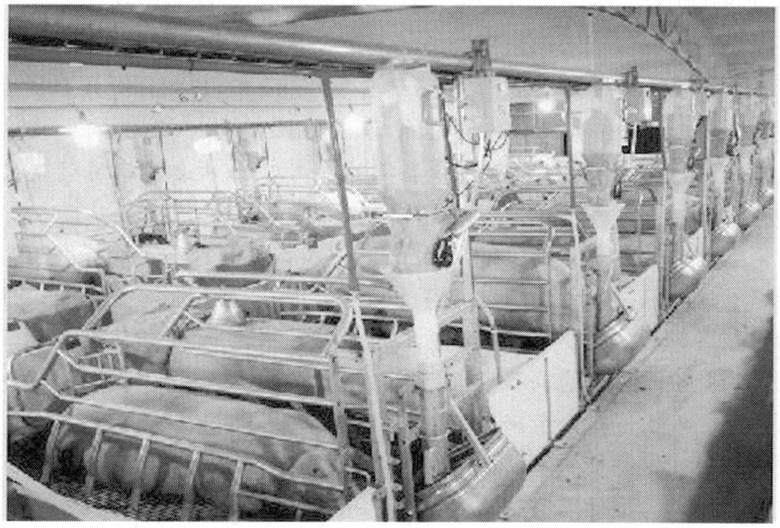

图 4-15 分娩母猪智能饲喂效果图

（引自：赛儿肥产品手册）

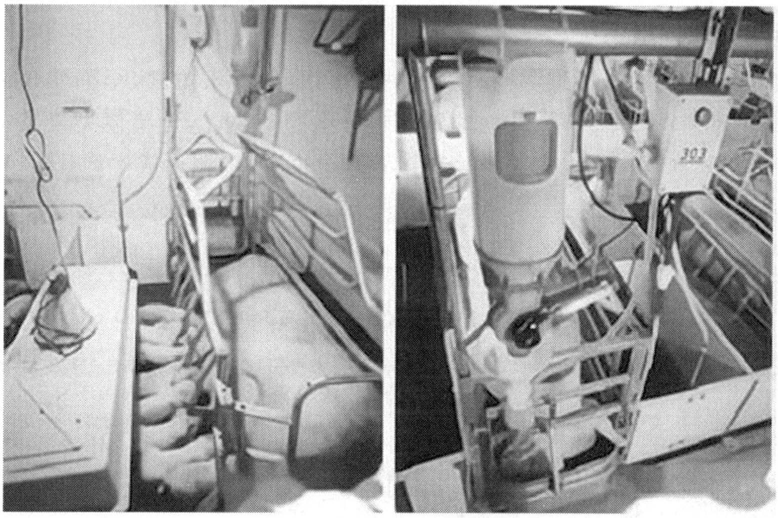

图 4-16 分娩母猪智能饲喂实景

（引自：赛儿肥产品手册）

（2）分娩母猪智能饲喂系统的特点。

①稀拌料饲喂，最大化母猪采食量。通过小剂量、干湿混合稀拌料，提高适口性。多次饲喂的方式促进母猪哺乳阶段食欲，提高采食量（提高 7%～12%）。智能互联精准饲喂器，每次落料控制在 100 g 左右，母猪进食过程中触发置于料槽底部的料槽检测系统，确认料槽内部饲料被吃完后，系统才再次下料饲喂，不仅适应母猪进食节奏，同时杜绝饲料浪费。每头母猪每天可平均节约 500～750 g 饲料。

②最大化母猪产奶量。提高哺乳阶段母猪日均采食量，意味着母猪将分泌更多的奶水，将直接提高仔猪断奶均重。仔猪增重与摄入的奶水量及其成分息息相关。仔猪需要摄入 4 g 奶水才能实现 1 g 的自增重。为实现 10 头仔猪日增重 250 g 的目标，需要每日提供 10 kg 奶水。哺乳母猪智能饲喂器，通过独有的饮水管理系统，在饲喂的同时，提供饮水，进行干湿混合饲喂。饲喂时间段之外，全天 24 h 不间断提供新鲜的饮用水，最大化刺激母猪饮水，从而促进奶水分泌。

③优化母猪管理。哺乳期间，良好的母猪饲喂以及饮水管理不仅能提高断奶仔猪重量，也能大大缩短母猪发情间隔。哺乳期间对母猪的膘情管理、体型控制至关重要。过肥、过瘦的母猪都将对其胎次数造成严重的影响。妊娠阶段再调整母猪膘情、重塑体型，将给养殖场带来巨大的经济损失。哺乳阶段母猪的饲喂管理对提高母猪的胎次数（更多的胎次，也就意味着更高的经济回报），每胎分娩的仔猪数带来极大的帮助。

④高效的管理模式。完整的自动化解决方案，不需要人工介入；可追溯性，饲料库存管理，个体进食量、饮水量查询，每日形成报表，方便猪场统计、管理；使用独立的 App 系统，可以直接使用智能手机对猪场进行现场管理与操作。也可以由中央控制室电脑端集中操作；物联网数据收集处理，远程操作，提高效率；通过智能饲喂系统，对妊娠阶段母猪进行智能化精准养殖，不仅可明显提高动物的福利，也减少了人员的使用及人员和动物的接触，大大降低疾病发生率及对猪产生影响的概率。

3. 哺乳母猪智能饲喂系统

哺乳母猪智能饲喂系统，通过“少食多餐，一日多次”的饲喂方式，全面实现哺乳阶段母猪的自由采食，提高母猪每日采食量，从而达到调整母猪膘情、重塑母猪体型以及提高产奶量的效果。系统将母猪采食情况直观完整地呈现在管理员面前，定期形成生产报表、历史记录供饲养员调取、查询。图 4-17 为母猪精准饲喂管理系统功能图。

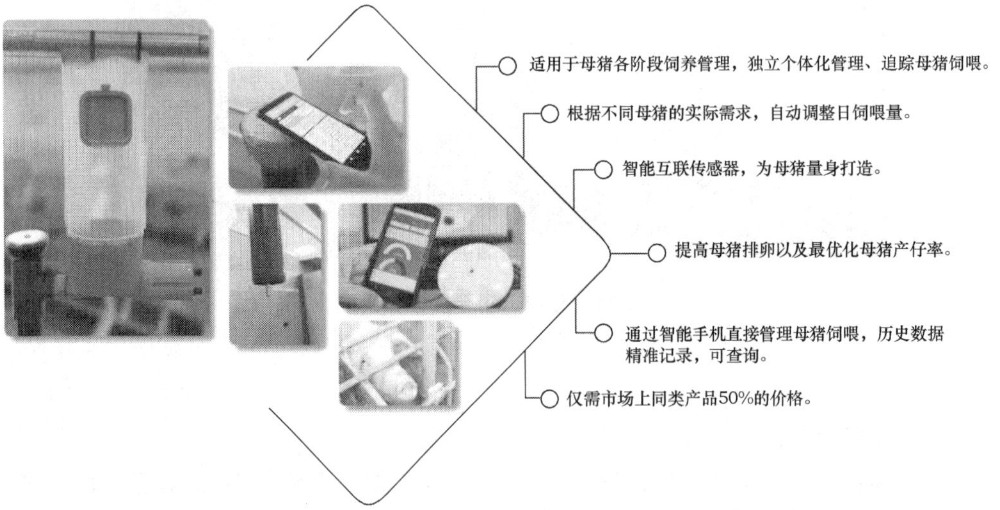

图 4-17　母猪精准饲喂管理系统功能图

（引自：赛儿肥产品手册）

(1)哺乳母猪智能饲喂系统的功能。少食多餐、一天多次、小剂量饲喂(每次落料 200～300 g),提高母猪日均采食量,从而实现最大化母猪产奶量,提高仔猪断奶均胎重,保持母猪强壮的体型、控制膘情,缩短发情间隔,提高胎次数(母猪利用胎数)和胎产仔数。

①最大化母猪采食量。通过小剂量多次饲喂的方式,促进母猪哺乳阶段食欲,提高采食量。哺乳母猪智能饲喂器,每次落料控制在 200～300 g,母猪进食过程中触发传感器工作,系统进行再次下料饲喂,不仅适应母猪进食节奏,同时减少饲料的浪费。图 4-18 为哺乳母猪的“索喂”设备猪场实际应用场景。

图 4-18 哺乳母猪的“索喂”设备猪场实际应用场景

(引自:赛儿肥产品手册)

②最大化母猪产奶量。提高哺乳阶段母猪日均采食量,意味着母猪将分泌更多的奶水,也将直接提高仔猪断奶均重。仔猪的增重与摄入的奶水量以及奶水的成分息息相关。研究结果显示,哺乳期间每头母猪每日提高 1 kg 的采食量,可以提高整窝仔猪 0.23～0.3 kg 的日均增重,并在下一次分娩提供更多的仔猪(0.5 头)。

③优化母猪日常管理。哺乳期间,良好的饲喂管理不仅能够提高断奶仔猪重量,也能够大大缩短母猪的发情间隔期。同时,哺乳期间对母猪的膘情管理,体型控制也至关重要。哺乳阶段母猪的饲喂管理还对提高母猪的胎次数、每胎分娩的仔猪数有较大的影响。

(2)哺乳母猪智能饲喂系统的特点。完整的自动化解决方案,同时支持两种不同配方饲喂,不需要人工介入;可追溯性,饲料库存管理、个体进食量等可查询;连接智能手机,通过 App 独立管理每头母猪,也可以由中央控制室电脑端集中操作;物联网数据收集、处理,每头母猪历史数据可查询,定期形成生产报表。

图 4-19 为分娩母猪升降式智能饲喂器。

图 4-19 分娩母猪升降式智能饲喂器

任务 4.3　母猪电子饲喂站系统

母猪电子饲喂站系统又称母猪电子群养系统，简称母猪群养饲喂系统。传统的空怀妊娠母猪采用定位栏单体限位人工饲养，母猪没有得到运动，增加了疾病风险；生产中母猪应激反应强烈，容易导致妊娠前期胚胎死亡；个体饲喂量不容易控制，导致群体内各母猪肥瘦不均，群体一致性差；同时，母猪单体限位饲养也限制了母猪活动自由，严重影响母猪福利，极易导致难产。

为满足母猪福利需求，克服限位饲养带来的弊端，近年来，欧美等国家先后研制成功智能母猪群养饲喂系统，并广泛应用于规模养猪场，主要生产商有德国大荷兰人（BigDutchman）国际有限公司、美国奥斯本工业有限公司等。2007 年后，国内畜牧设备公司也开始进行研制生产。

4.3.1　系统构成

母猪群养电子饲喂站系统由饲喂站、喂料控制软件、射频读卡器、传输系统、服务器、显示器与猪电子耳标等组成。各饲喂站通过通信电缆相连后与系统管理电脑连接（图 4-20）。

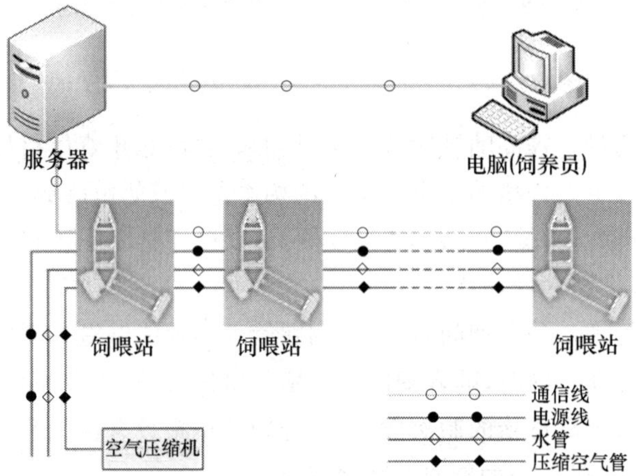

图 4-20　母猪群养饲喂管理系统

母猪从入口进入饲喂站时，射频读卡器读取母猪耳标信息，系统管理软件根据母猪耳标信息确定母猪身份，根据分配给母猪当天所需要饲料量是否吃完而确定门是否打开。母猪进去采食时，其他母猪无法进入，确保母猪采食不受干扰。只有母猪采食完从出口出来后，下一头母猪才能从入口进入。系统管理软件对母猪身份、采食量、采食时间、次数等进行统计和分析，猪场管理人员能方便地查看每头猪的信息，从而实现对母猪群的精确饲喂和数据管理。见图 4-21 至图 4-24。

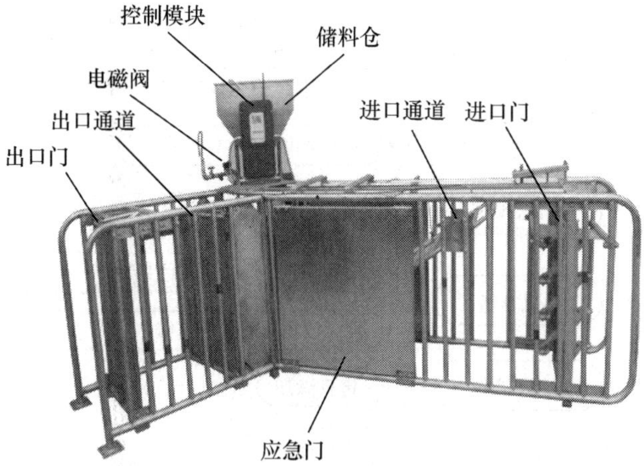

图 4-21　母猪群养电子饲喂站结构图

图 4-22　母猪群养电子饲喂站入口

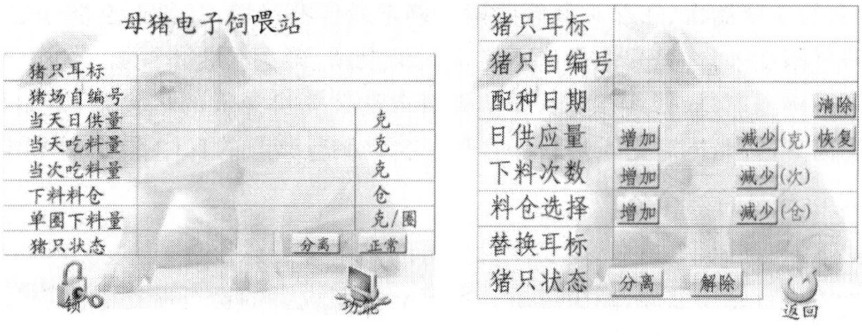

图 4-23　母猪群养电子饲喂站临控器显示

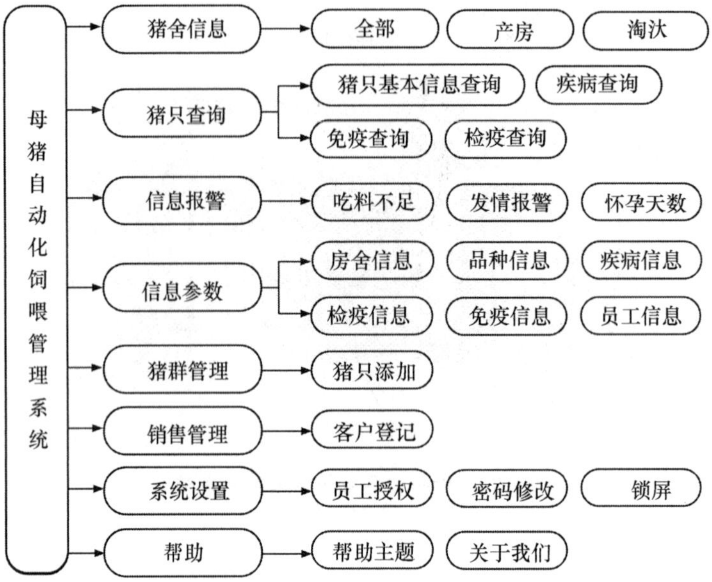

图 4-24　母猪群养电子饲喂管理系统功能图

4.3.2　主要功能

母猪群养饲喂系统主要有以下功能：

1.实现母猪大栏群养管理

母猪饲喂管理系统中，母猪以大栏群养模式进行饲养管理，改变了传统母猪限位栏饲养模式，增加了自由活动空间和交流机会，可以使母猪增强体质，改善健康状况，减少限位栏饲养给母猪造成的伤害，改善动物福利。

2.实现自动供料

整个系统采用储料塔＋自动下料＋自动识别的自动饲喂装置，实现了完全的自动供料。

3.实现母猪自动饲喂

群养模式下，每头母猪右耳佩戴电子耳标，当其进入饲喂站采食时，系统通过电子耳标确认身份，并针对每头猪胎次、体况和妊娠阶段等确定最佳喂料量，有利于控制母猪体况，减少饲料浪费。每头母猪在采食时，其他母猪不能进入饲喂站，确保采食不受扰，没有争食。系统自动记录母猪耳标标号，并根据其体重及怀孕天数自动计算出当天的进食量、开始采食时间、采食持续时间和离开时间，同时记录母猪采食量。自动测量猪只的日体重，并计算出日增重。

4.实现自动分离特殊个体

群养模式下，一些返情、患病、需要注射疫苗的母猪等特殊个体，通过配套的自动分离器，能够对这些个体进行自动分离，减少应激。系统对控制设备的运行状态、测定状况、猪只异常情况等进行全面检测及系统报警。

5. 自动监测母猪发情

智能母猪群养管理系统可配套母猪查情系统，查情系统不间断监测母猪访问公猪的频率和时间，并判断母猪是否发情，对发情母猪进行喷墨标记，用自动分离器分离发情母猪。

6. 实现数据自动传输

饲喂和数据统计运算全自动；系统实时数据备份，显示当前进食猪的状态；所有生产数据都可以实时传输显示在管理员个人手机上。

4.3.3 母猪电子饲喂系统工作流程和猪舍分布

1. 采用母猪电子饲喂系统的猪舍类型

(1)大栏饲喂。使用大栏饲喂，大栏饲养数量在 200 头母猪，可以空怀、妊娠母猪混养，四个单机为一组，设置分离系统。大栏设置有采食区、休息区、活动区、分离区，同时设置发情鉴定区域，在发情鉴定区域设置一头公猪，中间安装发情鉴定系统(图 4-25)。

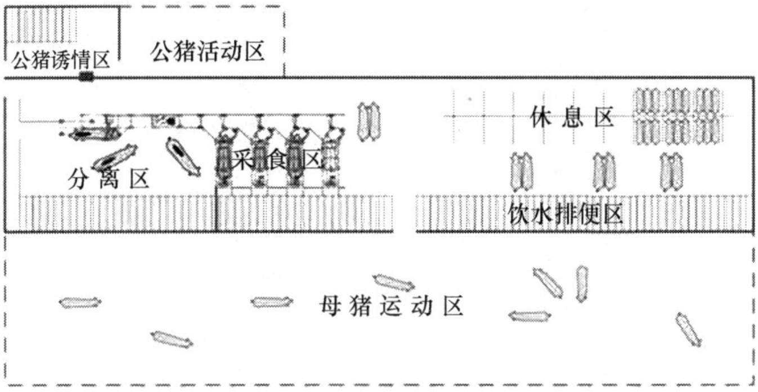

图 4-25 采用大栏饲喂的猪舍分布

(2)小栏饲喂。使用小栏喂养，空怀和妊娠母猪分离，每 50 头猪为一个圈舍，不使用分离系统，平时鉴别母猪的状态用人工观察系统的喷色装置，比如：怀孕天数到 105 d 了猪背上喷色为红色，发情了喷色为黄色，一天不吃料了喷色为蓝色。发情鉴定系统设置到空怀母猪舍旁边。圈内设 40 cm 和 15 cm 的自动饮水器各一个，供猪自由饮水(图 4-26)。

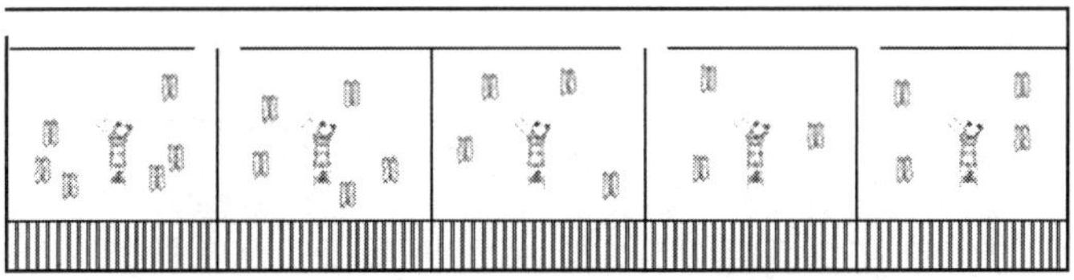

图 4-26 采用小栏饲喂的猪舍分布

2. 母猪电子饲喂系统工作流程

使用电子饲喂系统，主要有以下五个工作流程。

(1)安装耳标。在母猪右耳中间位置安装 RFID 电子耳标。耳标内存有号码，此号码与母猪一一对应，为母猪的身份标志，通过识别耳标来达到区分不同母猪的目的（图 4-27）。

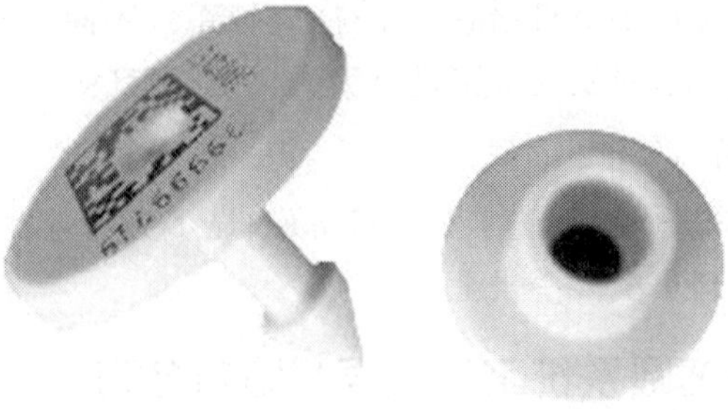

图 4-27　猪 RFID 电子耳标

（2）在饲喂开始时，感应器感应到母猪的电子耳标信息后，开启入口门（图 4-28），母猪进入饲喂站后，关闭入口门。

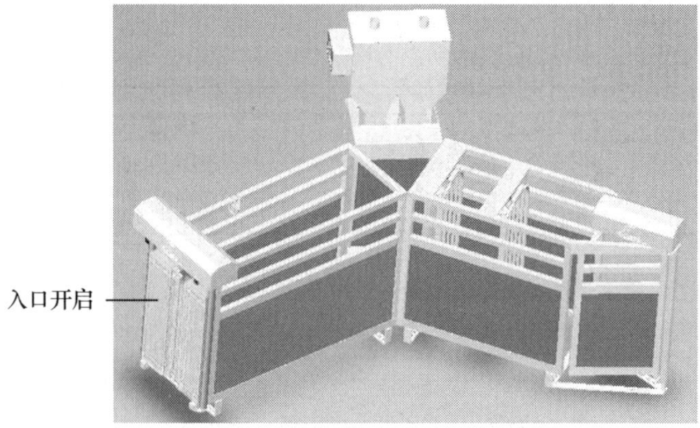

图 4-28　母猪电子饲喂站工作图——入口开启

（3）系统根据获取的母猪饲喂信息，开始投料（50～100 g/次），间断性地分多次投完一天的料（图 4-29）。

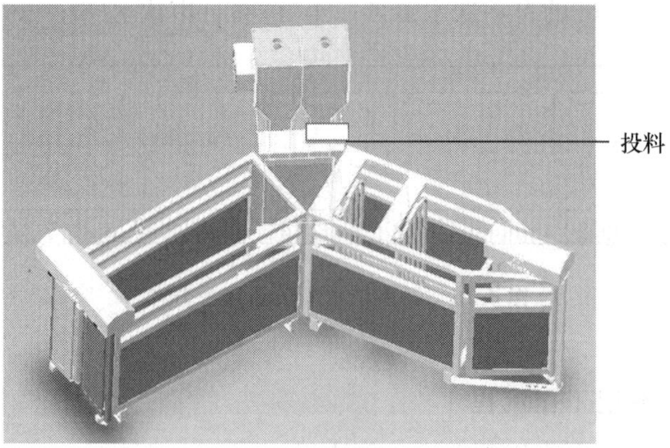

图 4-29　母猪电子饲喂站工作图——投料

(4)母猪进食后，通过双重退出门，饲喂过程结束(图 4-30)。

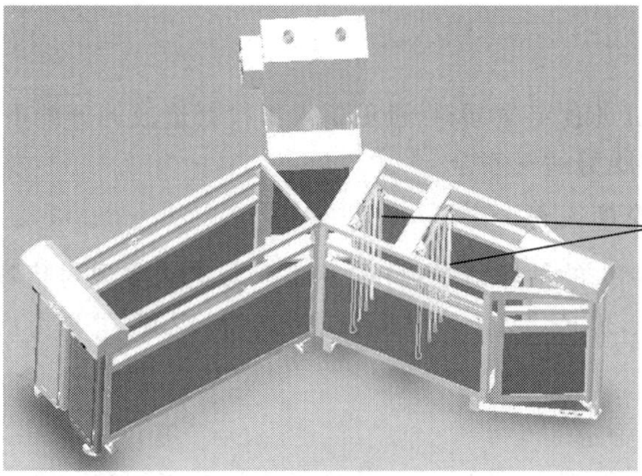

图 4-30 母猪电子饲喂站工作图——采食后通过双重门

(5)如果饲喂站配备了分离门，母猪经过退出门后，可经过分离门回到栏内或者被分离出来(图 4-31)。

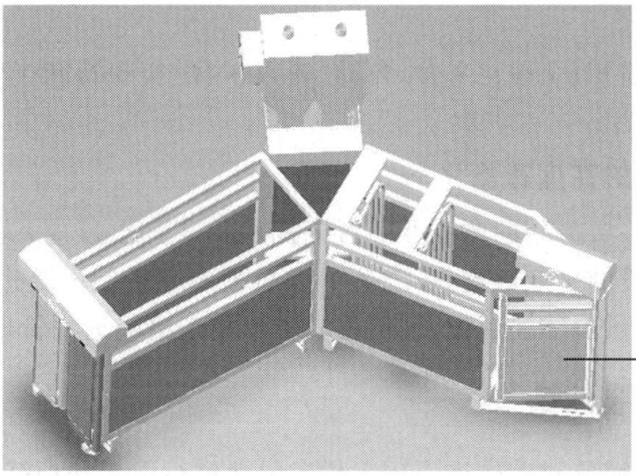

图 4-31 母猪电子饲喂站工作图——采食后通过分离门

4.3.4 应用模式

一台饲喂站以饲养 40～60 头母猪为宜，过多会导致母猪损伤增加、体况下降、生产性能降低。智能母猪群养分静态群养和动态群养两种。

1.静态群养

一个群养栏内放置 1 台母猪饲喂站，饲养 40～60 头母猪，母猪群养期间不增加新的母猪，直到上产床前，群体规模不变。该模式可以实现全进全出。

2.动态群养

一个群养栏内放置数台饲喂站，饲养母猪头数可达数百头，群体内母猪可以处于不同妊娠阶段，猪只流动性较大，即将分娩的母猪转群到产房后，可以加入新配种母猪，实行总量动态管理。

4.3.5 电子饲喂系统的优势

1.实现母猪精准化饲养

母猪可以在最合适的时机进食定量饲料，避免了人工投料造成的分配不均、应激反应等不利因素的影响，猪的进食过程既舒适又安全。

2.提高工作效率，减少管理人员

一个母猪群体规模为750头的种母猪场，只需要2个人就能实现对猪场的管理。管理员平均每天进场时间不超过1 h，进场后主要是进行配种、转群、观察、处理等必须由人工来完成的操作。

3.提高母猪繁殖生产效率

母猪平均年产胎次可以增加到2.40胎/年，母猪平均年产断奶仔猪数（母猪年生产力）可以达到26.83头，母猪利用年限平均提高2～3年。据统计，我国母猪生产力在最优化的情况下可从16头提高到26头。以商品猪场为例，一个万头猪场的基础母猪数大约为650头，使用自动母猪饲喂系统以后，只需400头母猪就能满足年产万头商品猪的生产目标，即母猪存栏数可减少41％，可大大降低疾病风险和饲养成本。

4.提高动物福利

扩大了每头母猪的活动面积，个性化采食，自动（非人干扰）实现特殊个体的识别和隔离，减少了应激反应。

5.实现了生产数据管理的高度智能化

系统可以自动完成对每一头母猪的监控并通过制图的形式加以反应，为管理者提供最精确的数据。对群体每一个阶段的生产数据，系统还可以通过中心控制电脑进行辅助分析并制作各种生产报表，为管理者提供群体的数据，利用移动技术实现猪场远程管理。

4.3.6 母猪智能饲喂训练

使用母猪电子饲喂系统，需要对首次进入饲养栏的母猪进行引导和训练，教会其形成条件反射和养成进食习惯。

1.前期准备

（1）猪舍的准备。清洗消毒，检修电灯、风扇、饮水器等。准备好训猪用的栏片、老虎钳、铁丝、赶猪用的木板、盛装饲料用的小容器等。

（2）开启供料机。将饲喂站的料箱装满饲料，检查供料机能否及时开启和停止。

（3）调试电子饲喂系统。查看控制器和各饲喂站是否正常运行，检查饲喂站进出门以及其他紧固部件是否正常，包括进出门弹簧的松紧程度是否合适、进出门是否顺畅等。

2.训练日程安排和具体方法

训转栏并群。晚上21:00前将母猪从限位栏转入训猪舍，为减少打架可同时喷洒有气味的药物，如螨净，转栏后立即关灯。转猪前一天全天停止给料，使猪产生饥饿感，在饮水中加入多维，之后赶1～2头有经验的老母猪进行引导，带领新母猪进站吃料。

训猪可分五步进行，根据具体情况和实际效果适当调整。具体训猪流程如下（图4-32）。

第一步:让母猪熟悉饲喂站的采食环境和程序，并能将饲料吃完。固定饲喂量 1.0 kg/(头·d)，下料速度 100 g/min。具体方法见图 4-32。

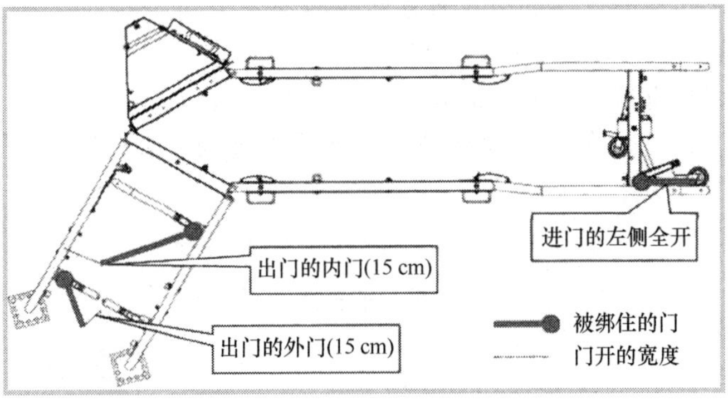

图 4-32 训猪饲喂站采食第一步

(引自:郑春芳,等.母猪电子饲喂站自动饲喂调教)

上午 8:00 将母猪用栏片围在饲喂站进门一侧;在进门口内撒少许饲料,每隔 20 cm 一小堆，2～3 堆，诱导母猪一步步向饲喂站内走;当母猪到进门口吃料时，人为帮助其打开进门处的右门，让其进入饲喂站（当前半身已过时，慢慢松开右门，让母猪感觉到门的压力），然后在饲喂站的食槽内撒下少量饲料,让母猪知道采食的位置;待母猪采食完后，打开出门的内门，轻拍其后部让其出去;在进门处补充一点饲料，待下一头母猪进来。

下午 16:00 将没吃料的或经过饲喂站后饲料剩余大于 0.5 kg 的猪围在进门处一个较小的区域内，并帮助每一头猪进入饲喂站并吃到料;将所有猪的基本信息录入系统。

晚上 21:00 后将所有猪重新围在饲喂站进门一边。

第二步:帮助母猪使其能初步独立完成采食过程。固定饲喂量 1.2 kg/(头·d)，下料速度 100 g/min。具体方法见图 4-33。

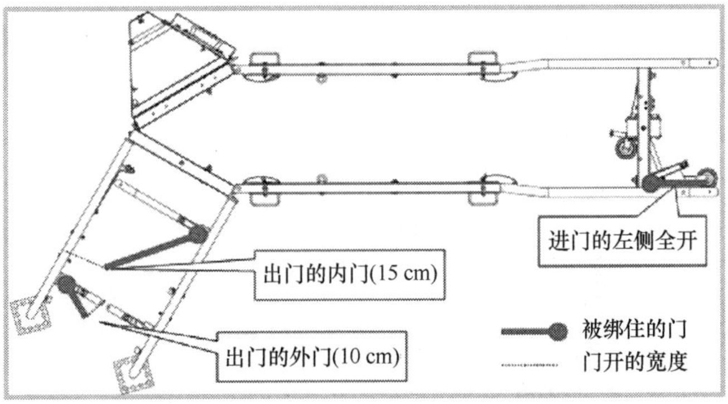

图 4-33 训猪饲喂站采食第二步

(引自:郑春芳,等.母猪电子饲喂站自动饲喂调教)

上午帮助没进入饲喂站的母猪进站采食（做法如前一日）。减少在饲喂站进门处的撒料，撒料的位置在进门的后面（能闻到但只有推门才能吃到);在母猪进门时，首先要母猪自己有推门的动作，然后将进门稍拉开一点（不要让机械门因为母猪没有持续推而关闭），让其稍顶着一点压力进入饲喂站；出门时同样要减少人为的帮助。

下午 16:00 将没吃料的或经过饲喂站后饲料剩余大于 0.5 kg 的猪围在进门处一个较小的区域内，并辅助每一头猪在饲喂站内吃到料。

晚上 21:00 后将所有猪重新围在饲喂站进门一边。

第三步：减少人为帮助，使其能初步独立完成采食过程。给料量 1.4 kg/(头 · d)，下料速度 110 g/min。具体方法见图 4-34。

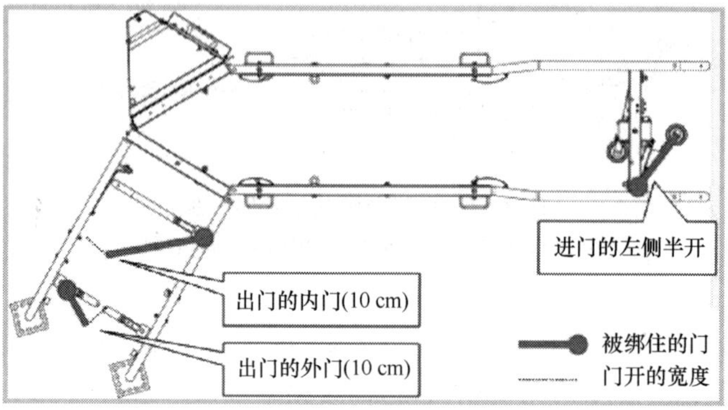

图 4-34　训猪饲喂站采食第三步

（引自：郑春芳，等. 母猪电子饲喂站自动饲喂调教）

上午帮助没进入饲喂站的母猪进站采食（做法如前一日）；进门的左门半开，撒少许饲料在进门的右门后面，让母猪自己推门进入饲喂站，不得人工帮助；对第一次没推开进入的母猪在第二次推门时，可以人为拉住进门的右门让其进入；出门时除轻拍母猪的后部外不得人为帮助开门。

下午做法如前一日，当所有猪吃到饲料后撤掉所有栏片，让其自由进出采食。

晚上 21:00 后将所有猪重新围在饲喂站进门一边。

第四步：撤除区域限制，让母猪适应自主的采食环境。固定饲喂量 1.6 kg/(头 · d)，下料速度 110 g/min。具体方法见图 4-35。

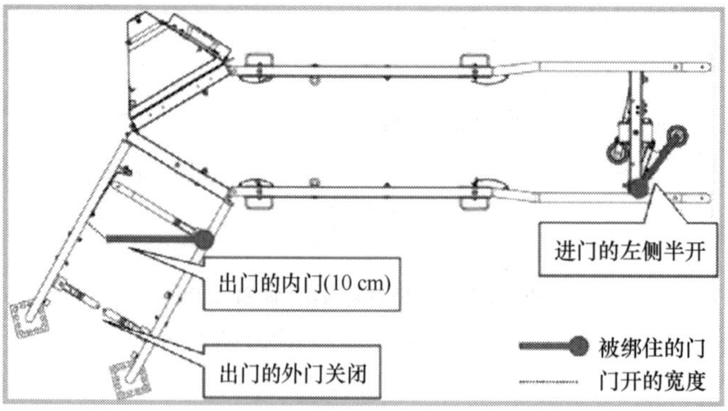

图 4-35　训猪饲喂站采食第四步

（引自：郑春芳，等. 母猪电子饲喂站自动饲喂调教）

上午辅助没进入饲喂站的母猪进站采食;在饲喂站进门处和里面不再撒料，引诱母猪自己到饲喂站进门附近并进入，不得帮助其进门，只在出门时对于不能出去的母猪，轻拍其后部，让其出去。

下午 16:00 将没吃料的或经过饲喂站后饲料剩余大于 0.5 kg 的猪围在进门处一个较小的区域内，让母猪进入饲喂站，不得人工辅助。

晚上 21:00 后将所有的母猪重新围在饲喂站进门一边。

第五步:加强母猪对电子饲喂站采食过程的记忆，并使其养成习惯。固定饲喂量 1.8 kg/(头·d)，下料速度 120 g/min。具体方法见图 4-36。

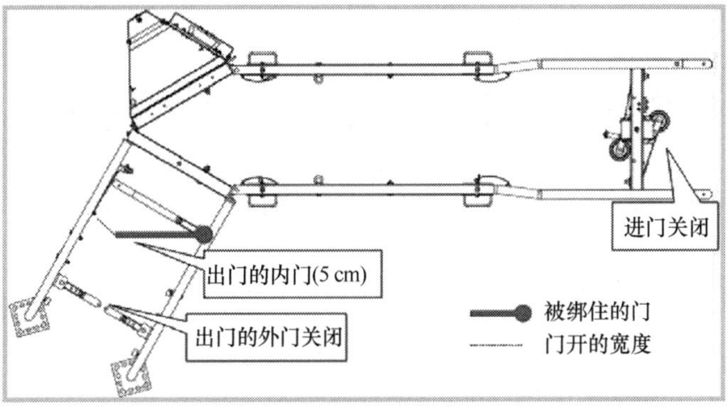

图 4-36 训猪饲喂站采食第五步

(引自:郑春芳,等.母猪电子饲喂站自动饲喂调教)

上午让母猪自己进入饲喂站采食,不得撒饲料,不得辅助其进出。

下午 16:00 将没吃料的或经过饲喂站后饲料剩余大于 0.5 kg 的猪围在进门处一个较小的区域内,让母猪自己进站，不得人工辅助。

晚上将栏片撤走，进行自由采食。

5 d 后，训猪程序基本完成;进出门全关,对于还没能独立完成采食过程的母猪，按第四步的方法再训一次。饲喂时,固定采食量 2.0 kg/(头·d),下料速度 120 g/min ，然后慢慢添加给料量至 3.2 kg/(头·d)。

3.训猪的注意事项

(1)在训猪时不得强行将母猪推入饲喂站，不得干扰其采食过程。

(2)在撒料诱导时,不得撒在站外，撒料时要少,训练后期尽量不撒料。

(3)每天下午(1 d 的采食周期快结束前)在查看采食情况时，对连续 2 d 有剩余的猪进行重点关注,及时找出原因。

(4)猪只的采食量和采食速度要根据前一天的实际情况及时做出调整。

(5)不得让母猪在站内和进出门口睡觉或躺卧,以免影响其他母猪进出。

(6)机械门还没开启时,不得用手将其打开,以免影响系统程序;同时,也不得用木棍敲击机械门控制器盒等来吸引母猪的注意力。

(7)只剩下 10 头左右时，将其围成一个更小的区域(1/4 舍)。

(8)最好安排在后备母猪配种前训猪,在母猪怀孕期的 0～28 d 和 93～114 d 的两个时间段内不得训猪;母猪生病期间或出现异常情况时不得训猪;天气炎热时不得训猪，夏季训猪最好安排在早晨或傍晚。

4.训猪后期管理

每天下午下班前,及时查看当日采食情况,晚上对还未采食的母猪进行诱导。

每天晚上 21:00,做好当日的生产数据以及系统备份。

不得在站外饲喂饲料和其他东西,发现有母猪在站内或进出门口睡觉或躺卧,应及时赶走,以免影响其他母猪的进出站。

注意猪舍和站内卫生,及时清理食槽内过夜的饲料。

每天上班时检查饲喂站的运行情况,查看在下料的同时是否有供水。

任务 4.4　生猪全生产线智能化模式

华科智农开发的“为乐食”+“易乐食”猪生产全线智能化管理系统(图 4-37),实现了母猪高效精准饲养,让工人轻松便捷生产,为现代养猪生产创造可复制的生产管理模式。

该系统主要包括“为乐食”母猪饲喂系统和“易乐食”育成育肥猪饲喂系统。

图 4-37　“为乐食”+“易乐食”猪生产全线智能化管理系统

(引自:华科智农产品手册)

4.4.1　为乐食 M

为乐食 M 与配怀舍定位栏配套使用,安装在饲料输送管线上,每头母猪使用 1 套。

为乐食 M 按照猪场饲养管理人员设置的母猪饲喂曲线给母猪投送饲料,投送饲料的速度可以根据每头母猪的采食特性设置,每次少量(150～300 g)多次投送。投送饲料还可以根据母猪触碰料槽内传感器的频率和次数,智能调控。母猪每次采食完成后的信息及时发送主控制系统保存。

为乐食 M 是一种高效的配怀舍母猪管理方案，一个工人可以轻松饲养整个猪场的母猪。见图 4-38。

图 4-38 为乐食 M 配怀母猪智能化管理系统

（引自：华科智农产品手册）

4.4.2 为乐食 G

为乐食 G 是由母猪自动进入电子饲喂站采食，从而提升母猪群的繁殖生产效率，又充分照顾到了动物福利(图 4-39)。

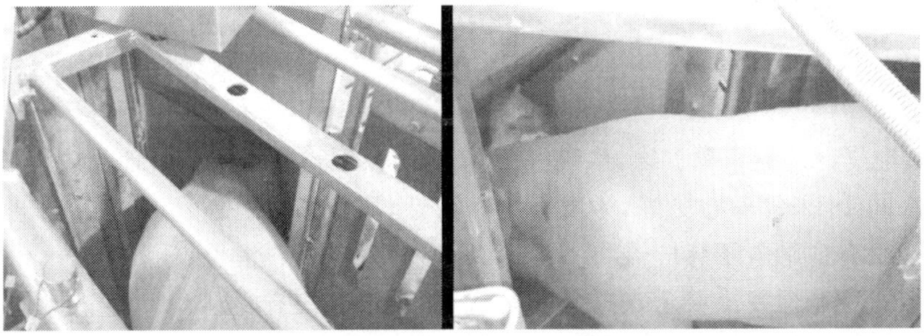

母猪进入饲喂站采食饲料

母猪采食结束　　　　扫描猪只信息

图 4-39 为乐食 G 群养母猪智能化管理系统

（引自：华科智农产品手册）

4.4.3 为乐食 F

为乐食 F 泌乳母猪智能饲喂管理系统，由主控制系统、投料系统、感应系统和通信系统组成(图 4-40)。为乐食 F 与分娩舍产床配套使用，可以安装在产床的前门上或饲料输送管道上，每张产床匹配安装使用一套为乐食 F。

图 4-40 为乐食 F 泌乳母猪智能饲喂管理系统

(引自：华科智农产品手册)

1. 为乐食 F 的功能

根据分娩母猪的个体特点(产仔数和体况、哺乳天数)，设置最优饲养管理方案、饲喂曲线和饲喂时段。

母猪通过电子感应器索要食物，系统根据母猪觅食信号，多次小分量地投放饲料(图 4-41)；

下料下水同步，采食口感更好，激发采食积极性，增大采食量；

如果母猪没有碰触电子感应器将不会得到食物，避免饲料浪费；

为乐食会向控制器发出警示，告知工作人员哪头母猪没有吃料；

根据猪场的技术规范，通过电脑制定饲喂曲线和饲喂计划。

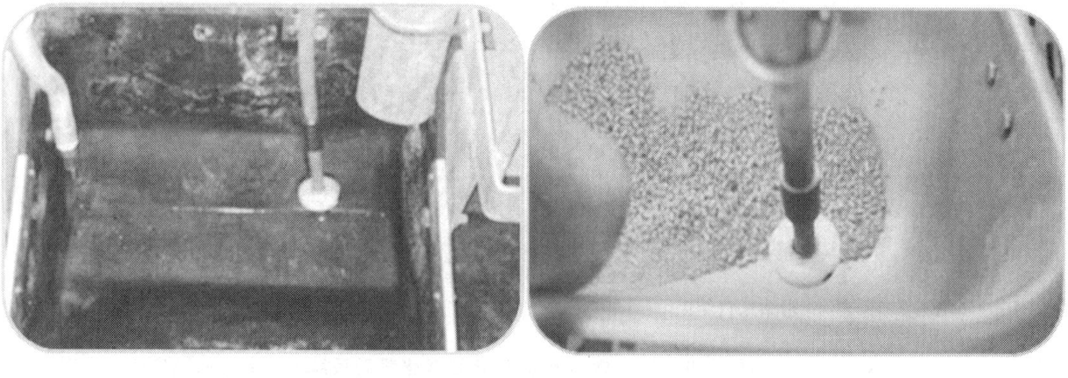

图 4-41 为乐食 F 泌乳母猪智能感应料槽

(引自：华科智农产品手册)

2.为乐食 F 的优势

通过设置饲喂曲线和时段来饲养管理母猪，减少了劳动量和劳动力数量；
根据母猪食欲设计喂料模式——想吃就吃，减少人为影响，创造更舒适的饲喂环境；
少量多次下料下水，让饲料营养最大化，提高饲养效益；
提高哺乳母猪采食量，促进泌乳；
依靠母猪触碰感应头索取食物，及时标记母猪的采食行为信号；
系统及时存储母猪觅食行为信息，帮助饲养管理人员全面认识每一头母猪；
通过查看采食信息有针对性地管理母猪(图 4-42)。

图 4-42 为乐食 F 泌乳母猪智能管理系统
(引自：华科智农产品手册)

表 4-1 是为乐食 F 使用效果分析。

表 4-1 为乐食 F 使用效果分析

分组	自动下料系统 5 000 头母猪场 2 个产房平均值	产房智能饲喂系统 5 000 头母猪场 4 个产房平均值	差值
母猪数量/头	432	432	—
总产活仔数/头	5 304	5 474	170
平均产活仔数/窝	12.28	12.67	0.39
总断奶猪数/头	4 534.5	4 720.0	185.5
平均断奶猪数/窝	10.50	10.93	0.43
平均断奶重/(只/kg)	7.60	7.85	0.25
平均断奶重/(窝/kg)	79.40	85.76	6.36
死亡猪数/头	769.5	754.0	−15.5
死亡率/%	14.47	13.68	−0.79
总饲料消耗/kg	99 788	73 259	−26 529
每只母猪饲料消耗/kg	231	169.58	61.41
窝料重比	2.92	1.99	−0.93

注:2 个 5 000 头母猪场使用自动下料系统与使用产房智能饲喂系统的对比。
引自:华科智农产品手册

4.4.4 易乐食

易乐食是使用在保育和育肥阶段的智能饲喂器，由主控、投料系统、感应系统和通信系统组成(图 4-43)。每台易乐食可饲养 40～60 头保育猪和育肥猪。

易乐食安装使用简单，可以安装在圈舍的中间实体地面上或者两个栏位中间隔板位置。投入使用时只需要接通电源和水源即可。

图 4-43　易乐食育肥猪智能化管理系统

1.易乐食组成

易乐食育肥猪智能饲喂器见图 4-44。

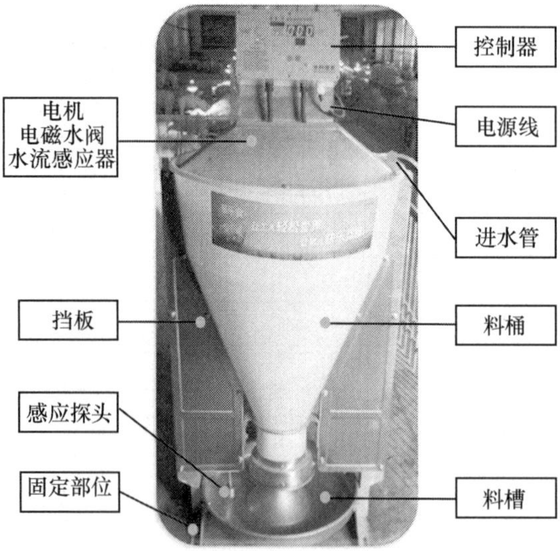

图 4-44　易乐食育肥猪智能饲喂器

(引自:华科智农产品手册)

2. 易乐食的功能

系统分为饲喂时段和关闭时段；在饲喂时段，猪拱动感应器，系统启动，少量多次投放饲料，下料频率可调。

投放饲料同时下水，下水时间可调，料的稀稠度可以控制(图 4-45)。

图 4-45 易乐食支持颗粒饲料和粉状饲料

(引自：华科智农产品手册)

下料速度可调，在饲喂时段小猪拱动感应系统，触发开关下料，间隔时间 10 s、20 s、30 s、40 s、50 s、60 s。

自动停料，当料槽内出现剩余饲料，感应探头感应到信号，系统关闭，饲喂时段内不下料，直到剩余饲料被小猪吃完。

当料或水超限指示灯亮时，感应探头感应到料槽内有余料，饲喂停止，直到剩余饲料被小猪吃完才能开始饲喂。

3. 易乐食的优势

液态饲喂，帮助断奶仔猪快速渡过断奶难关。

智能触碰感应，小分量下料，边吃边下料，充分激发仔猪觅食的欲望，实现更高的采食量。

60 日龄出栏，25 kg 体重。

饲料超限报警，自动关闭系统，减少饲料浪费。

4.4.5 Pigwish 系统及数据应用

Pigwish 系统是以猪的行为研究为基础，将猪简单的“吃、喝、拉、撒、睡”等行为信号与传感器进行关联，使用大数据重新解析猪的行为变化，为猪只建立采食性能指数，并与生产管理相结合，为养猪企业提供全面的数据解决方案(图 4-46)。

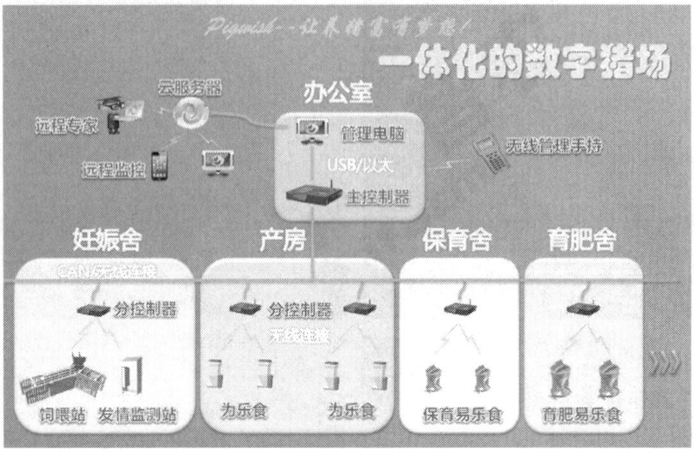

图 4-46　智能化养猪管理系统

(引自:华科智农产品手册)

1.系统软件

Pigwish 系统“沙盘式”信息主页见图 4-47。

实时信息	当前进食	完成量	计划量	进食状态	周时权	周完成	进食速度	猪只状态	天数	胎次	当前调整量
	1800g 1620g 2280g	5700	5700	产房为乐食	10:56	90.48%	3600g/h	哺乳母猪	15	4	400
	1730g 1000g 1595g	4325	4329	产房为乐食	10:27	90.25%	2883g/h	哺乳母猪	11	1	400
母猪信息	1200g 1000g 1800g	4300	4300	产房为乐食	11:07	91.86%	2893g/h	哺乳母猪	15	8	-1000
◆妊娠舍饲喂站	600g 600g 1200g 437g	2837	4040	产房为乐食	10:51	67.46%	1727g/h	哺乳母猪	6	4	0
◆产房为乐食	300g 600g 600g 600g 1225g	3925	3920	产房为乐食	12:50	61.20%	2109g/h	哺乳母猪	6	2	0
◆妊娠舍为乐食	1515g 1000g 1200g	3715	3766	产房为乐食	10:45	85.78%	2475g/h	哺乳母猪	10	1	-800
◆配种舍为乐食	2400g 900g 3000g	5300	6300	产房为乐食	10:58	93.54%	4200g/h	哺乳母猪	15	9	1000
公猪信息	2400g 1275g 2450g	5125	6129	产房为乐食	10:45	93.98%	4083g/h	哺乳母猪	14	3	1500
◆全体公猪	2100g 1500g 2500g	5100	6100	产房为乐食	10:51	93.69%	4066g/h	哺乳母猪	15	5	800
◆公猪舍为乐食	2250g 1125g 2250g	5625	5629	产房为乐食	11:01	92.57%	3750g/h	哺乳母猪	14	7	400
肉猪信息	2200g 1100g 2200g	5500	5500	产房为乐食	10:55	93.75%	3666g/h	哺乳母猪	15	2	400
◆全体肉猪	600g 900g 900g 600g 900g 600g 600g	5100	5158	产房为乐食	11:36	94.49%	1718g/h	哺乳母猪	13	6	-1000
◆哺乳猪易乐食	2010g 1005g 2010g	5025	5015	产房为乐食	10:59	93.91%	3350g/h	哺乳母猪	11	5	0
◆保育猪乐食	1800g 600g 2400g	4800	4800	产房为乐食	11:11	92.54%	3200g/h	哺乳母猪	8	9	0
◆育肥猪易乐食	1800g 1065g 600g 1200g	4665	4712	产房为乐食	10:57	93.34%	3023g/h	哺乳母猪	9	3	0
其他信息	600g 600g 600g 600g 2350g	4750	4743	产房为乐食	11:41	85.83%	1959g/h	哺乳母猪	10	2	0
	1840g 1000g 1760g	4600	4600	产房为乐食	11:11	84.33%	3066g/h	哺乳母猪	8	2	-800
	1770g 1000g 1655g	4425	4420	产房为乐食	10:49	92.14%	2950g/h	哺乳母猪	7	6	0
图表分析	1750g 1000g 1595g	4325	4320	产房为乐食	10:39	92.40%	2883g/h	哺乳母猪	7	3	0
	1200g 1200g 1715g	4175	4186	产房为乐食	11:14	92.97%	2783g/h	哺乳母猪	12	3	-1100
猪群维护	900g 600g 1000g 900g 600g	4000	4040	产房为乐食	11:40	87.92%	1913g/h	哺乳母猪	6	7	0
系统管理	1200g 900g 1200g 600g	3900	4040	产房为乐食	12:22	80.50%	2457g/h	哺乳母猪	6	5	0
	1500g 600g 1837g	3937	3940	产房为乐食	11:14	86.97%	2624g/h	哺乳母猪	6	3	0
	1465g 1000g 1197g	3662	3660	产房为乐食	10:02	81.65%	2441g/h	哺乳母猪	5	7	600
	1465g 600g 1597g	3662	3660	产房为乐食	10:33	86.30%	2441g/h	哺乳母猪	5	4	0
	1240g 1000g 600g 60g	3100	3100	产房为乐食	11:01	77.65%	1837g/h	哺乳母猪	6	1	0

猪[3]近期进食不足；　猪[15]近期进食不足；　猪[11]近期进食不足；　猪[15]近期进食不足；

猪[6]近期进食不足；　猪[16]近期进食不足；　近期进食异常过多，请检测社保是否正常（已忽略部分进食异常提示）。

图 4-47　Pigwish 系统信息主页

(引自:华科智农产品手册)

猪场的生产管理人员打开 Pigwish 客户端后，可以使用鼠标轻松滑动观看每一头猪的实时饲养管理信息。红色方框内的信息是每头母猪的即时信息表现。点击采食信息框可以升降序排列。猪场生产管理人员可以重点关注和分析降序排列显示的异常采食信息的母猪(图 4-48)。

图 4-48　Pigwish 猪只采食计划与完成图

(引自：华科智农产品手册)

2. Pigwish 系统管理与曲线设置

Pigwish 系统管理与曲线设置见图 4-49。

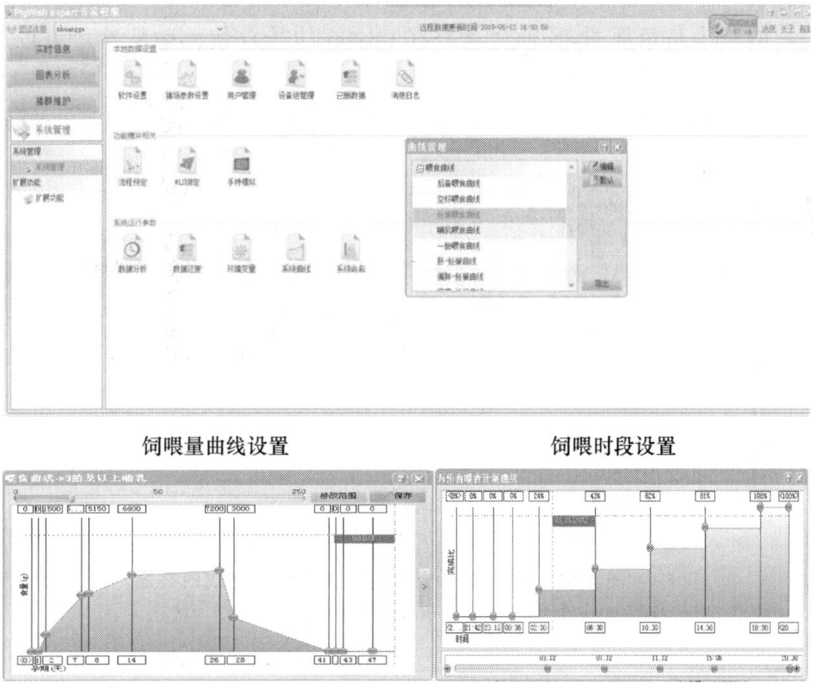

图 4-49　Pigwish 系统管理与曲线设置示意图

(引自：华科智农产品手册)

智能化群养模式下 500 头母猪 40 d 的采食时间分布(3D 图)见图 4-50。

图 4-50　智能化群养模式下 500 头母猪 40 d 的采食时间分布(3D 图)

(引自:华科智农产品手册)

图形的峰值可分为 3 个:21:00 采食区,9:00 采食区,15:00 采食区。

21:00 采食区从无到有,而且有进一步扩大的趋势。

9:00 采食区慢慢在减弱,但仍还有一定保有量。

15:00 采食区极大减弱,面临马上消失的局面。

猪群的采食分布由之前的人为主导慢慢回归到猪本性上来。

可以发现,08:00 有一条很小的低谷,导致该低谷的原因是猪场饲养员每天这个时候会巡视猪圈,但巡视的结果是负面的,反而让猪群在 08:00 的采食偏低。从这一方面来说,尽可能减少人为的介入对猪群是最有利的。

采食食量与猪群动态的变化:图 4-51 为一头猪 1 个月的采食计划与完成曲线图。

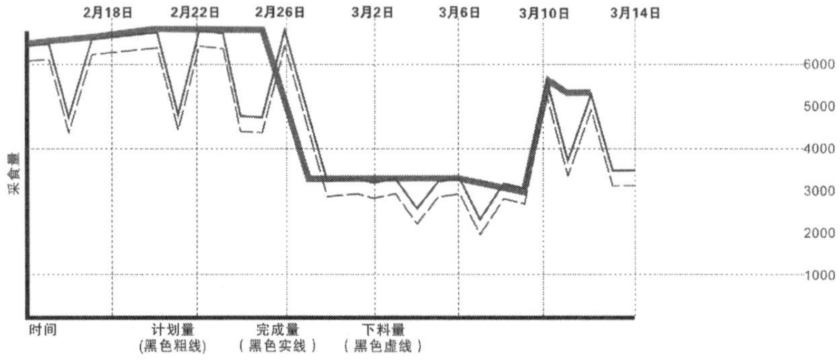

图 4-51　一头猪 1 个月的采食计划与完成曲线图

(引自:华科智农产品手册)

采食食量用于统计猪对计划量的完成程度,图 4-51 中的黑色粗线为计划量,黑色实线为完成量,黑色虚线线为设备下料量。完成量与下料量完全重合。完成量与计划量并不重合,而且经常低于计划量。这幅图说明这头猪的采食量比较差,自然采食能力就比较弱了。

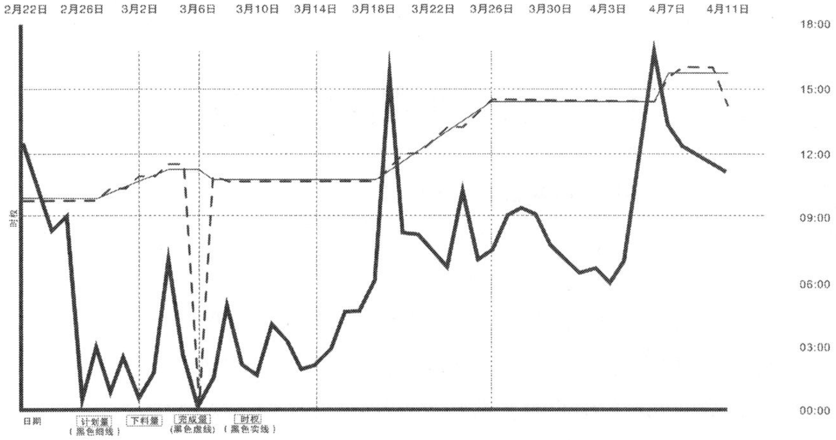

图 4-52 采食食量分析加入时权分析后的猪群动态图

(引自:华科智农产品手册)

图 4-52 为采食食量分析加入时权分析后的猪群动态图。从图中可以清晰地看到这头母猪采食计划和完成情况也很好。从 2 月 12 日开始信息标记,这头母猪很快适应猪群情况,时权曲线在 3:00 左右波动,但是到了 3 月 19 日,时权曲线突然跳高到 15:00 以后,从 3 月 20 日后这头猪的时权曲线有所回落,并一直稳定在 9:00 左右。

在采食食量分析中添加了采食时权关联后,我们可以从计划和完成情况非常好的猪群中,很快发现仍旧有行为变化的个体猪只,而这头猪的变化往往是猪群从健康向疾病的拐点信号,所以要想很好地控制猪场疾病的爆发就要从一线源头及时监控猪群个体行为的动态信号。

有的猪能够一次采食完成饲料计划量,而有的猪需要多次分段采食,这样的信息标记可以使我们对猪群里的个体能够有深入的认识。

通过观察,可以发现采食质量低的猪经常会出现分段采食,而采食质量高的猪向来是一次就能完成计划。

这样的行为可以衡量一头猪的采食姿态,强势的猪会一次吃掉计划量,而且还经常进饲喂站探寻,那么这头猪的采食性能就为 100%。

某一头猪进入系统时,系统给的计划量为 2.0 kg,但该猪吃完 1.5 kg 后就离开了,剩下 0.5 kg 在晚一些的时候再进饲喂站吃掉,这样这头猪的采食性能就为 75%。

已经采食完成后的猪,继续探访饲喂站,这也是衡量猪采食姿态的一个量,这两个量共同可以得出猪的采食姿态得分。

一段时间内(比如 1 个月)的采食性能的加权平均就可以用来衡量猪的采食性能。

如一头母猪在正常采食情况下,通过对其一周的采食行为信号进行汇总,得到其 1 周有 28 次无效采食,深入观察分析后可以发现其有每天在不同时间点进入饲喂器探寻食物的行为,说明这头猪强烈的食物求索行为一定与其独特的基因和潜质有关。

对母猪而言,采食性能直接关系到母猪的带仔能力和下产床后的体况,间接影响到下一胎的配种及繁殖表现,对服役期限影响较大,采食性能强的猪往往身体各项指标都比较好,服役期比采食性能差的猪长得多(在生产上给予采食性能好的猪特别的照顾)。

对于商品猪而言,如果采食性能不行,生长性能受到限制,则会大大降低育肥效率。

任务 4.5　农信智能猪场

农信智能猪场是通过采用智能设备、互联网、大数据、云计算技术,对猪场进行自动化饲喂、数字化管理、远程化监控,降低人工参与,实现人猪分离,提高养殖效率,减少病毒传播的一种智能养殖模式。

农信智能猪场主要有三大关键产品:一是猪小智,通过轨道机器人、视频监控、自动饲喂、智能手持设备等硬件自动抓取数据,智能连接器连接各类终端设备。二是猪联网,对猪小智采集的数据进行分析处理,通过数字化管控提升养猪效率。三是养猪大脑,依托农信云计算数据中心,实现远程化管理,让猪场全程可预警和提醒。智能猪场既能实现智能养殖,进行自动化养猪和远程化管猪,又能实现源头控制,做到货源可追溯,质量有保证,提高了养殖效率和猪场安全。

4.5.1　猪联网

猪联网包括猪管理、猪小智、猪交易、猪服务、猪金融等大核心平台,为生猪生产提供全方位的智能化服务体系。贯穿从饲料生产企业到屠宰场的整个产业链的生产、经营和管理各个环节,通过互联网连接形成闭环,变外部产业链为内部生态链,构建智能养猪生态圈。图 4-53 为农信猪联网养猪解决方案。

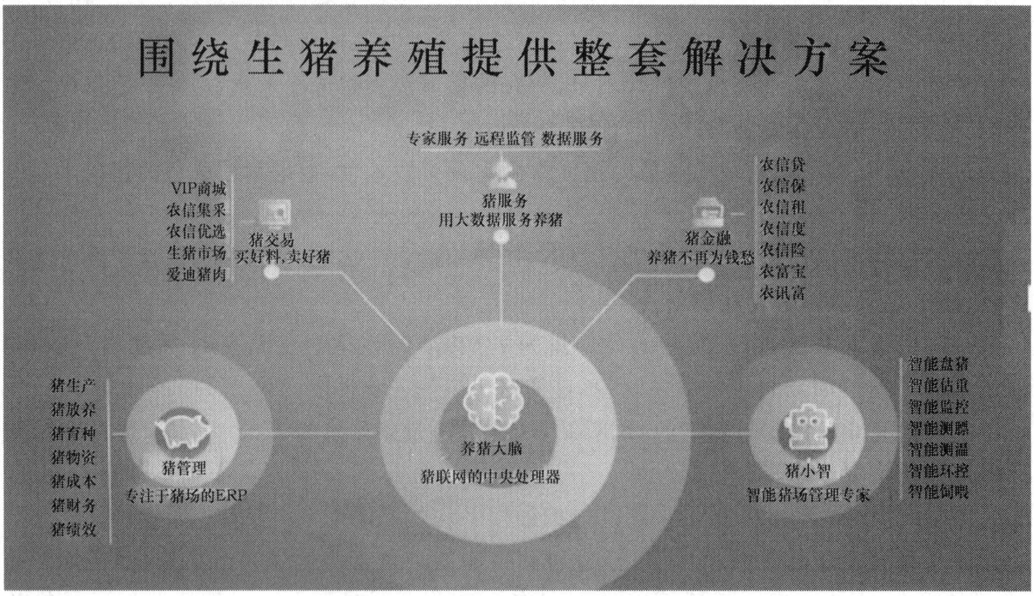

图 4-53　农信猪联网养猪解决方案

(引自:农信互联产品手册)

1.猪联网的主要特点

数据化。通过数据化管理,形成猪场的数据积累,自动生成数据分析报告,实时分析猪场绩效,横向分析集团所有公司的生产指标、实时存栏、成本和销售业绩,为猪场制定解决方案提供有效的数据决策依据(图 4-54)。

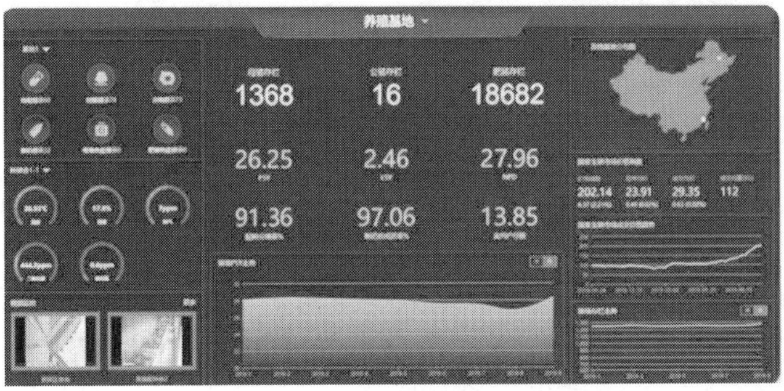

图 4-54 农信猪联网养殖基地数据展示

(引自:农信互联农产品手册)

情景化。游戏化过程管理猪场,给养殖户全新的交互体验,告别专业软件的复杂单据录入,年龄偏大、计算机水平较低的猪场管理人员也能操作;可以批量选择或点击拖拽,能大大减少录入的时间,提升猪场工作效率(图 4-55)。

图 4-55 农信猪联网模拟猪场管理系统

移动化。掌上猪场管家,随时随地监测猪场数据、查看分析报告,远程下达猪场任务,手机现场处理养殖过程,实时接收生产预警,执行任务,连接智能设备,将事后管理转化为实时过程管理(图 4-56)。

智能化。实现智能监控、智能盘猪、智能称重、膘情监测、智能查情、智能环控、智能饲喂,提高养殖效率及收益,为猪场生物安全和生产经营保驾护航(图 4-57)。

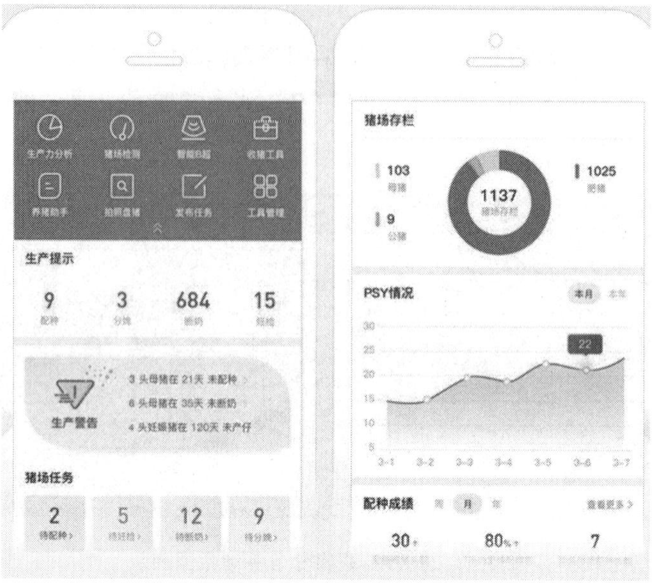

图 4-56　农信猪联网手机管理系统

（引自：农信互联产品手册）

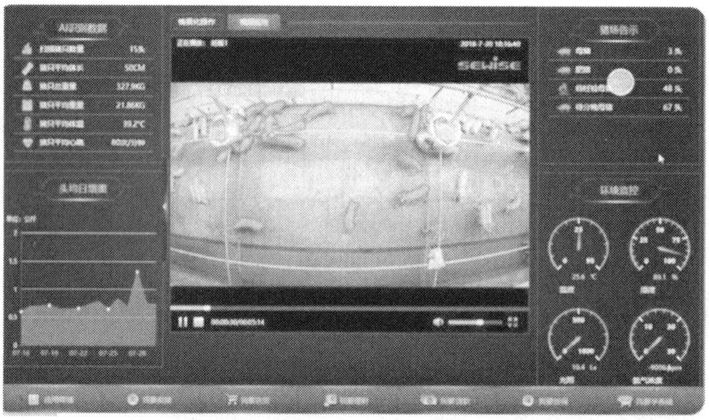

图 4-57　农信猪联网智能盘猪系统

（引自：农信互联产品手册）

2. 猪联网的主要功能

猪联网专注于猪场的资源规划，构建从猪场生产到猪场管理的闭环系统。其主要功能如下。

猪生产：从猪场育种、母猪管理到商品猪管理的全过程生产管理、监控及预警系统。

猪放养：排苗和投苗计划管理、猪苗与物资申请管理、生猪放养过程管理、养户放养结算管理。

猪育种:育种值计算、个体与群体近交系数计算、测定性能分析、遗传进展分析、育种结果评估管理。

猪物资:物资采集、生猪销售、投入品及交易商城、物资领用、物资投喂、物资盘点、物资损耗管理。

猪成本:猪场按批次、按日龄、按栋舍自动核算,实时核算头均成本、每斤成本,对接财务及绩效管理系统。

猪财务:猪场财务管理、猪场资金管理、收付款管理、猪场账务管理。

猪绩效:基于 PSY 的猪场生成成绩报告,以栋舍为核心的猪场绩效指标系统;猪场绩效分析报表、饲养员绩效管理系统。

3.猪联网功能架构(表 4-2)

表 4-2 猪联网功能表

<table>
<tr><td rowspan="2">猪场生产</td><td>生产提示</td><td>母猪管理</td><td>公猪管理</td><td>肥猪管理</td><td>生产计划</td></tr>
<tr><td>报表指标</td><td>物资管理</td><td>健康管理</td><td>猪场设置</td><td>猪场成本</td></tr>
<tr><td rowspan="2">智慧财物</td><td>收款管理</td><td>资金管理</td><td>结账管理</td><td>财务设置</td><td>财务报表</td></tr>
<tr><td>付款管理</td><td>会计核算</td><td>财务期初</td><td>财务填报</td><td>成本管理</td></tr>
<tr><td rowspan="2">供应链</td><td>原料订购</td><td>采购入库</td><td>车辆运输</td><td rowspan="2">资产管理</td><td>物品管理</td></tr>
<tr><td>生产提示</td><td>销售发货</td><td>仓储管理</td><td>固定资产</td></tr>
<tr><td rowspan="2">人力管理</td><td>员工管理</td><td rowspan="2">协同办公</td><td>通知公告/
工作日报</td><td rowspan="2">基础配置</td><td>基础设置</td></tr>
<tr><td>薪酬福利</td><td>申请审批/
考勤管理</td><td>系统配置</td></tr>
</table>

引自:农信互联产品手册。

4.猪联网应用模式(图 4-58)

(1)猪联网生产版。面向小型猪场,是最基础的猪场生产管理系统。

(2)猪联网企业版。面向对企业内外部业务领域和财务环节有精细化管理需要的规模猪场。提供猪场企业管理的整体解决方案,建立起覆盖全方位的养殖生产标准、计划管理、过程管理、成本核算、利润分析、进销存管理,满足财务业务一体化需求,提升企业整体竞争力。

(3)猪联网集团版。面向多单位集团型企业,实现全产业链或多个猪场单位的统一管理。集团管理提供全集团所有公司的生产指标、成本、销售业绩等核心指标的对比分析。

(4)猪联网代养版。面向推行"公司+农户"模式的企业。提供平台化的服务支持,帮助企业实现养殖全过程监控,降低养殖风险,从养到卖,全程覆盖。

(5)猪联网育种版。为种猪场设计的生产管理系统,提供种猪生产性能测定、育种计算与分析管理,提升企业自主育种能力。此版本需要至少搭配猪联网生产版、企业版或集团版其中一个使用。

图 5-58 为猪联网功能及类型。

应用/版本	生产版	企业版	集团版	代养版	育种版
猪场生产	✓	✓	✓		✓
猪场物资	✓	✓	✓		✓
猪场绩效		✓	✓		
猪场成本核算		✓	✓		
财务管理		✓	✓	✓	
仓储管理		✓	✓	✓	
采购管理		✓	✓	✓	
销售管理		✓	✓	✓	
人力资源		✓	✓	✓	
协同办公		✓	✓	✓	
基础设置		✓	✓	✓	
猪场生产分析报告		✓	✓		
猪场成本分析报告		✓	✓		
母猪健康指数		✓	✓		
集团管理			✓		
集团报表			✓		
猪放养				✓	
猪场育种					✓
面向客户	小型猪场	企业猪场	集团企业	公司+农户模式	种猪场

图 4-58 猪联网功能及类型

(引自:农信互联产品手册)

4.5.2 猪小智

猪小智是农信互联基于人工智能、物联网、大数据技术及现代化先进管理理念,开发的一款猪场智能化的超级连接器。通过使用猪小智设备及应用,实现猪场环境自动调控;猪只饲喂按龄精调;猪只信息自动采集并多方联动;对猪只测孕、测膘、配种等工作进行科学检测分析,最终形成规范、标准的任务执行流程,帮助养殖户省时、省心、省力,提高养殖效益。

1.猪小智智能猪场的特点和功能

(1)猪小智主要特点如下。

平台化。为养殖户提供信息管理平台,可融合跟猪场管理有关的各类系统,提供统一接口。

场景化。目前已经集合了10 000多个大小猪场的数据,可以实时察看、采用。

生态化。能够提供从管理、金融到服务的全套解决方案,构建智能猪场生态链。

(2)猪小智智能猪场核心功能。猪小智有七大核心功能,即智能监控、智能饲喂、智能盘猪、智能测温、智能环控、智能测膘、智能称重,通过这七大功能能够实现多维度、多层级预警以及智能化、可视化任务管理(图 4-59)。

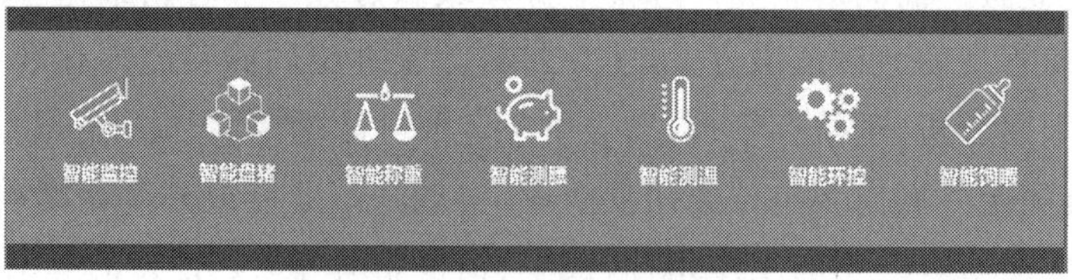

图 4-59 猪小智核心功能图

(引自:农信互联产品手册)

(1)智能监控。通过监控系统和算法能力,将人、猪、场、设备等多个因素和事件进行关联,对所有事件按照正常、低危、中危、高危进行分类预警,实现 24 h 监管和溯源。

(2)智能盘猪。通过视频实时采集猪只信息,不间断盘点猪只数量,利用数据清洗技术和加权平均算法,对存栏情况进行智能盘点,精准度达到 99.99%,盘点结果可视化、可复查。减少了人工盘点的费时费力、对猪影响大的问题。

(3)智能称重。结合肥猪生产数据、肥猪饲喂采食量,通过智能去重算法,对肥猪进行估重,智能盘点精准度达到98%。

(4)智能测膘。通过对母猪膘情历史曲线、膘情高低监测,结合当前猪只状态数据,对调膘工作做出建议性指导。

(5)智能测温。通过对母猪历史发情数据的积累、采用多种方式检测母猪体温、自动饲喂判断猪只进食情况、母猪阶段监控与业务数据分析,判断母猪的体温状态,有效实现母猪发情的预测。

(6)智能环控。通过监测设备,对氨气、二氧化碳、光照、湿度、温度等猪场环境核心指标进行监测,建立环控设备联动数据规则,实现全场环控数据自动化控制。

(7)智能饲喂。减少饲料浪费,提高采食量,有效降低料肉比。见图4-60。

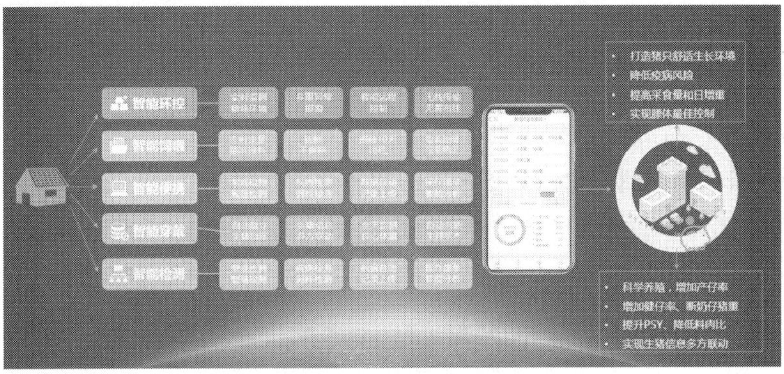

图4-60 猪小智功能展示

2.猪小智软件产品

猪小智监管平台实现猪场数据存储、智能分析、报表查看等数据的集中管理及沉淀,通过猪场数据的可视化展示,随时掌握猪场概况、猪只状态、异常警报等信息。

(1)猪小智——监管平台,见图4-61。

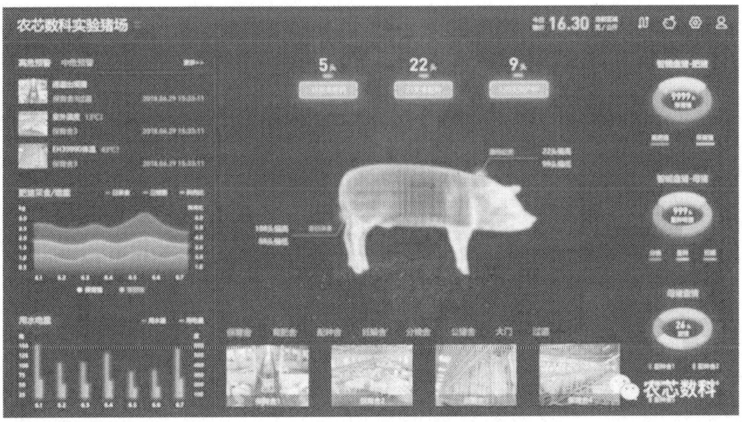

图4-61 数据可视化平台

（2）智能猪场解决方案。智能猪场整体解决方案，将传统养殖模式通过万物互联的方式联网，帮助养殖企业实现生产过程的智能化管理，从而做到生产数据的精准采集、自动分析和整体研判（图 4-62）。

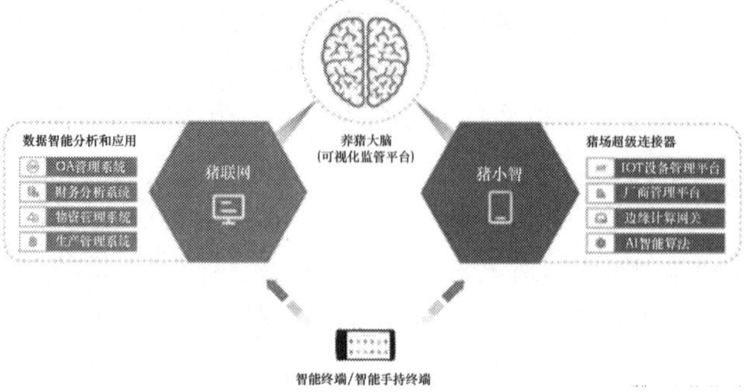

图 4-62　智能猪场方案图

（引自：农信互联产品手册）

3. 猪小智硬件产品

解决猪场设备联网、数据采集、数据关联的智能化核心问题。

（1）猪小智——云盒　猪场设备路由器见图 4-63。

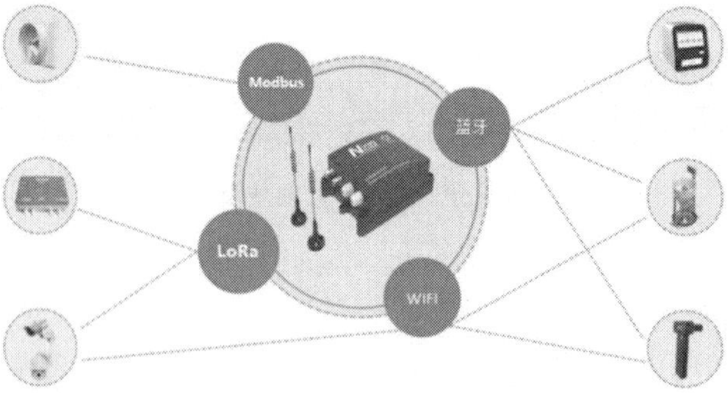

图 4-63　猪场设备路由器

（引自：农信互联产品手册）

（2）猪小智——网桥　猪场智能设备连接方案见图 4-64。

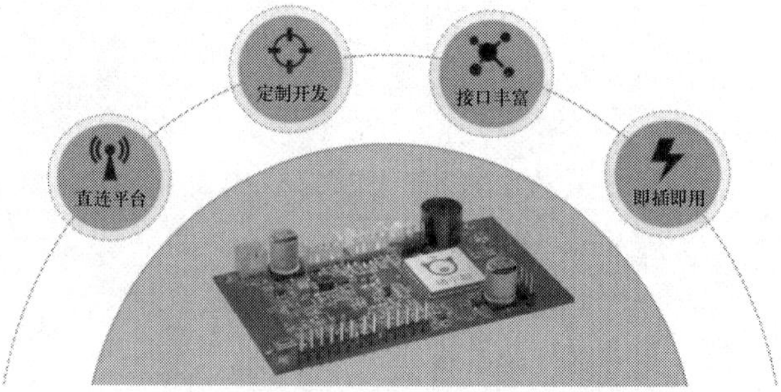

图 4-64　猪场智能设备连接方案

（引自：农信互联产品手册）

(3)猪小智——终端　猪场便携式终端设备，见图4-65。

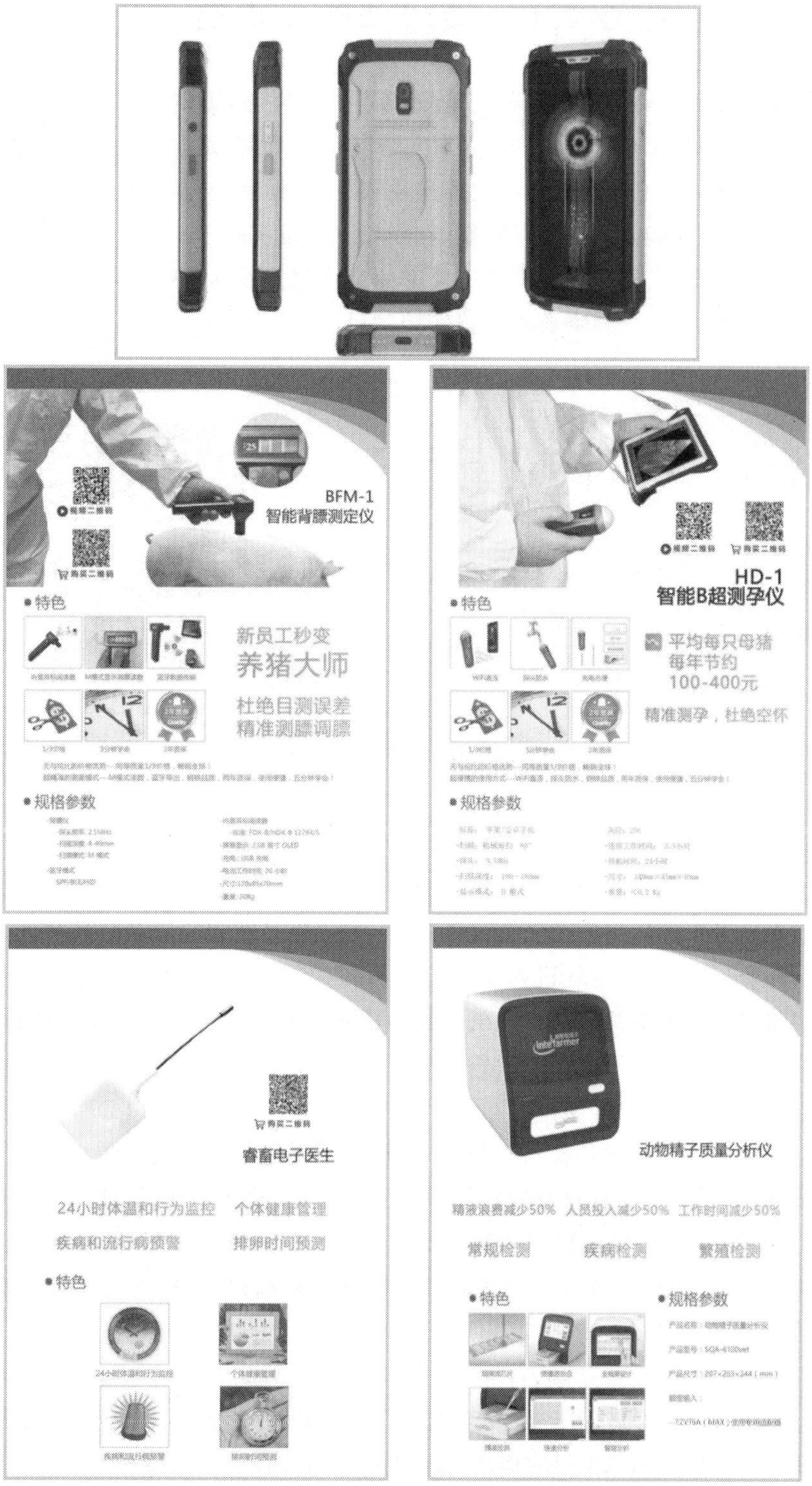

图4-65　猪场便携式终端设备

(引自：农信互联产品手册)

任务 4.6　楼房铁桶养猪模式

按照防范非洲猪瘟的要求，把猪场打造成像铁桶一样滴水不漏的防非结构，配套封闭式洁净物流和保障系统，达到安心养猪的效果，是广西扬翔股份有限公司在非洲猪瘟发生后探索出的养殖模式。“铁桶猪场”是在猪场四周建起密闭式围墙，围墙如同一个“铁桶”，在围墙下方设有高于 60 cm 的挡鼠板，在生活区、生产区、栏舍等外围都有严密的帘廊遮挡以预防蚊虫等，可以实现对场内的猪只、人员和物资进行强管控的目的(图 4-66)。

微课　铁桶楼房智能猪场

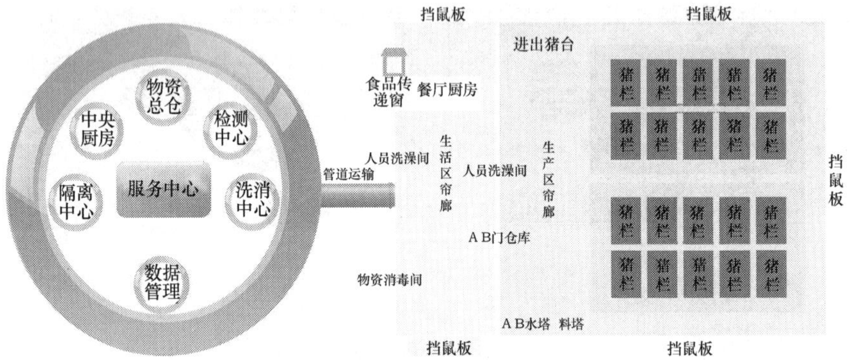

图 4-66　扬翔铁桶计划示意图

(引自:扬翔集团)

铁桶模式的产生完全得益于扬翔楼房猪场模式的成功，不同于传统的平层叠加，扬翔的楼房在建设之初充分考虑了生物安全防交叉的思想:将猪舍对外的关口缩减到最低，仅保留必要的人员、猪只、物资进出通道;空气进入需要经过水帘、粗效和中效过滤，配套独特的精准通风系统确保了层与层之间不交叉;此外，废气排出也需要经过三层水洗过滤，保障了聚落式楼房中楼与楼之间的安全。最终形成了高生物安全强度、高环境保护的楼房猪场，在非洲猪瘟肆虐的背景下，实现了持续安全稳定生产。

扬翔的楼房猪场均为自循环楼房猪场，即每栋楼至少配备 1 条核心线和 1 条保育后备线，其他为一胎线和经产线。桂妃山楼房猪场始建于 2015 年，共计 4 栋楼，其中 1、2 号楼为 9 层，3、4 号楼为 7 层，合计 26 条母猪线和 6 条保育后备线。母猪线设有配种舍、妊娠舍和分娩舍，可容纳 1 050 头母猪;保育后备线承接核心线的断奶小种猪，用作楼内自循环繁育;其他的仔猪断奶后被转到山下代养场做育肥饲养。

粗略计算 2 栋 7 层的楼房猪场，每栋可饲养 6 500 头母猪;另外 2 栋楼每栋可饲养 7 600 头母猪，共计约 28 000 头母猪，大约每周可以生产 13 575 头仔猪。每层楼有 5 名饲养员，7 层的楼房猪场共有 35 名饲养员，9 层的楼房猪场共有 45 名饲养员。采用每周“6＋1”工作模式，最小化人员进出场的次数。

4.6.1 扬翔楼房猪场的特点

1.“结构化”布局

扬翔楼房猪场建设初衷是为了实现聚落化养殖过程中对生物安全管控精确化。按照猪场的生产需求，配套有中央厨房、隔离区、物资总仓、生产区、生活区、污水厂、饲料厂和中转站八大结构性板块；同时外围道路专用化并结构性区分洗消中心及饲料道路、人员进场道路、出猪道路、物料通道、粪污道路，防止交叉污染。

2.分层独立饲养

每栋楼房是一个自繁自养的养殖主体，每一层也是一个独立的生产线。层与层之间具有独立性与封闭性，避免人员、物资、猪只在楼内各层间的交叉流动，每层猪舍形成独立封闭的生物防控系统，有效阻断层与层之间的疾病传播，避免老鼠、蚊蝇、鸟类等媒介动物四处乱窜带来的疾病传播风险。

3.智能化环控

扬翔楼房猪场采用地沟通风模式，使通风量只需要传统隧道式通风的1/4，极大降低能耗，同时加装L9级空气过滤系统、中央空调系统以及废气除臭系统，通过智能温控、地沟通风、空气过滤、废气水洗等，实现空气清新、精准通风、环境友好无污染，确保猪只生活环境安全、舒适。

4.一次性引种

采用闭锁繁育方式，实现后备母猪场内生产，一次引种之后，不再从外部引种，大大减少引种带来的风险。

5.节约型用地

桂妃山楼房猪场整体占地面积为200亩，包括4栋楼房猪场、1栋宿舍楼、1个饲料厂和配套的污水处理中心、中转站等设施用地。每栋楼房猪场占地面积仅为11.4亩，饲养同样数量的猪，用地仅为传统平层猪场的1/10(图4-67)。

图4-67 扬翔“铁桶”楼房猪场全景

(引自:扬翔集团)

4.6.2 扬翔楼房猪场的优势

扬翔的智慧楼房猪场是其综合养猪能力的展示，基因遗传、精准营养、生物安全、环境控制和生产管理五大管理要素在楼房模式中得到了集成应用和充分发挥。

1.基因遗传

楼房猪场全部饲养祖代和曾祖代种猪，一次引种后不再需要引种，完全自主培育，猪的基因系谱清晰明确。配套使用楼房公猪站提供的优质猪精，辅以基因精准选配技术，可使基因优势得到最大化表达(图 4-68)。

图 4-68 基因精准选配发货装置

(引自:扬翔集团)

2.精准营养

通过精喂坊、精喂仪、多奶宝等精准饲喂设备实现对妊娠、哺乳阶段猪只的饲喂管控，将喂料误差控制在 20 g 范围内，大大降低了饲料浪费和过肥母猪的出现;另外，针对母猪各阶段生理特性自主研发适用于不同阶段的配方饲料，以满足母猪、仔猪对营养的需求，同时也可以实现成本控制的目的(图 4-69)。

3.生物安全

楼房猪场自身是全封闭猪舍，仅保留有必要的人员、物资、猪只和空气进出的通道，配套人员洗澡通道、物资消毒通道和空气过滤设施，可以实现全方位的极致生物安全管控，铁桶计划即源于此。此外，楼房内部也匹配有相应的生物安全切断流程，以避免层与层、同层之间的交叉污染。

4.环境控制

楼房中具备地沟通风系统、空气过滤系统、废气集中处理排放、粪污处理系统等，可通过智能化设备对温度、湿度和光照等进行联网实时监控。自动环境控制系统通过实时监测二氧化

图 4-69 精准饲喂设备——精喂仪

（引自：扬翔集团）

碳、硫化氢、氨气等有害气体的含量，在线预警，并对通风系统、排污系统进行自动调节，给猪只提供最适合的生活环境。

5.生产管理

楼房各层执行单线管理，每条线配备 5～6 人，管理 1 050 头母猪，实行周批次生产。猪群流向主要为核心线到保育后备线，后备线到一胎线，一胎线到经产线/核心线。单线正常生产情况下，生产母猪从配种舍到妊娠舍再到分娩舍，不允许不同批次随意混群。各线分时段、分批次使用电梯进行断奶和处理淘汰猪的业务，满足生产的同时确保生物安全。

4.6.3 生物安全防护措施

1.场外隔离

进猪场前，每个人都必须在公司总部/人员隔离中心先进行洗澡、桑拿、更衣、隔离（根据是否接触其他场猪只来评估隔离时间，1～3 d 不等），以确保进场前人员及随身物品不携带病原。隔离期间仅能在隔离区内活动。

2.进场洗消

规定的隔离时间结束后隔离人员才能离开隔离楼，穿公司提供的隔离服，乘坐内部专门车辆（已清洗和高温消毒的通勤车）去往猪场。通过专用道路（只有进出猪场的车辆可以使用）到达消毒站（图 4-70），用冷水和清洁剂重新冲洗车辆并消毒。再行驶 1 km 后，车辆接受第二次清洗和消毒，方可进入进场道路，在场区大门下车，洗手，穿防护服，换乘另一辆内部车进入厂区。

图 4-70　位于入口处的消洗房

（引自：扬翔集团）

从场区门开始，只允许装猪车或者饲料厂的原料车进入。到达装猪台或卸猪台之前，所有车辆都必须经过第三个洗消站，再次消毒。然后才正式进入用铁网围起来的养猪防护区。如果建有原料运输中心，车辆就不必进入养猪防护区了。

装猪后，不允许车辆从原路返回，而是走另一条专门的下山通道（图 4-71）。

图 4-71　上山和下山的道路以及楼房养猪区

（引自：扬翔集团）

3. 进场隔离

到达隔离中心后，所有进入猪场的人员都必须在隔离中心洗澡并隔离一夜。所有进入猪场内部的物资都必须经过清洗、消毒程序后，才能使用。从图 4-72 可以看到进出不同级别的生物安全区域有不同的洗消要求。

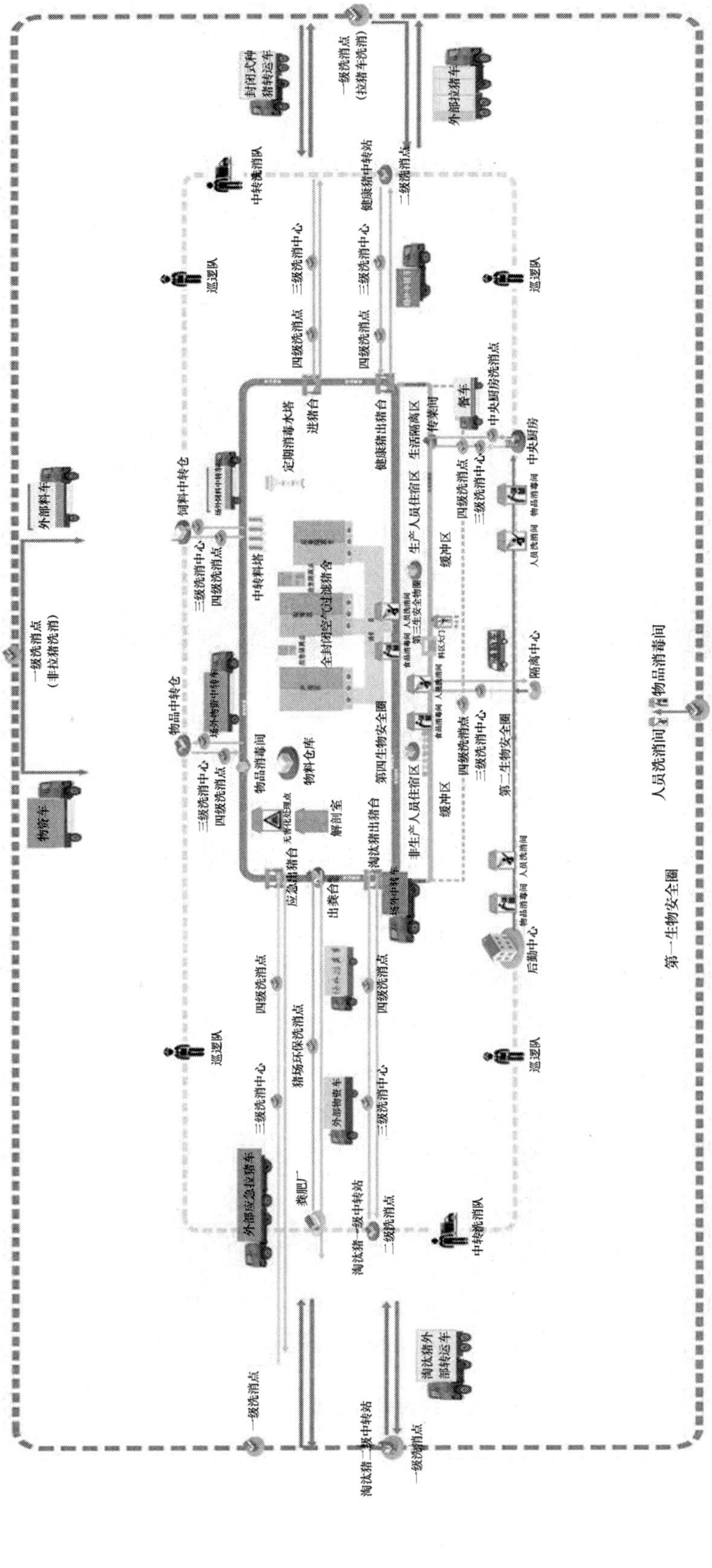

图4-72 生物安全等级示意图
(引自：扬翔集团)

4.6.4 楼房猪场管理

1.通风

每栋楼房猪场都安装有先进的气候控制系统,包括空气过滤系统、空调和负压通风系统。每层楼都安装了通风设备,废气通过管道输送到楼房顶部,先经过楼房顶层的空气净化系统进行净化之后再排放,减少废气中的异味(图 4-73)。当室外温度达到 37～38 ℃的时候,空调系统可以使楼内温度保持在 27 ℃以下。

图 4-73　废气排出的处理室

(引自:扬翔集团)

2.转猪

每层楼都是一个独立的猪场,都设有妊娠舍、分娩舍,母猪不需要从一层楼转到另一层楼。后备猪群流向主要为核心线到保育后备线,后备线到一胎线,一胎线到经产线/核心线。母猪线断奶时,仔猪经电梯通道转到一楼出猪台(图 4-74),经传送带和溜槽传递到转猪车,然后在中转站中转,由公司统一的断奶仔猪运输车转运到养户场。

图 4-74　转猪用的电梯

(引自:扬翔集团)

3.饲喂

猪场安装有干饲料的自动饲喂系统，配合使用相应的饲喂程序，妊娠期每天饲喂一次，分娩期每天饲喂三次，改善母猪的饲料消耗。为避免车辆进入，在饲料厂到楼房猪场的各个楼层之间建立了完善的饲料传输系统，通过料线将饲料运送到各个楼层(图 4-75)。

图 4-75 料线系统——气动传输、刮板传输
(引自：扬翔集团)

4.饲养方式

母猪孕期实行群饲，在定位栏配种 5 周后转到大栏群饲，采用电子饲喂系统，配有应答器，可实时监控猪只的采食情况。产房配套开放式保温箱，仔猪的温度控制采用地热板和保温灯。

5.死猪处理

猪场设计有专门的管道传输系统，死猪、胎衣可以从各楼层管道直接滑落到地面，死亡母猪通过电梯转运到一楼出猪口，然后送进焚烧炉处理，每栋楼房猪场都配有焚烧炉(图 4-76)。

图 4-76 无害化处理管道
(引自：扬翔集团)

任务 4.7 料线控制系统

料线输送系统主要有链盘式、绞龙式、空气压力式等。饲料传输方式虽然不同，但供料、分配、控制的原理基本一致。

4.7.1 链盘式供料系统

链盘式供料系统由驱动主机、喂料线、计量器、饲料塔等构成，主要用于粉料、颗粒料的自动送料和喂料；电脑自动控制，可以实现母猪的精准饲喂以及保育和育肥猪的自由采食；提高饲料卫生、喂料的精确性，降低劳动强度和饲喂成本。外部供料可以远程空中输送，也可以由饲料车辆运输到舍前料塔内(图 4-77)。

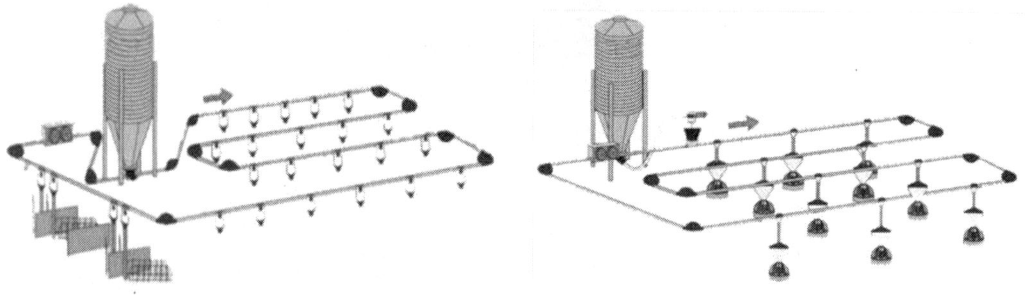

图 4-77 供料系统布局图
(引自：链盘控制器用户手册)

采用 APCD-500 控制链盘式进料器，对饲料进行分配时，可同时控制 8 台链盘式进料器，并能实现定时或连续进料，该进料器带有一个或多个饲料箱螺旋输送机等。

1. 进料器设置

可采用从属装置来驱动从属的链盘式进料器。这些进料器可以使用共同的饲料箱螺旋输送机，既可以将其连接起来，也可以彼此独立操作。

控制器的三种进料器设置。

(1)串联设置。该设置中，所有进料器被连接起来并共享一个共同的饲料箱螺旋输送机。当该螺旋输送机开始将饲料喂入进料器时，所有驱动装置开始将喂料发送给最远的链盘式进料器(ID 号码最大的 APCD-500-S)。当该进料器被填满时，将饲料喂入前一个进料器，依次进行(图 4-78)。

(2)共用一个螺旋输送机的独立式进料器设置。共用一个饲料箱螺旋输送机的独立式进料器按照下列数字顺序进行填充：首先给主链盘式进料器进行填充，然后是从属进料器＃1、从属进料器＃2，依次进行(图 4-79)。

(3)配备单独螺旋输送机的独立式进料器设置。所有独立的进料器都配备有各自的饲料箱螺旋输送机，在开始一个喂料循环时，同时给这些独立的进料器进行喂料。每个进料器根据各自的参数设置进行喂料(图 4-80)。

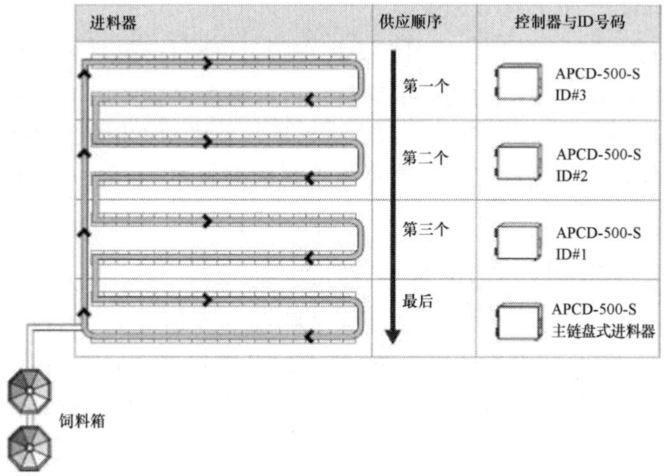

图 4-78　串联设置的进料器结构图

(引自:链盘控制器用户手册)

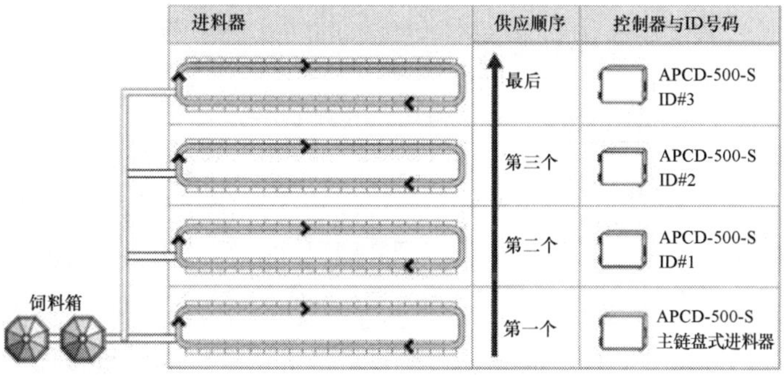

图 4-79　共用一个螺旋输送机的独立式进料器结构图

(引自:链盘控制器用户手册)

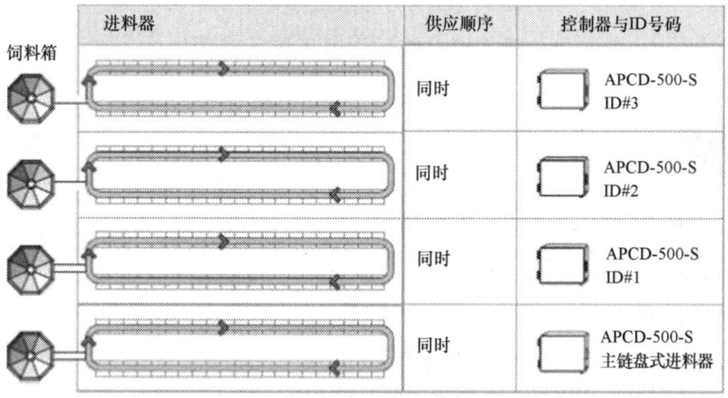

图 4-80　配备单独螺旋输送机的独立式进料器结构图

(引自:链盘控制器用户手册)

2.饲料分配模式

(1)定时饲料分配。当根据一个计时器来进行饲料分配时,用户选择在什么时间开始给进料器喂料以及在什么时间开始给动物分配饲料。可以编程设置多达每天20次的加料次数。

(2)连续进料分配。连续加料方法可以在进料器一旦变空的时候即对进料器进行加料:当位于主链盘式进料器末端的近程式传感器停止检测到饲料时,启动一次延迟以重新给所有的进料器进行喂料。

4.7.2 绞龙式自动饲喂系统

主要由饲料塔、绞龙主机、绞龙链条、绞龙输出料斗、绞龙输料管、下料管、控制系统等组成。

启动控制系统后,在驱动主机的带动下,绞龙链条将饲料通过料线管道从料塔传送到猪舍。料线管道从猪采食的食槽上面经过,在每一个食槽位置,留有一个下料口。饲料在绞龙链条的带动下,自动流入食槽中。

绞龙输出料斗为不锈钢材质,有30°、40°的输出斜料斗。绞龙输出料斗一般安装在料塔底部,上方连接料塔接斗,绞龙自动喂料系统自动上料,连接处用不锈钢螺丝固定,中间加装有开关,方便后期维修。绞龙输出料斗将料塔下落的饲料分散下落至绞龙输料管内,防止因饲料下落过快导致的堵料。绞龙输出料斗上端连接料线管,底口处安装绞龙轴。见图4-81。

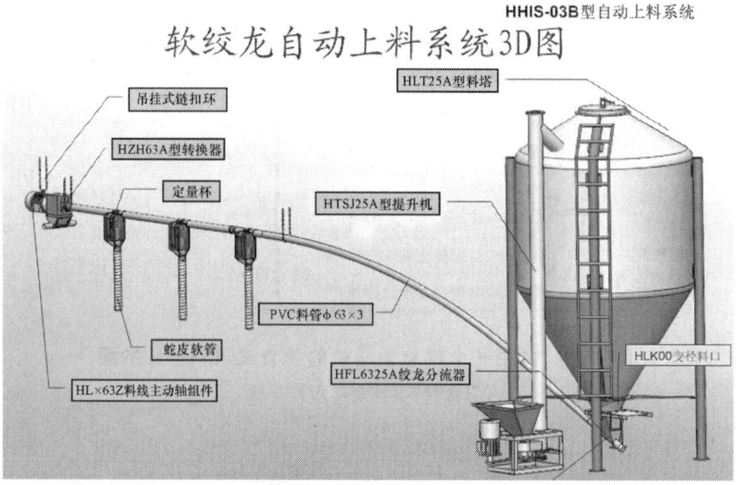

图4-81 绞龙供料系统示意图

思考题:

1.大栏饲养与小栏饲养有什么区别?

2.动态饲养与静态饲养有什么区别?

3.母猪电子饲喂站的功能有哪些?

4.训猪一般需要几天?简要描述其过程。

5.分别介绍配怀母猪、哺乳母猪、育肥猪的智能饲喂方式。

6.楼房猪场有哪些特点?比传统猪场有何优势?

7.请结合猪小智介绍几种智能猪场综合服务平台的特点和功能。

项目5 智能养鸡

知识目标

了解种蛋的选择、巷道式孵化工艺及管理技术。

了解层叠式智能笼养系统的构成、工作过程及使用方法。

了解家禽智能养殖软件系统的功能和使用方法。

能力目标

掌握智能孵化设备的使用方法。

掌握蛋鸡、肉鸡、种鸡、育雏育成鸡等不同阶段、不同类型鸡智能饲喂系统的特点和使用方法。

能熟练使用智能养鸡设备和管理系统。

素质目标

增强对饭碗要牢牢端在自己手中重要性的认识,增强肉蛋奶自给自足的自信心。

培养学生的奉献意识、担当意识。

智能养鸡是智能养殖的重要组成部分,主要通过物联网、智能养殖设备、传感器、控制软件等,实现对养鸡过程的实时感知、智能控制、大数据分析,提升传统养殖效率,减少养殖中的人工需求。

智能养鸡技术包括种蛋的分类选择、智能孵化、智能饲喂、环境控制、智能集蛋、疫病智能诊断等技术和应用。

任务5.1 智能孵化

采用微电脑控制的智能孵化设备,可以实现数码操作显示、精密设置控制、全过程自动孵化;既能智能化控制温度、湿度、通风、定时翻蛋,又能实现多种异常情况报警、检测及故障提示;实现了一键孵化设置,全过程自动管理,精准化指标调控。

微课
智能孵化

5.1.1 种蛋智能选择

孵蛋之前,对种蛋进行精确的细分,通过光感探头对鸡蛋进行全方位透视,并自动上传数据库进行比对,把不合格的鸡蛋剔出来;同时,按重量大小对鸡蛋进行清洗、分类,保证雏鸡的均匀度,保证一个批次的小鸡重量的一致性。

5.1.2 巷道式孵化

巷道式孵化机采用电脑自动控制系统,可以按操作者的意图完成对孵化机箱体内温度、湿度、换气的智能控制和管理。由多台箱式孵化机组合连体拼装而成,配备有空气搅拌和导热系统,容蛋量通常在 7 万枚以上。使用时,把种蛋盘放在蛋架车上,经过消毒、预热之后按一定轨道逐一推进孵化箱巷道内,18 d 后转入出雏机。机内新鲜空气从进气口吸入,经加热加湿后从上部的风道由多个高速风机吹到对面的箱体上,大部分气体被反射进入巷道,经过蛋架车后返回到进气室。这种气体循环充分利用的方式有利于胚胎的新陈代谢,使箱内没有死角,温度均匀,较其他类型的孵化机省电,孵化效果好。

1.孵化工艺

巷道式孵化机可以采用 3 d 或 4 d 上蛋的方式,利用智能蛋车分批连续入孵。箱体内存在不同孵化时期的种蛋,巷道机内温度场呈区域性变化,属典型的变温孵化过程。温控点位于出口处,通过调整温控点温度的高低(即改变设定值的大小),控制各蛋区温度升高或下降。

使用巷道式孵化机,一般要求在孵化厅加装空调,使孵化厅环境温度常年保持在 25 ℃左右。

2.自动加热控制

孵化机能根据环境温度、机器散热、孵化进程等因素自动调整加热功率,使孵化机控制温度紧紧跟随设定值。加热系统可以选择水加热和水电同时加热两种方式。在水加热温度低于设定值 0.2 ℃ 10 min 后,自动启动电加热。当温度超过设定值后,会自动取消电加热。

智能调温就是让孵化机自动感应巷道内的温度场变化,然后模拟人的经验,对巷道机的温度参数做适当的调节。温度高了,会自动降低主控点温度设定值;温度低了,会自动抬升主控点温度设定值,从而使巷道内的温度场保持稳定。

根据巷道机的自身温度梯度,将智能调温点选在靠近风扇的两个巷道蛋车处(入口处的左右第一辆蛋车),在两个巷道内各取一点,保证在实际调温过程中可以兼顾两巷道的温度变化情况(图 5-1)。

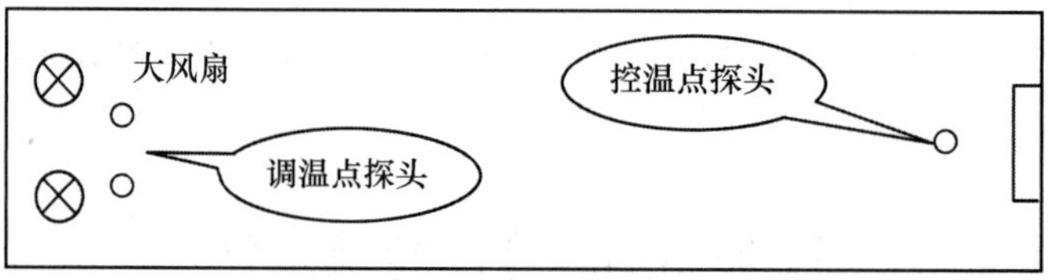

图 5-1 智能调温示意图

(引自:巷道式孵化机用户手册)

智能调温功能可根据实际情况选择。在启用智能调温功能之前,可以重新设定入口调温点的温度设定值,作为调温参考。

调温周期可以根据需要设定,一般为 60 min 或稍长一点。

为了保证智能调温功能的可靠性,系统根据运行情况设置了报警提示功能,主要报警功能如下:

(1)调温点温度过低报警。若智能调温点的温度持续低于设定值超过一定时间,就向用户提醒。这种现象可能是由箱体密封不严或调温探头放置位置不正确造成的，需仔细检查排除。

(2)温度调不上来或温度调不下去报警。若主控点温度已经调到允许的最大值或最小值仍然不能保证调温点温度的稳定，就向用户提醒。若调温点超温，可能是由环境温度过高导致，调温点低温可能是箱体密封不严等因素导致。

(3)左右巷道温差过大报警。当入口处左右温度差超过 0.8 ℃时，系统在不执行调温的同时报警。

(4)启用智能调温功能后，不建议用户再手动调节主控点温度设定值。但要在启用智能调温前，根据孵化经验设定好调温点设定值，从而保证在最佳状态下孵化。

(5)启用智能调温功能后，只要没有异常，管理人员不要经常出入巷道，以免造成温度场的波动，影响智能调温功能。

(6)若使用智能调温过程中出现上蛋后温度场的波动，可以考虑上蛋前将设定值适当提高。

3. 自动加湿控制

在湿度设定值附近采用间歇加湿方式来控制加湿，减少加湿对箱体内温度场的影响。为保证温度能快速升至设定值，在开机升温过程中不加湿。当温度达到设定值以后才可以加湿。

4. 自动冷却控制

可采用一级水冷和二级风冷装置进行控制。

当箱体内温度超过设定值 0.12 ℃左右，或温度上升速度很快时，控制系统会自动按多级、间歇方式打开水冷系统(此时间由控制系统根据箱体内的温度超过设定值多少和温度上升快慢计算出来)；与此同时，风门自动开向大，温度降下来后自动关闭水冷系统，并且风门往设定值走。间歇水冷方式是指水冷泵开一定时间停一定时间，需要水冷时间越长则水冷泵开的时间越长停的时间越短。

环境温度较高的孵化环境最好选配水冷装置。当水温低于 18 ℃ 时水冷效果才明显。

5. 自动风门控制

风门控制采用设定位置和自动调整两种方式分别控制。首先是控制系统将风门控制在操作人员根据孵化阶段所设定的位置，这个位置应保证换气量充足。而后控制系统会根据箱体内温度值与设定值的关系，自动开大风门或向设定位置关风门，在保证换气量(风门位置不小于设定值)和不超温的情况下尽可能关小，以节约用电；同时也保证温度场均匀稳定。

当孵化箱体内的温度频繁超过设定值较高时，在选择“自动风门”情况下，控制系统会自动将风门逐步开大，直到最大位置。

风门设定位置大小关系到出雏率及健雏率，在孵化过程中一定要设置合理，经常检查风门位置是否正常。

6. 联网“群控”功能

每台巷道机都与群控主机联网，实现远程管理。“群控”系统可以同时控制 200 台孵化机。群控主机可以监视所有孵化机的详细工作状态及运行状况，也可以控制和操作任何一台孵化机，从而提高孵化场的管理水平和经济效益。见图 5-2。

图 5-2　巷道式智能孵化机

（引自：巷道式孵化机用户手册）

5.1.3　鸡自动免疫

刚孵出的雏鸡，通过传送带被送到注射机器前，工作人员把雏鸡脑袋固定在机器上，通过激光瞬间断喙，防止后期互相打架、啄羽毛；通过体温探头对符合条件的雏鸡，进行免疫注射，整个过程全智能化，雏鸡没有痛苦。同时，计算机把孵化、断喙、免疫等数据录入电脑进入管理大数据。

任务 5.2　层叠式智能笼养模式

微课　层叠式智能笼养系统

目前，集约化养鸡主要有三种模式：一是采用 A 形笼＋带式清粪系统或人工清粪系统，实行分层饲养（图 5-3）；二是采用层叠式养鸡设备，实行自动化、智能化多层饲养（图 5-4）；三是采用近年来在欧洲、美洲兴起的福利鸡笼，实行分层、自由饲养，该模式除包括传统鸡笼的所有装置外，增加栖木、产蛋箱、垫料区、泥沙浴等（图 5-5）。现阶段，我国集约化养鸡采用的主要是层叠式智能笼养模式。

图 5-3　采用 A 形笼＋带式清粪系统的分层养鸡模式

（引自：A 形笼用户手册）

图 5-4　采用层叠式鸡笼多层智能养殖模式

（引自：层叠式鸡笼用户手册）

图 5-5　采用福利鸡笼养鸡模式

层叠式智能笼养模式可以应用于蛋鸡、育成育雏、种鸡等养殖，其笼养管理应遵循以下技术规范。

5.2.1　蛋鸡层叠式笼养管理技术规程

1. 术语与定义

层叠式笼养是采用立体层叠式笼架配套智能环境控制、自动喂料给水、输送集蛋、履带清粪等，形成的饲养管理模式。

2. 基本要求

单栋鸡舍存栏规模应在 3 万只以上。

鸡群来源正规，生产信息、健康状况等技术资料清晰。

实行全进全出制度。

3. 设施设备要求

（1）鸡舍。鸡舍应为全封闭型，宜用砖混或轻钢结构，符合民用建筑三级防火等级与三级抗震等级。鸡舍的长宽根据设计容量和设备选型确定。长度 80～100 m，宽度 13～15 m，侧墙高于鸡笼顶面不少于 1.5 m，屋脊高于侧墙不少于 1.5 m。

(2)设备配置。

①鸡笼。鸡笼呈 H 形，拼装式，4～8 层，每层层高不低于 65 cm。每只鸡占笼床面积不低于 450 cm^2，单笼群体规模不超过 9 只。鸡笼宜沿鸡舍长轴方向呈多列排列，走道宽不小于 1 m。鸡笼距净道端山墙为 3～4 m、距污道端山墙为 2 m。

②饲喂系统。要求质量稳定，运行噪音低，宜配调节功能，可控制出料量。每只鸡料位不少于 7 cm。

③饮水系统。应满足鸡群自由饮水，3～4 只鸡配置一个 360°旋转乳头，水线下配置饮污分流设施。

④降温风机。5 万只鸡宜配置风机 16～17 台，风机底部距离地面 0.6～0.8 m，风机出风口安装风罩导流器。

⑤湿帘。1 万只鸡宜配置湿帘 19～20 m^2。湿帘距鸡笼不少于 2.5 m，高度为 2.2～2.5 m。湿帘降温效率不低于 75%，安装湿帘挡风窗，挡风窗采取多层开启结构。

⑥通风侧窗及通风门。1 万只鸡宜配置通风侧窗 46～48 m^2。侧窗底边高于鸡笼顶 30～50 cm。通风侧窗支持电机控制打开，配备空气导向板。侧墙每隔 8～10 m 对称设置宽 1 m、高 2 m 的应急通风门，通风门使用保温隔热材质。

⑦电器控制系统。可检测舍内温度、湿度、负压值，根据温度等参数的变化自动控制风机、湿帘、通风侧窗的开启。

⑧履带清粪系统。纵向清粪履带为 PVC 或 PP 材料，最大承受载荷不低于 4.8 kg/m^2。横向清粪履带设置在地槽中，地槽需进行防水处理。

⑨集蛋系统。集蛋系统的破蛋率应低于 0.5%。集蛋系统后可增设蛋品清洗、消毒、分级、喷码系统。

⑩光照系统。照明线路位于各走道正中线上，灯泡水平间距宜为 3 m；高低错落，低位灯泡距地 1.8 m、高位灯泡距地 2.8 m；宜用荧光节能灯，光照均匀。鸡舍内应安装应急照明系统。

⑪喷雾消毒系统。雾滴大小 10～40 μm。

(3)蛋库。每 1 万只鸡建设蛋库 20 m^2，宜建在管理区主大门外，同时建设蛋箱浸泡消毒池。

(4)干粪堆积场。每 500 只鸡建设干粪堆积场 1 m^2，建设要求应符合 GB/T 27622—2011 执规定。

5.2.2 层叠式智能笼养系统构成

层叠式智能笼养系统主要由笼架系统、上料系统、饮水系统、清粪系统、集蛋系统、环控系统、报警系统等组成(表 5-1)。

表 5-1 层叠式智能笼养系统结构

序号	系统	设备	指标要求	检查维护周期
1	环控系统	锅炉	无破损、无漏水，能正常升温	15 d
2		散热器	完整，无漏水、漏电现象	
3		管道/开关	无破损、无漏水、无松动	
4		水泵	运转正常，无漏电、发热现象	
5		电机	运转正常，无破损、缺项、漏电	30 d
6		负压风机	无松动、破损，能正常打开、运行	30 d
7		通风侧窗	滑轮无松动，缆绳连接正常	60 d
8		水帘	无破损，管道输水正常	60 d
9		温度传感器	无破损，正常显示温度	15 d
10		湿度传感器	无破损，正常显示湿度	
11		二氧化碳传感器	无破损，正常显示 CO_2 含量	
12		氨气传感器	无破损，正常显示 NH_3 含量	
13	上料系统	料池	无破损、无松动，能自动上料	30 d
14		管道	无破损，能正常下料	
15		绞龙	管内无杂物，能正常运转	
16		喂料输送机	无松动、无漏电，能正常供料	
17		料车	能正常下料，运行稳定、匀速	15 d
18		料箱	能正常下料，无松动、无异响	
19		行车电机	能正常运转，无松动、无漏电	
20	饮水系统	笼具	无松动、无变形、配件完整，笼门开关正常	30 d
21		水线	无漏水、无松动，水压正常	15 d
22		水线开关	无破损、无漏水，能正常启闭	
23		水线乳头/水杯	无堵塞、无松动、无漏水	
24		压力控制器	水压正常，无松动、无破损、无漏水	30 d
25		加药器	无漏水，压力正常	每次加药后
26		净水器	无堵塞，能正常净水	15 d
27		智能水表	能对用水量进行记录和电子显示，按约定对用水量进行控制	30 d
28	集蛋系统	集蛋机	传动正常、链条无脱落等	1 周
29		接蛋台(爪)	无损坏，能正常去除软蛋、破蛋	每天清理
30		输蛋带	无破损、无跑偏现象	每天
31	清粪系统	电机	无松动、无漏电，运转正常	30 d
32		刮粪板	无破损、无松动、无异响，运行正常	1 周
33		输粪带	无破损、无跑偏现象	
34		滑轮	无松动、运转正常	
35		缆绳	无松动、无磨损、无断裂	

1. 层叠式笼架

层叠式笼架根据禽舍和养殖规模，可作 3～10 层设计配置，每组笼长度为 2 250 mm、宽度为 1 200 mm，每层高度 650 mm，每组笼饲养蛋鸡 60 只鸡（图 5-6）。考虑到鸡群有充足的活动空间，平均每只蛋鸡的笼床面积选择 450 cm^2 为宜，其中单笼饲养 5～6 只产蛋鸡时，鸡笼尺寸（深×宽×高）为 600 mm×450 mm×430 mm。鸡笼底网滚蛋角度一般为 8°～9°，破蛋率小于 0.5%。笼门一般采用横拉门结构，做到开启方便，鸡只在采食时，不能把头抬起来甩料，防止跑鸡和鸡啄粪的现象。

图 5-6　层叠式养殖笼架

2. 输料和喂料系统

使用层叠式笼养模式，输料过程和喂料过程全部自动化完成。采用链式、绞龙、行车三种方式，行车喂料在平料器的作用下，能保证饲料均匀投放。

微课　输料、喂料系统

（1）喂料系统构成。喂料系统由料塔、绞龙（或链盘）、输料管、行车喂料机（图 5-7）、平料器（图 5-8）、收料器（图 5-9）、料槽刷（图 5-10）、料斗盖（图 5-11）等组成。平料器，喂料过程中，装置平行运行，让下料量一致，保持饲料均匀。收料器，收集头尾端的饲料，避免浪费。料槽刷，随行车运行，使食槽、蛋兜保持干净，减少人工清扫。笼架及料车布局见图 5-12。层叠式笼养架尺寸见表 5-2。

图 5-7　行车喂料机

图 5-8 平料器

图 5-9 收料器

图 5-10 料槽刷

图 5-11 料斗盖

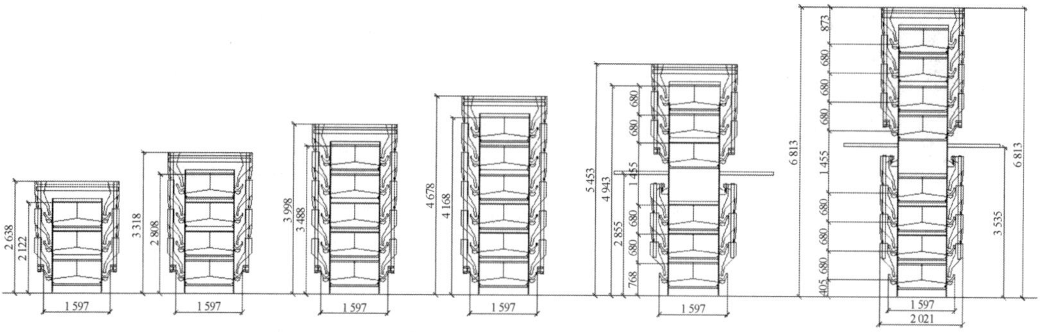

图 5-12 笼架及料车布局图(单位:mm)

表 5-2 层叠式笼养笼架尺寸

mm

项目	3 层	4 层	5 层	6 层(一体)	6 层(棚架)	8 层(棚架)
总高	2 700	3 300	4 000	4 700	5 500	6 800
笼顶高	2 100	2 800	3 500	4 200	5 000	6 300
总宽	1 600	1 600	1 600	1 600	1 600	1 600

(2)行车喂料机工作流程。

①饲料罐车把饲料送到鸡舍外的饲料储存塔中,斜向和横向输料装置按设定的时间把料塔中的饲料送到每列笼架的喂料行车料斗中。

②在最后一个行车料斗装满饲料后,横向输料装置自动停止输料。喂料行车按设定的时间往后运行,当运行到每列笼架尾端时,行车自动停下。在运行过程中,行车每层的料斗对应一条料槽,把饲料均匀地落在料槽里,平料器把料槽中的饲料铺均匀,每只鸡都可自由地采食到新鲜的饲料。

③鸡群把料槽的饲料吃完后(设定一定时间),喂料行车自动往笼架前端运行,在头架位置自动停下。运行过程中,行车再次把饲料均匀地落在料槽中,完成一次喂料程序。一天的喂料次数可自行设定。

微课 自动饮水系统

(3)喂料系统注意事项。

①喂料行车料斗离料槽底部一般在 5 cm,过高容易导致饲料外溢,过低容易导致饲料堵塞。

②定期检查料斗中有无异物、探头是否正常,料槽位置是否有变化、变形。

③定期检查绞龙或链盘、减速机等输料系统运转是否正常。

3.自动饮水系统

(1)自动饮水系统构成。自动饮水系统由上水管、过滤器、智能水表、加药器、减压调节器、水线、饮水乳头、V 形接水槽等构成(图 5-13、图 5-14)。

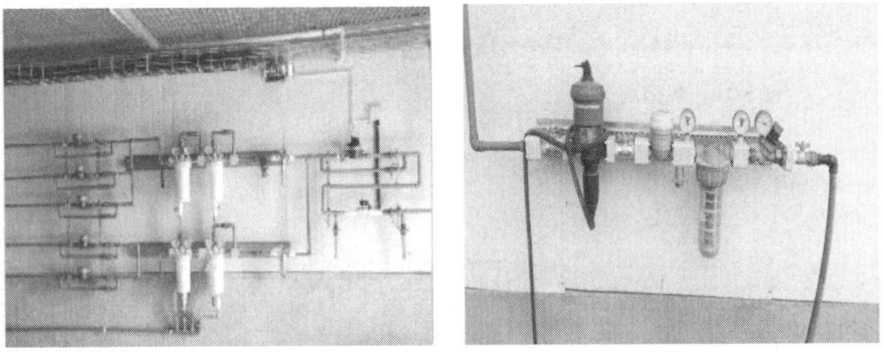

图 5-13 过滤器、加药器结构图

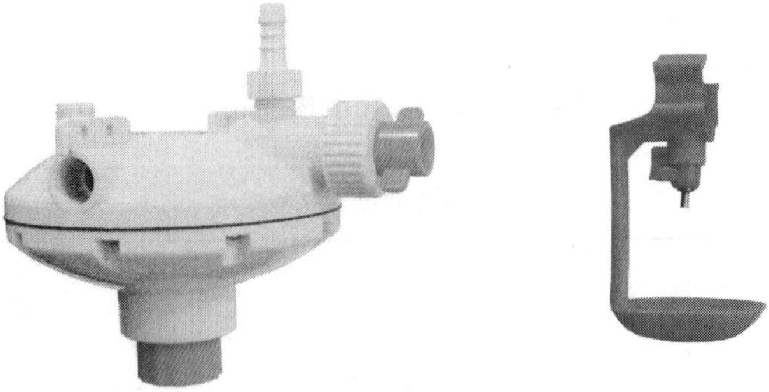

图 5-14 减压调节器、饮水乳头

(2)自动饮水系统工作流程。

①在每条水线的前端设置有过滤器、智能水表、加药器和减压调节器。进入水线的新鲜水经过过滤、减压后输送到笼架上的水管中。

②供水水线设置在每层鸡笼顶部的中间,每个笼内设置2个乳头,供左、右两边鸡笼的鸡只喝水,乳头下面设置一条V形接水槽,把鸡只喝水时溅出的水花接住,然后自然蒸发。保证鸡只喝水时溅出的水花不会掉到鸡粪里,从而避免鸡粪变湿。

③根据防疫和营养调节需要,通过加药器加入相应的药物和添加剂,通过水线供鸡饮用。

④通过智能水表的数字信息,可以了解鸡群每天的喝水情况,也可以判断鸡群的健康状态。

(3)饮水系统注意事项。

①定期检查供水系统有无漏水情况。

②定期清理过滤器、乳头饮水器,以免堵塞。

③每次加药40~60 min后必须立即冲洗水线。

微课 自动集蛋和输送系统

4.自动集蛋和输送系统

(1)层叠式鸡笼集蛋装置构成。主要由集蛋输送带、拨蛋器、集蛋升降器和中央集蛋器等部分组成。集蛋输送带安装在笼前的集蛋槽上,输送带主要选用黄麻布或帆布制成,宽10~12 cm,输送带可长达100 m,行走速度6 m/min。集蛋升降器主要用于将每层集蛋带输送的鸡蛋,收集后送至中央集蛋器。中央集蛋器主要是将各排笼架收集的鸡蛋,收集后送至蛋库或其他生产线。

(2)自动集蛋系统工作流程。工作时,集蛋输送带传来的鸡蛋被拨蛋器拨入升降器的盛蛋篮内,升降器向下缓慢转动将蛋送入集蛋台,或送入通往整理车间的总输送带上。见图5-15、图5-16。

自动集蛋和输送系统是层叠式蛋鸡笼养设备的重要组成部分。在鸡蛋的收集和输送过程中,任何一个环节都可能影响破蛋率的高低。为了使整个集蛋和输送过程取得最好的效果,集蛋系统在设计时考虑了以下两个问题。

①设置软破蛋去除装置。在鸡蛋收集和输送过程中,靠的是鸡蛋平行移动和滚动,软蛋由于皮软而不能滚动,所以在集蛋机的出口与中央集蛋器过渡连接处常常发生堆积,阻止正常鸡蛋顺利通过。

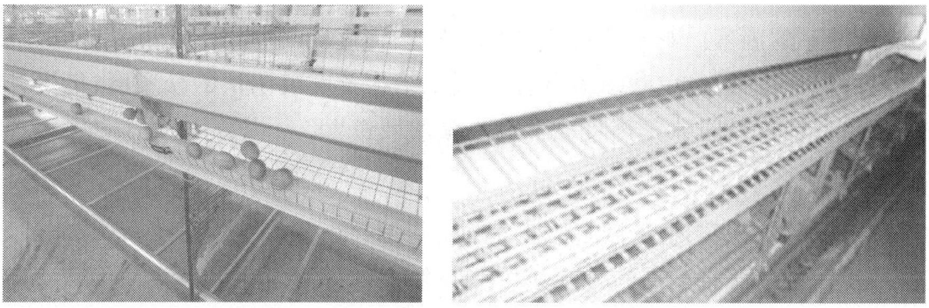

图5-15 集蛋输送带

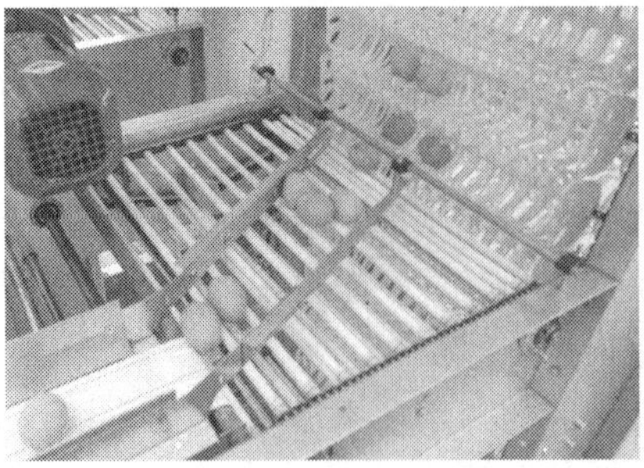

图 5-16 集蛋升降机及拨蛋器

为解决这个问题，在鸡蛋进入集蛋机之前，设置软蛋去除装置。从鸡笼集蛋输送带输送过来的鸡蛋，在进入集蛋机之前去除软蛋和破蛋，可避免上述情况的发生。

②设置拨蛋器。在集蛋机出口与中央集蛋器连接处设置拨蛋器，鸡蛋从集蛋机出来后，直接滚往中央输蛋线，由于出蛋爪有一定的角度，容易导致鸡蛋在滚动过程中在冲力的作用下相互碰撞，产生破蛋。

通过设置拨蛋器，从集蛋机出来的鸡蛋经过拨蛋器的缓冲，以排列方式轻轻滚到中央集蛋器输蛋线上，避免鸡蛋之间发生碰撞，从而顺利地过渡到中央集蛋器输蛋线上，通过中央输蛋线把鸡蛋送到蛋库进行分级处理。

在鸡蛋生产过程中使用自动集蛋和中央输蛋系统后，能大大节省人力、降低破蛋率(图 5-17)。

图 5-17 中央集蛋器

(3)影响破蛋率的因素。鸡笼底网光滑度、坡度、强度问题；输蛋带的安装位置及角度；软蛋分离装置上面的导流板高度；集蛋升降器的蛋爪结构及安装调试的松紧度；集蛋升降机到蛋台或是中央集蛋器的边沿间隙等都可能影响鸡蛋的破蛋率。

5.环境控制系统

自动通风降温系统是实现层叠式智能笼养的基础。由于高密度饲养采用全封闭式鸡舍，舍内的气候环境完全依靠自动通风降温系统来控制。如果自动通风降温系统不完善，就会对鸡群生产产生非常大的影响。

目前，鸡舍智能环控系统主要采用的是负压风机、导风板(图 5-18)、水帘、横向风机、喷雾系统、水暖供热系统等。

图 5-18　鸡舍导风板

6.清粪系统

(1)清粪系统构成。层叠式笼养设备的清粪系统包括:输粪带、刮粪板、大滚轮、注胶轮、链条、调节轴承、尾架菱形轴承、驱动电机、横向粪带等;由铺设于每层笼架下的输粪带及鸡舍尾端的横向输粪带两部分组成。

(2)清粪系统工作流程。每层鸡笼下面铺设有一条纵向清粪带,每层鸡群的鸡粪零散地落在清粪带上,在纵向流动空气的作用下,鸡粪中的大部分水分被带出舍外,鸡粪含水量大大降低(图 5-19)。

图 5-19　纵向清粪系统

根据鸡的日龄,设置清粪周期,雏鸡一般 24 h 清理一次,成年鸡一般 12 h 清理一次。

到达系统设定的清粪时间后,驱动电机启动,带动清粪带缓慢转动,在清粪带的末端装置有清粪刮片,随着清粪带的转动鸡粪落入横向集粪池;集粪池中的刮板电机启动,将鸡粪送入横向清粪带(图 5-20)。

由于鸡粪在鸡舍内得到了分层风干,被清出舍外的鸡粪多为颗粒状,可以直接加工成复合肥或卖给农户,既提高了经济效益,又避免了环境污染。

由于每天定时清粪,鸡粪在舍内没有发酵,再加上每次清理得比较干净,所以鸡舍内的氨气浓度较低,舍内空气清新,为鸡群的生长创造了良好的条件,减少了疾病的发生,为无公害高品质蛋品的生产打下了基础。

图 5-20　刮粪板及横向清粪系统

5.2.3　育雏育成智能养殖设备

育雏育成智能养殖设备主要由笼架系统、喂料系统、饮水系统、清粪系统、光照系统等组成(图 5-21)。

图 5-21　育雏育成智能养殖设备

1. 层叠式育雏育成养殖设备的特点

(1)笼架中的料线、水线可以根据鸡的不同日龄调整高度。

(2)鸡笼底部铺设有暖水管,在冬、春时期育雏初期实行局部供暖。

(3)没有集蛋系统。

2.层叠式育雏育成养殖设备优势

(1)可饲养 0～105 d 的育雏育成鸡,育雏育成一批次养殖,减少鸡的周转,应激死亡率低,鸡生长均匀,单栋饲养 4 万～10 万只。

(2)高密度饲养,比阶梯式节约用地 70%,饲养密度可提高到 62 只/m^2;产蛋鸡育雏育成阶段在同一笼具内饲养,减少了鸡只由于转群出现的应激。

5.2.4 种鸡智能养殖设备

种鸡智能养殖设备主要由笼架系统、喂料系统、饮水系统、清粪系统、集蛋系统、光照系统、环控系统等组成(图 5-22、图 5-23)。

特点:笼架空间大,增加了门洞,增加受精概率,提高受精率。

图 5-22 种鸡智能养殖设备

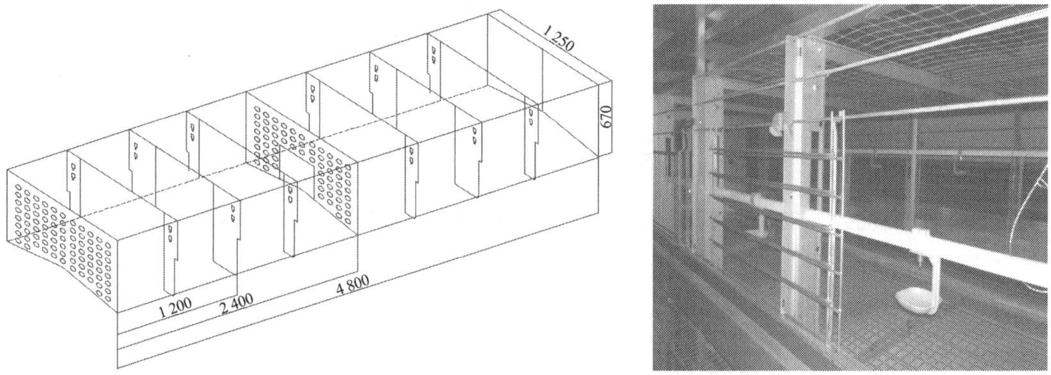

图 5-23 新式本交笼布局图(单位:mm)

5.2.5 层叠式蛋鸡智能养殖设备

层叠式蛋鸡智能养殖设备主要由笼架系统、喂料系统、饮水系统、清粪系统、集蛋系统等组成(图 5-24)。

饲养密度高,单栋饲养 4 万～10 万只鸡,节约土地资源,适用于大规模养殖;低耗能,低修建成本和低管理成本；每层有清粪带，减少环境污染，提高鸡粪利用率。

图 5-24　层叠式蛋鸡智能养殖设备

5.2.6　层叠式肉鸡智能养殖设备

层叠式肉鸡智能养殖设备主要由笼架系统、喂料系统、饮水系统、清粪系统、称重系统等组成(图 5-25)。

同育雏育成系统的区别在于没有供暖系统，水线、料线不可调，但增加了称重系统、自动卸鸡装置。

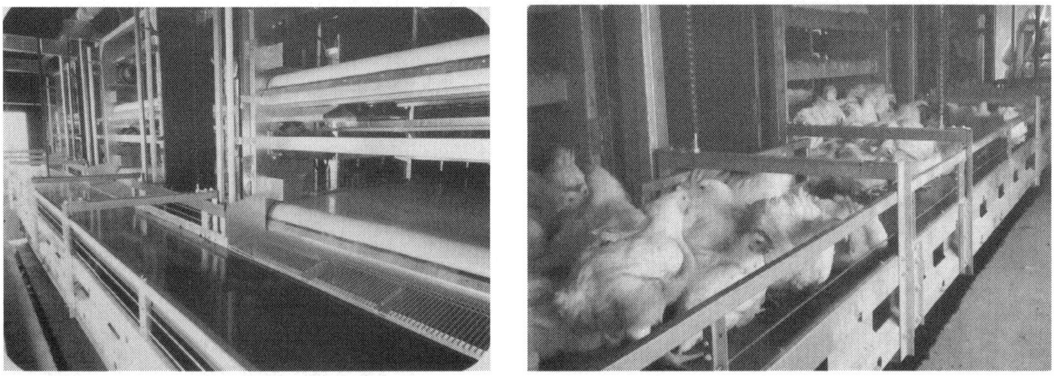

图 5-25　层叠式肉鸡智能养殖设备

5.2.7　层叠式笼养饲养管理要点

1.层叠式笼养模式的优点

占地面积小，空间利用率高；饲喂、饮水等全自动化控制，减少了操作人员，降低了劳动强度，提高了劳动生产率；采用全封闭饲养模式，有利于预防传染病的发生，提高了鸡群的生产性能。

2.层叠式蛋鸡笼养模式下鸡群管理要点

(1)鸡群上笼时间。由于多层重叠笼养，抓鸡不方便，蛋鸡上笼时间可适当延长，在个别鸡产蛋时上笼，把需要免疫的疫苗如新城疫、传染性支气管炎、禽流感、减蛋综合征等疫苗全部免疫完。

(2)饲料更换。当鸡群产蛋率达5%时，将产前饲料更换为高峰料。换料要经1周时间的过渡。饲料要保持品质优良，营养成分稳定，不要随意更换成品饲料和原料。

3.观察鸡群

(1)观察鸡群精神状态和粪便情况。通过传感器、监控视频等检测各项指标，并辅助人工观察。

清晨开灯后要注意鸡舍内有无异常气味，如奇臭难闻、刺鼻、刺眼，说明鸡舍通风较差或已发生消化系统疾病，如大肠杆菌病等；粪便颜色是否正常，如出现大量的黄绿色粪便和黄白色粪便，要考虑鸡群是否曾受到较大的应激，是否有发生新城疫的前兆，应及时进行新城疫抗体检测；粪便是否既干又少，要考虑饮水器出现故障或刚转群鸡只饮水不足或根本无法饮水的情况；有无精神萎靡不振的病鸡和死鸡，病死鸡立即由兽医师进行剖检和病理检查。

(2)采食和饮水量。要随时观察料槽、水槽的数量、高度是否适应鸡的采食和饮水，及时调整饮水系统的高度，查看、对比鸡采食的速度和数量，调整饲养密度。

(3)鸡群产蛋状况。每日观察鸡群产蛋状况，如数量变化、蛋的大小、蛋壳质量、颜色、破损情况和软蛋比例，以此判断饲料和光照措施是否得当，有无潜在疾病。

4.淘汰鸡

仔细观察鸡群，及时淘汰病弱残鸡，及时捡出死鸡，重点注意高层鸡。

5.定期进行抗体检测

新城疫、禽流感应定期检测抗体，根据抗体变化情况，及时免疫。

任务5.3 家禽智能养殖软件系统

智能养殖软件系统是专门针对家禽行业研发的，可以安装在服务器上，也可以安装在PC机上；可以通过电脑操作，也可以在手机等移动端远程操作，配置灵活，最小管理单元为单棚舍，可配置和管理多棚舍的养殖场。

5.3.1 养殖管理软件的功能

(1)环境自动监测。自动收集、存储和管理养殖过程中的多种环境数据，包括温度、湿度、氨气浓度、二氧化碳浓度、一氧化碳浓度、光照强度、通风负压、室外风向和风力强度等传感器数据。

(2)设备智能控制。对各类养殖设备进行有效的控制，包括加热、湿帘、照明、小窗控制、风机控制、上料控制、清粪控制等。

(3)参数设置与预警。能够通过设置各类参数的阈值，对报警进行实时监控。

(4)养殖场管理。包括天气、消息提醒、养殖场管理、上雏管理、饲养日志、出栏管理、专家答疑、业务投诉、云禽大学、养殖数据分析等。

(5)行业资讯推送。包括行业头条、行情日报、价格查询、价格走势图、行业交流论坛等。

(6)商务合作服务。包括产业金融服务、养殖服务、环保模式、网上商城、原料结算、养殖户信用分等。

(7)环境感知与调控,根据不同身份设置不同的操作权限,防止误操作和非法操作。

5.3.2 红外热成像技术检测家禽体温

红外热像仪是利用红外探测器和光学成像物镜,接受被测目标的红外辐射能量分布图形反映到红外探测器的光敏元件上,从而获得红外热像图,这种热像图与物体表面的热分布场相对应。通俗地讲,红外热像仪就是将物体发出的不可见红外能量转变为可见的热图像。

在家禽的立体养殖中,由于饲养密度较大,使得疾病在鸡群内的传播变得容易,通过红外成像技术来检测家禽的体表温度,并结合智能图像算法,自动识别异常温度,根据家禽疾病相关的知识,自动地辨别出温度异常家禽个体和群体,及早提醒养殖户做好疾病预防和控制。商品鸭的红外热成像扫描如图 5-26 所示。

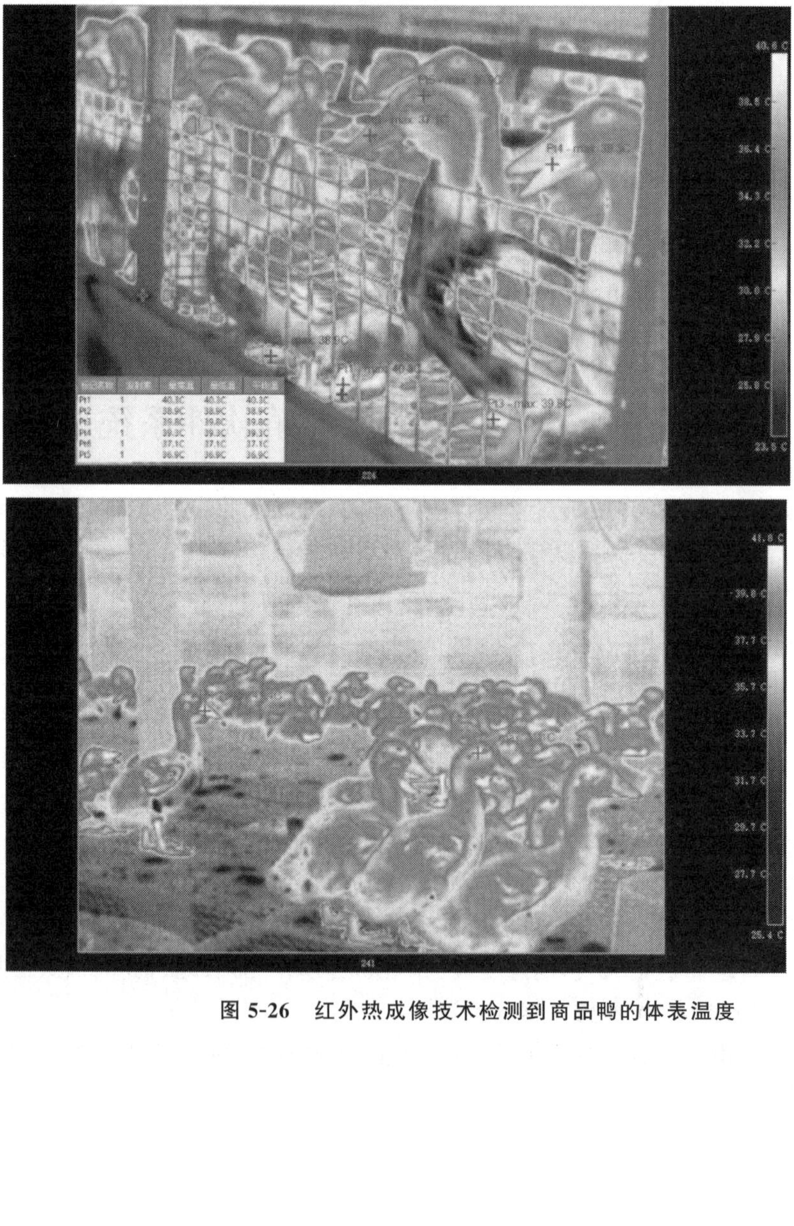

图 5-26 红外热成像技术检测到商品鸭的体表温度

思考题：

1.请简要介绍巷道式孵化机的工作过程。

2.层叠式智能养鸡模式由哪些系统组成？使用中要注意哪些问题？

3.请描述鸡蛋从笼架到包装的流程，你还有哪些好的改进方法？

4.层叠式育雏育成养殖系统与肉鸡养殖系统有哪些区别？

5.层叠式笼养模式其喂料系统由哪几部分构成？请简述喂料行车的工作过程。

6.请结合课程学习，从环境控制、可视化监控、圈舍结构、智能饲喂等方面，设计一个智能化蛋鸡场的建设方案。

项目6 智能养牛

知识目标

了解奶牛数字化生产管理系统的功能、系统构成及特点。

了解奶牛智能化养殖管理系统的结构、主要功能和使用方法。

了解犊牛智能饲喂设备的功能、饲喂方式及注意事项。

了解智能牧场的特点、系统构成及主要功能。

能力目标

掌握奶牛智能化养殖管理系统的使用方法。

掌握智能牧场系统平台的使用方法。

掌握 TMR 智能饲喂系统的结构及使用方法。

掌握机器人挤奶系统的工作过程及使用方法。

素质目标

增强对我国草食动物养殖水平的认识，增强对自主品种培养、智能养殖水平提升的紧迫感、责任感、使命感。

培养学生钻研养殖技术的职业精神。

任务 6.1 奶牛数字化生产管理系统

微课 奶牛场数字化管理系统

随着畜禽养殖技术、配合饲料技术、疾病防治技术、场地环境控制技术以及自动化技术的发展，奶牛养殖正逐步向集约化、工厂化和信息化管理方向发展。20 世纪 90 年代初，广州、上海部分奶牛场引进美国、加拿大的奶牛养殖管理软件，到 90 年代末，北京、上海等地推出了自主开发的奶牛管理信息应用软件。进入 21 世纪后，逐渐开发出符合现代奶牛场管理、综合性强、易操作的奶牛场管理专家系统。系统主要包含：牛群管理、饲养管理、繁殖监控、产奶管理、各种生产和统计分析报表等。

随着奶牛场管理软件技术日趋成熟，通过奶牛数字化生产管理系统的应用，实现了生产数据的标准化管理和统计分析，实现了对生产环节的实时监控，这对建立奶牛标准化养殖体系，提高奶牛业整体水平具有重要意义。

6.1.1 系统建设目标

建设使用奶牛数字化生产管理系统，主要实现以下目标：

（1）为奶牛建立完整的档案信息，并对数据信息进行分类管理与维护。

（2）以奶牛信息资料为基础，实现繁殖育种、泌乳管理、疾病防治等奶牛生产的全过程信息化管理。

（3）实时对奶牛生产管理过程的数据进行汇总、统计、分析，并形成报表。

（4）对奶牛生产各个环节进行实时监测、智能提示，远程管理。

6.1.2 系统软件功能要求

系统根据我国奶牛场生产管理特点，以信息技术为基础，全面支持奶牛生命周期、泌乳周期的规范化、智能化管理。系统在设计上能够满足建立完整的牛只档案管理和动态牛群管理体系；智能化的任务派工和技术提示帮助；专业知识支撑下的疫病防治管理；生产经营状况的实时监管。

6.1.3 软件功能模块设计

根据系统的总体需求，奶牛场数字化生产管理系统由牛场管理模块、生产管理模块、经营管理模块、统计分析模块四个部分构成(图 6-1)。

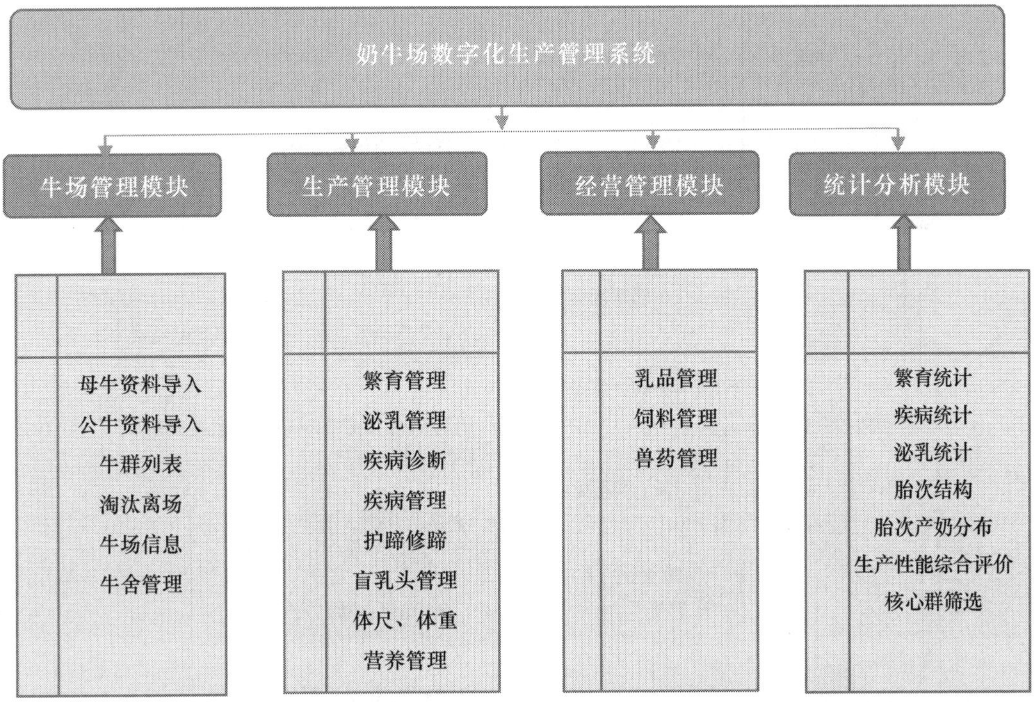

图 6-1 奶牛场数字化管理系统功能结构图

1. 牛场管理

牛场管理模块是奶牛场管理的基本功能，主要包括牛只资料信息采集、牛群列表功能、淘汰离场、牛场信息、牛舍管理和员工管理等子模块。

2. 生产管理

奶牛生产模块包括繁育管理、泌乳管理、疾病诊疗、疾病管理、护蹄修蹄、盲乳头管理、体尺体重管理等子模块，涵盖奶牛生产的全过程，是系统的核心模块。系统以奶牛个体为信息追踪单位，以奶牛资料卡为基础，记录奶牛的繁育和泌乳信息，并对奶牛的日常健康状况进行实时监测，对奶牛常见疾病进行辅助性诊断治疗，同时记录统计疾病诊疗情况。根据奶牛场的实际生产状况，系统设计发情、配种、初检、复检、干奶、分娩、断奶和产后监控等繁育环节，分娩后的奶牛又进入泌乳周期循环，两者合为一个生产周期，使泌乳生产周期与繁育生产周期相统一，形成一体化的生产管理流程。如图 6-2 所示。

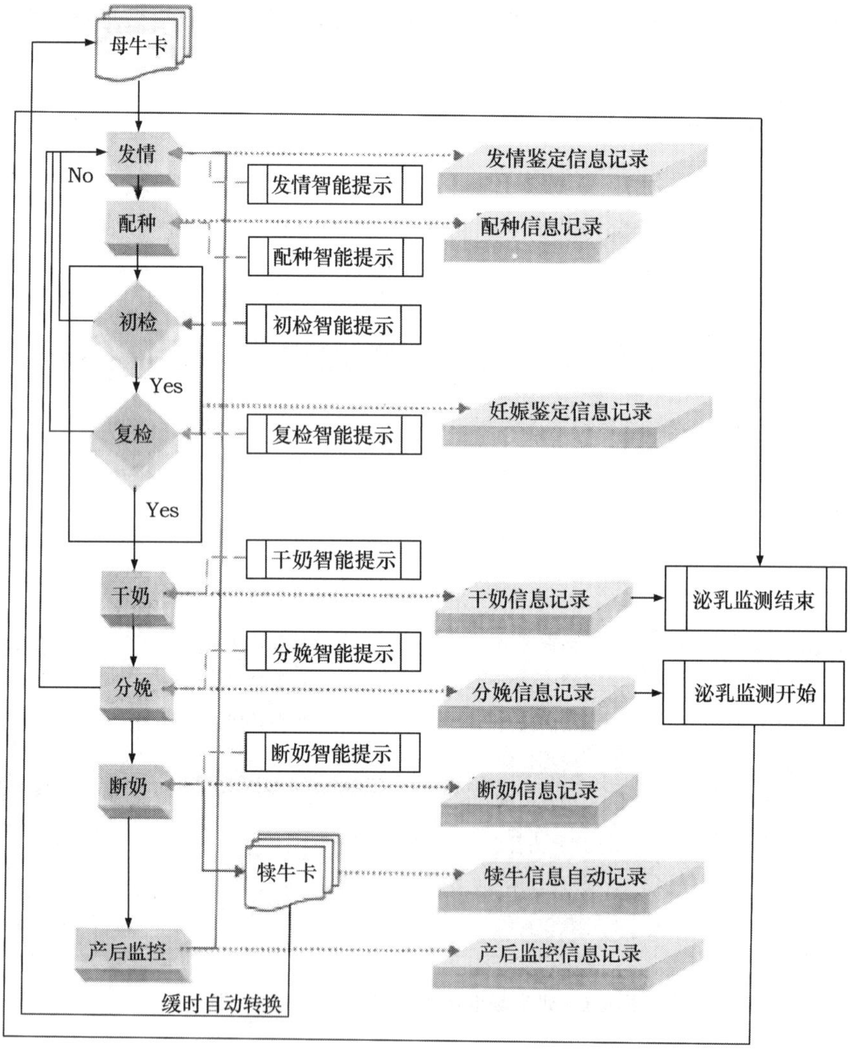

图 6-2　奶牛生产管理自动检测系统

3.经营管理

经营管理主要包括乳品管理、饲料管理、兽药管理等模块。

(1)乳品管理。乳品管理子模块包括鲜奶管理、鲜奶检测和乳品产销量统计等功能。其中,鲜奶管理按照鲜奶销售单,对乳品公司确认量、奶质、应收款、实收款等进行记录与统计;鲜奶检测管理按照鲜奶检测单,对干物质、脂肪、蛋白质、奶价、微生物、非脂乳固体、冰点等进行记录与统计;乳品产销量统计管理按照乳品销售单,对日产量、单产、自用量以及销售确认量等进行记录与统计。

(2)饲料管理。饲料管理子模块主要采集、保存饲料出入库信息。系统对饲料出入库日期、饲料类型、名称、单价、数量、金额等数据进行记录统计。统计过程既可只按时间汇总,也可先将饲料归类再按时间汇总,最终结果以表格形式给出。

(3)兽药管理。兽药管理子模块主要保存兽药出入库的信息,包括兽药出入库日期、药品类型、名称、规格、单价、数量、金额等。

4.统计分析

统计分析模块主要针对奶牛的生产情况进行统计,主要包括繁育统计、泌乳统计、疾病统计、胎次结构和胎次产奶量分布统计。通过生成各种数据报表和统计图,及时发现奶牛场生产管理中的问题及原因,并做好改进。奶牛场数字化生产管理系统数据库结构图见图 6-3。

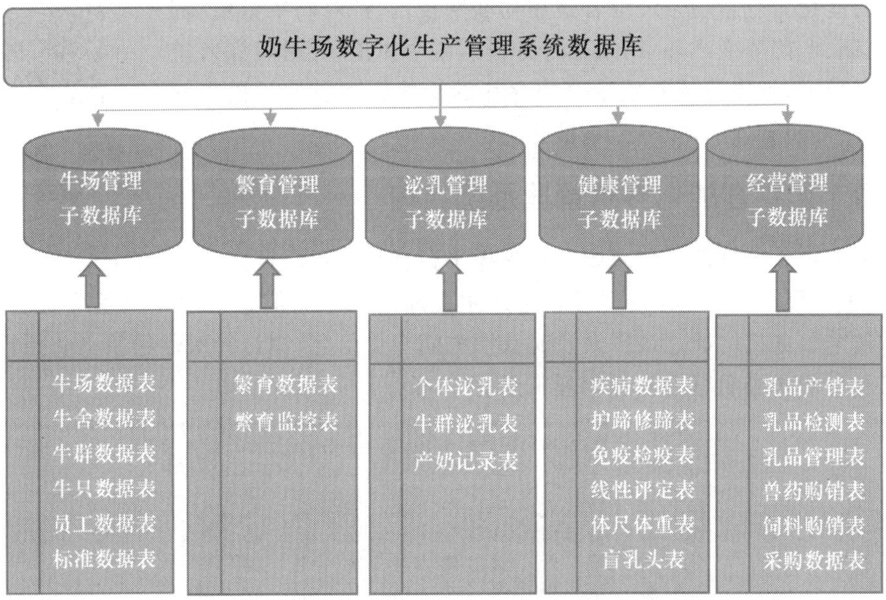

图 6-3　奶牛场数字化生产管理系统数据库结构图

6.1.4　系统特点

1.生产管理过程标准化

目前,我国奶牛养殖标准化还存在"标准不全、指标落后、标准化意识滞后"等问题。奶牛数字化生产管理系统实现了奶牛养殖的全过程标准化、数字化管理,利用系统的实时监控,对未能达标的指标及时进行提示，使标准化的奶牛繁育技术、疾病诊疗技术、乳品质量控制技术应用到实际生产之中，从而实现全过程的标准化管理，提高奶牛综合生产技术水平。

2.生产环节实时监测

奶牛场中发情、配种、妊娠检查、分娩、泌乳等各类指标采集任务量大，如采集不及时必然会给生产带来损失。奶牛数字化生产管理系统以奶牛基本信息为基础，以奶牛生长、生产过程为时间轴，对奶牛日常的生产任务特别是繁育任务进行实时监测，把异常信息实时推送给管理员。

3.生产数据分析及预测

系统的统计分析模块可以对奶牛的各项生产数据进行统计分析，如繁育数据、泌乳数据、生长数据、发病数据、奶牛场经营数据等。同时，以文字、图表、报表等形式进行反馈。根据数据分析结果和预测信息，管理员能够对牛群的实际情况做出客观、准确、科学的判断，从而提高经济效益。比如，系统会把奶牛信息表中繁殖状态为发情的牛只统计出来，将发情日期与当前日期进行比对，提醒管理员需要对该牛进行配种处理。

任务 6.2　奶牛智能化养殖管理系统

奶牛智能化养殖管理系统综合运用物联网技术，针对奶牛繁殖、饲喂、疫病控制、产奶等生产环节，采集并分析奶牛个体指标数据，深入挖掘奶牛生产潜力，解决传统养殖生产中存在的粗放管理及效益损失问题，实现奶牛养殖管理的科学化、精准化。

微课　奶牛智能化养殖系统

6.2.1　奶牛智能化养殖管理系统结构

奶牛智能化养殖管理系统主要包括支撑平台、网络系统、存储系统、安全系统、饲养管理系统、防疫管理系统等。奶牛场养殖生产管理主要通过奶牛场信息管理应用系统完成。行业主管部门和技术服务机构通过该平台及时获取疫病专业信息，制订针对性的精确防控措施，提高科学养殖和疫病防控的综合信息管理水平（图 6-4）。

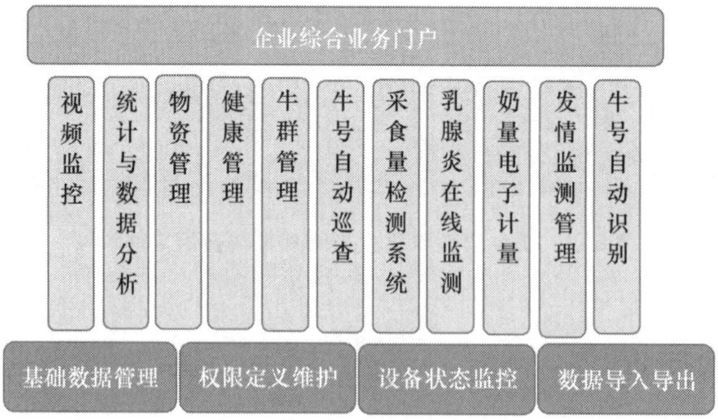

图 6-4　奶牛智能化养殖管理系统功能结构图

6.2.2 系统的主要功能

1.牛号自动识别

通过给奶牛佩戴耳标或脚踝佩戴 RFID 电子标识，对奶牛进行身份管理。电子耳标芯片内部存储了代表牛唯一身份的企业编码和国家牲畜编码，用于建立奶牛个体电子养殖档案。

主要功能如下：

(1)牛号分配。新引进奶牛或犊牛分配管理编号，并写入电子芯片。

(2)牛号绑定/解除绑定。将管理编号与芯片 ID 号在数据库绑定，也可通过修改功能，解除绑定关系。

(3)挤奶台牛号自动识别。当奶牛进入挤奶台时，系统自动识别牛号并通过中控台输出奶牛信息(月龄、胎次、平均产奶量、患病史等)。

(4)牛号人工输入/修改。当因耳标掉标或漏读等因素导致无法识读时，软件支持人工输入或修改耳标号码。

(5)支持低频/高频/超高频等电子标识。软件支持符合 ISO 11784/11785、ISO 14443、ISO 18000－6C 等主要电子耳标协议标准，兼容国内外大多数符合该标准的产品。

2.发情自动监测

传统的发情监测完全依靠兽医观察，要想做到及时发现奶牛发情是件非常困难的事情，尤其在夜间更是无法观察奶牛的发情行为，因而时常错过奶牛的发情期而不能及时配种，导致泌乳牛和青年牛的生产潜力得不到有效利用，降低了生产效率。利用佩戴在奶牛腿部或颈部的电子计步器，可以自动采集奶牛站立、静卧、行走、爬跨等活动数据，发现奶牛发情期的活动规律，决定最佳配种时机。电子计步器主要功能：

(1)奶牛发情提示。软件根据采集的奶牛活动量数据计算其发情指数，当奶牛连续时段的活动量超过非发情期 2～3 倍及以上，系统将自动预警该头奶牛可能进入发情期，并报告该头奶牛发情盛期的起始时刻。

(2)最佳输精时间建议。系统根据奶牛历史配种记录，结合奶牛发情期起始时刻，综合计算出输精最佳时刻。

(3)奶牛妊娠判断。当已配种奶牛，自配种之日起 21 d 后，仍出现活动量异常增加并符合发情特征数据的，系统自动提示配种可能失败。

(4)肢蹄病提示。当奶牛个体日活动量明显减少，或步伐存在异常时，系统自动提示该奶牛可能患有肢蹄病，建议进行药浴治疗。

(5)活动量异常提示。当奶牛活动量指数突然上升或下降时，系统自动提示，通知管理人员进行现场查看。

3.产奶量电子计量

系统通过接收在挤奶设备上安装的流量传感器数据，实时采集每头奶牛每个班次产奶量数据，监测产奶量的异常波动状况，及时分离进入干奶期的奶牛。准确获知每头奶牛每天的产奶量数据，对评估奶牛的生产性能、计算产出效益具有重要作用。

系统可实时监测每头奶牛挤奶过程中的奶流量变化数据，自动生成泌乳流速曲线图，为乳腺炎诊断及乳房保健提供基础数据。

4.乳腺炎在线监测

患乳腺炎的奶牛典型特征是乳中体细胞数上升，电导率值增加。研究表明：原奶电导率与体细胞数在统计学上显著相关，根据该原理测定电导率判断隐性乳腺炎是可行的。利用该原理研制的传感器能在挤奶过程中实时监测牛奶电导率变化情况，监测牛奶体细胞，帮助兽医及时掌握奶牛乳房健康状况，为乳腺炎早期发现和诊断提供技术依据。

电导率检测法优点：在线测量、无须制备样品、成本低。主要功能：自动采集泌乳牛原奶电导率数据；采集泌乳班次前、中、后三段电导率数据；自动生成原奶电导率与体细胞数关系图；列表显示泌乳牛每天（3～4 班次）原奶电导率数据；列表显示泌乳牛每天（3～4 班次）平均体细胞数据；疑似乳腺炎患病牛预警；乳腺炎治疗牛体细胞数跟踪、监控；异常数据修正。

5.采食量监测系统

奶牛个体采食量、饮水量数据管理是奶牛养殖生产实践上重点关注的内容。个体采食量、饮水量数据对于监控奶牛健康状况、计算饲料转化率和投入产出比、提高奶产量和质量具有重要意义。

系统实时监测每头奶牛的采食量和饮水量，自动生成个体采食量分析报表。自动采集奶牛采食活动数据；采食活动数据与实际采食重量自动转换；采食量按饲料成分分解；列表显示不同牛群的日粮摄入数据；列表显示不同牛群的单一饲料采食量；采食量异常数据报警；自动生成个体牛任意时间段采食量数据曲线及报告；异常数据修正。

6.牛号自动巡查系统

在生产管理上，时常发生奶牛混群现象（不同泌乳阶段或不同奶产量的奶牛混入其他牛群），干扰了正常的分群管理。利用无线射频技术，采用远距离超高频标识扫描系统，可以实时监控存栏奶牛状态和位置。当发生奶牛混群或丢失情况时，系统可立即报警，提醒工作人员及时分群，避免经济损失。在牛舍出入口处安装读卡器，当进出奶牛不归属该牛群时，系统自动发出报警信息，自动采集进出某牛舍的牛号，并以列表方式显示；自动统计每个养殖区域或牛舍的牛群数量，自动核对；显示处于非正常区域的牛号及奶牛档案信息；异常闯入报警。

7.牛群管理

为了对存栏奶牛进行高效管理，需要根据奶牛不同生长阶段和泌乳周期对牛群分类，进行动态管理。系统支持用户定制化分类管理，用户可根据场内的分类方法自定义分类类别，通过软件自动筛选将牛只信息添加到各分类。

如果用户设定好分类的时间及预期时间，系统据此自动分类。当引进奶牛或奶牛淘汰出场时，软件支持对奶牛分群信息进行维护。主要功能：牛号、性别、月龄、品种、来源、毛色、照片等基本信息录入；牛号、性别、月龄、品种、来源、毛色、照片等基本信息修改；泌乳状态信息维护（发情、妊娠、产犊、泌乳、干奶）；浏览全场/牛舍存栏牛信息；根据查询条件查询个体奶牛基本信息；奶牛父号、母号信息录入和维护（谱系）；防止近亲繁殖报警。

8.健康管理

当奶牛因患疾病需要治疗时，系统支持兽医录入奶牛诊断记录、治疗措施及用药情况，跟踪奶牛的健康恢复状况并每日给出工作提示。主要功能：牛号、患病原因、治疗措施及用药信息录入；根据牛号查询个体奶牛患病历史档案；根据病种、胎次、月龄等条件查询牛群基本防治信息；免疫/接种信息录入；免疫/接种信息查询；兽医每日工作提示等。

9.物资管理

奶牛场物资管理主要包括对饲料、兽药、添加剂等消耗品以及工具、设备等资产管理。系统主要功能：物资编码管理；入库登记；出库登记；库存盘点；库存平衡；库存统计与报表；库存查询等。

10.视频监控

采用局域网进行通信传输，将高清摄像机采集的图像通过局域网络上传至监控室，由监控室进行视频的监控、存储以及摄像机云台的控制等。

11.数据统计与分析

报表展示功能是对数据库数据进行各种统计并输出报表。分为按全场统计、按生产区统计、按栋统计、按个体统计等。统计内容主要以日报、周报、月报、年报对工作量汇总、工作内容明细进行统计。

12.系统管理功能

主要包括设备管理、角色管理、字典管理、模块管理、报表视图管理、报表制作用户管理等。

任务 6.3 犊牛智能化饲喂系统

犊牛是养牛场的后备力量，是牛群发展的基础。母犊牛的培育水平直接影响着其成年后的生产性能。近年来，部分牛场犊牛年淘汰率达10%以上，给牛场经济、牛群增值包括后续生产造成了巨大损失。影响犊牛淘汰率的因素很多，如犊牛培育期的安全卫生管理、犊牛舍环境以及犊牛阶段的饲养管理等，其中，犊牛饲养管理是其重要影响因素。提高犊牛的饲养管理水平、培养健康犊牛、提高犊牛成活率是牛场生产的基础，也是提高牛群质量、创建高产牛群的保证。

微课 犊牛智能化饲喂系统

智能犊牛管理系统运用全新的感应装置和犊牛参数，对犊牛饲喂量、采食速度、健康状态以及成长发育等参数进行评估判断，提示管理人员及时进行改进。

6.3.1 犊牛智能饲喂设备

1.智能颈标

犊牛出生后，为每一头犊牛佩戴表明唯一身份的颈标（或耳标、脚环），通过颈标芯片记录犊牛行为活动等相关信息，进行疾病早期侦测，从而减少药物使用；通过颈标LED辅助，提高动物监测、管理效率；利用智能手机、电脑、平板等通过联网进行远程控制（图6-5）。

图6-5 犊牛智能颈标
（引自：犊牛妈妈产品介绍）

2.清洁饲喂盒

清洁饲喂盒具有全自动循环清洗功能，可清洗吸输水管、奶嘴以及所有鲜奶输送管道部件。每日自动清洗数次，可选择使用一种或两种清洗剂（酸性或碱性）。通过饲喂盒内的切换阀，控制切换鲜奶输送管道及回流管道。

饲喂盒配有可翻转的奶嘴，适应犊牛行为天性；通过感应犊牛采食中对奶嘴的冲击力，识别犊牛的健康问题（图 6-6）。

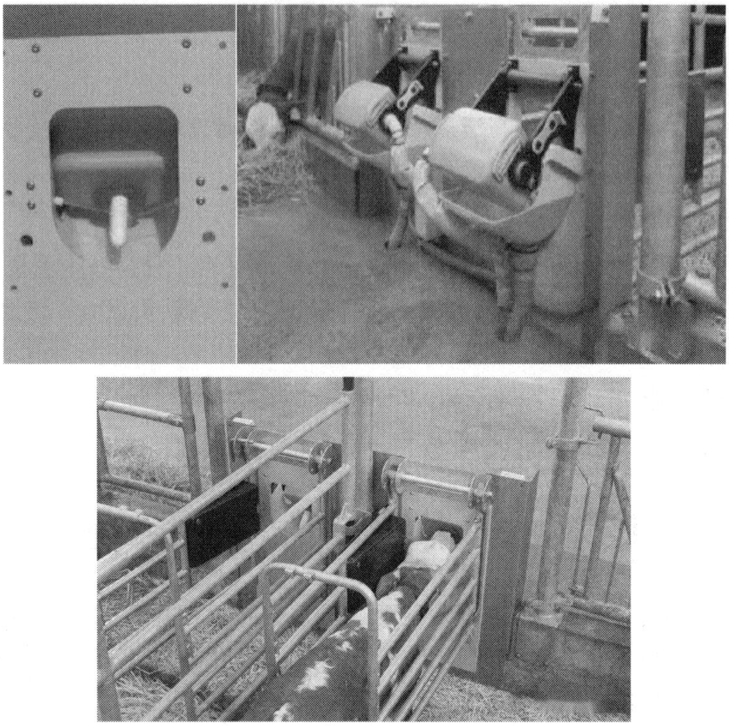

图 6-6　犊牛清洁饲喂盒

（引自：犊牛妈妈产品介绍）

3.智能饮水站

在提供清洁饮水的同时，通过监测饮水状态、饮水量等，提供有关健康状态和瘤胃发育程度的参数，预防断奶期间的生长问题。也适用于已断奶的犊牛（图 6-7）。

图 6-7　犊牛智能饮水站

（引自：犊牛妈妈产品介绍）

6.3.2 犊牛智能化饲喂技术

新生犊牛初乳期的饲养主要采用人工哺喂初乳或者犊牛自行吸食母乳两种方式。人工饲喂不仅劳动强度大、饲喂效率低，而且受饲喂工技术水平影响较大，易出现不严格按照定时、定量、定温的原则进行饲喂和卫生达不到要求的现象，如饲喂搅拌不均匀、饲喂温度控制不精确、饲喂用具清洗不彻底等，都会对犊牛的生长造成影响。智能化犊牛饲喂系统可以解决犊牛饲喂定时、精确配比投料等问题，实现犊牛饲喂的科学化、智能化、精确化。

1.犊牛智能化饲喂原理

通过使用饮奶站，实现犊牛智能化饲喂。当犊牛走进饮奶站后，设置在饮奶站上的自动识别系统读取犊牛的耳标，获取犊牛的个体信息，自动饲喂机即准确知道犊牛应该饮用的奶量，随即加热一定量经过杀菌的鲜奶，从而制备一份温度适宜的牛奶(饮用温度为 39℃)供犊牛吸食。由于采用个体识别饲喂，不同年龄的犊牛可以成群喂养，一台饲喂器也可用于两个独立的牛群。犊牛不到饲喂器进食时，自动饲喂机将列出未进食犊牛的名单并在系统中进行提示，以便饲养员及时关注这些犊牛。

2.犊牛智能化饲喂方式

对 1～3 日龄的新生犊牛要饲喂初乳；对 4～6 日龄的犊牛饲喂鲜奶。可使用具备牛奶加热、搅拌等功能的送奶手推车。全奶或异常乳均经巴氏消毒后饲喂犊牛，需要注意鲜奶的保存及饲喂时的奶温控制。

对 7～60 日龄的犊牛可以采用群养智能饲喂。

(1)训练阶段。训练犊牛适应自动饲喂系统，以便犊牛自行入站采食。

(2)犊牛自动饲喂阶段。犊牛进入饲喂站，饲喂机自动进行颈标(耳标)识别和系统判别，制备一份满足该犊牛需要的牛奶供犊牛饮食。

当出现以下异常情况时，系统自动处理或提示：不配置供奶；已经满足饲喂方案要求，还未达到下次饲喂时间；犊牛频繁进出饲喂站，但均未达到单次饮奶量；犊牛极少进出饲喂站。

同时采取以下措施：①系统记录，提醒饲养员，是否提高饲喂量。②系统预警，通过训练泵训练犊牛适应饲喂系统。③系统记录，供饲养员检测。当满足饲喂条件时，系统识别该次应饮用的奶量，即自动配置饲喂。正常饲喂时，电脑终端实时监控犊牛饮乳状况以及健康情况，自动产生 EXCEL 表格，以供饲养员监控、存档、统计使用。

如果出现未满足饲喂量和饮乳流速过快以及饮奶流速过慢等饲喂情况异常时，会采取以下处理方式：①系统记录，预留饲喂量。若影响到当日饲喂总量，系统预警。②系统记录，供饲养员查看以决定是否提升饲喂量。③系统记录，供饲养员查看是否存在病牛。

(3)饲喂方式。根据 0.5～5 kg/次(误差±5 g)的饲喂计划，每台犊牛牛奶自动饲喂机连接 4 个饮奶站，4 个饮奶站同时供给牛奶，同步饲喂 4 头小牛。控制系统控制每次犊牛饲喂量和饲喂间隔时间，但不控制饲喂总量，最大限度地缩短犊牛哺乳时间，提高健康指数，让犊牛提早出栏，进入断奶犊牛行列。

任务 6.4 智 能 牧 场

20 世纪 90 年代，我国开始探索机械化牧场建设。随着信息技术、人工智能技术的快速发展，牧场建设越来越关注智能设备和信息化平台的应用。在原有的牧场管理模式下，牛场单产和效益水平长时间难以提升，亟须从根本上改变牧场管理模式，减少牛只每天挤奶应激，提升精准饲喂、智能饲喂水平。通过采用全机器人饲喂系统、机器人挤奶系统等，改变原来“牛只多走路，奶少走路”的理念，实现“牛只少走路，奶也少走路”的新模式，提高牧场管理水平、牛只福利和经济效益。

6.4.1 智能牧场的定义

智能牧场是以奶牛健康饲养及牛奶安全高产为目标，以智能饲喂、智能挤奶、智能管理为设计理念，以智能设备、信息化管理平台为依托，实现智能养殖、生产和管理的牧场。

6.4.2 智能牧场的特点

1.现代化的生产工艺

规模牧场机械化挤奶面临着操作人员短缺的困局。传统机械挤奶模式下，奶牛在挤奶过程中每天平均需要有 3 h 的等待和挤奶时间，其间短水短料，应激较大，肢蹄病发生率较高。采用机器人挤奶，每天同等环境的等待和挤奶时间，可以节省约 2.5 h 供奶牛用于躺卧，增加饲料的利用率，促进乳房血液流通，奶牛平均单产可增加产奶量 15%左右。

另外，随着牛只体况的好转，增加牛只平均的使用胎次，使用年限延长至 1～1.5 胎。

2.牧场奶品实时监控

使用机器人挤奶设备每头奶牛的每个乳区生产的牛奶都能实现数据全部在线化，质量实时可视化(图 6-8、图 6-9)。

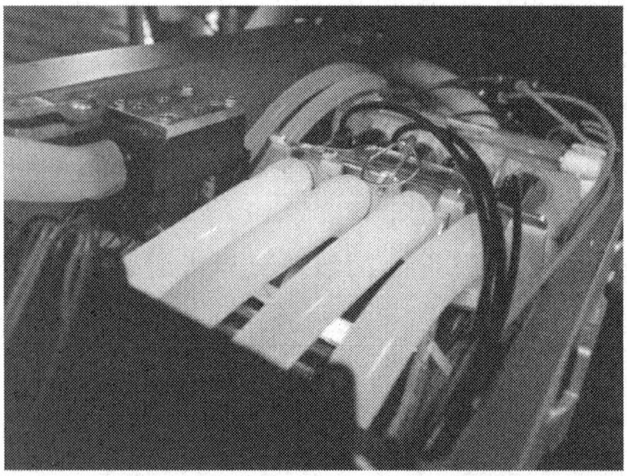

图 6-8 智能挤奶奶质监测设备

(引自：莱力产品手册)

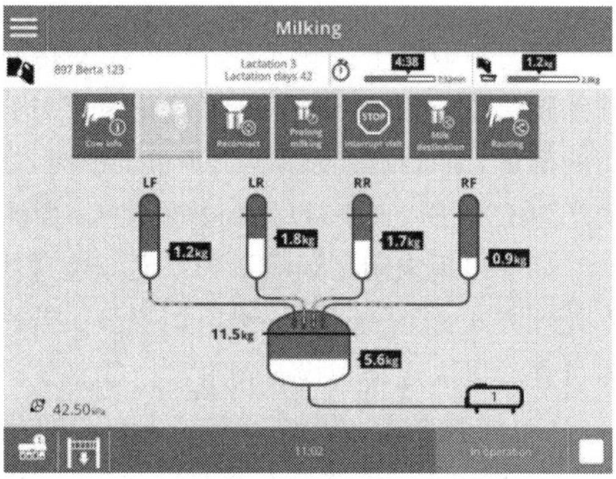

图 6-9 智能挤奶奶质监测系统结构图

(引自：莱力产品手册)

3.差异化牛群管理

泌乳牛群根据产奶量、泌乳速率、牛奶质量等进行区块划分管理，通过挤奶机器人的使用，化整为零，有效进行奶牛及牛奶的个性化管理。

4.牧场信息化管理

采用云计算管理系统，将牧场牛群管理系统、牛奶质量分析及设备运行状况、牧场安保等所有系统进行统一管理，在控制中心即可清楚看到所有发生的事件。通过云计算自动汇集数据，进行数据挖掘，生成各类报表及预警。

6.4.3 智能牧场的主要功能

1.全机器人饲喂 TMR 日粮

TMR 是英文 total mixed rations（全混合日粮）的简称，是一种将粗料、精料、矿物质、维生素和其他添加剂充分混合，能够提供足够的营养以满足奶牛需要的饲养技术。

采用电力驱动、轮式行走或轨道输送的 TMR 日粮饲喂机器人，按照程序设定饲料配方，24 h 供料。自助完成粗、精料填充、混合搅拌、涂抹 TMR 日粮、推送饲料等全过程。全天喷洒 4～6 次，实现少量多次分配，提高奶牛干物质的摄入量，使瘤胃发酵更加充分，增加奶牛的产奶量。

2.全机器人挤奶

通过使用挤奶机器人，实现无人驾驶、智能挤奶，奶牛全天 24 h 自由选择挤奶、吃料、饮水、躺卧，减少人为干扰和应激反应。挤奶机器人自动完成奶牛识别、乳房清洗、挤奶套杯、脱杯、乳头药溶等全过程。牛奶质量实时监测，自动分离、自动废弃不合格牛奶，自动收集、记录、处理奶牛体质状况、泌乳数量、每天挤奶频率等数据，并传输到管理平台。通过采用机器人挤奶，降低乳腺炎、下肢和蹄病的发病率，提高牛奶质量，泌乳牛平均产奶量达到 40 kg/(头·d)，奶牛产奶量提高 10%～15%，乳腺炎发病率降低 15%，奶牛平均使用胎次提高 1.5～2 个，单头奶牛年综合收益提高 20%。

3.全机器人喂养哺乳犊牛

1～10 日龄新生犊牛，采用犊牛单栏饲养方式，每头牛都能得到单独的呵护。移动机器人手臂自动将牛奶送到门口，利用牛奶管道通过奶嘴自动给小牛喂食合适温度的牛奶。10～60 日龄的小牛分组饲养，机器人自动完成小牛识别、牛奶加热、通过管道输送牛奶，采用奶头喂养小牛。机器人哺乳系统让犊牛回归吃奶的天然状态。牛奶定量供应，少量多次给牛犊喂食牛奶，每天可让牛犊吃 6～8 次牛奶，牛奶摄入量可以达到 12～16 L，强化饲喂，能够实现犊牛加速成长，犊牛发育更健康。

6.4.4 智能化系统及设备

1.TMR 智能饲喂系统

TMR 饲喂系统主要由搅拌机、喂料行车、监控系统、推料机器人等组成。

(1)饲料搅拌机。将各种干草、青贮饲料等纤维饲料进行粉碎，将粉碎后的粗饲料和精料、添加剂等进行搅拌混合，制备均匀的全混合日粮。图 6-10 为全混合日粮上料车。图 6-11 为全混合日粮搅拌车。

图 6-10　全混合日粮上料车

图 6-11　全混合日粮搅拌车

(2)喂料行车。制备好的全混合日粮，通过传输系统装入喂料行车，行车在动力驱动下，沿空中轨道运行至牛栏饲喂槽，根据控制指令开启两侧撒料口，在行车料箱底部绞龙的推动下，向牛栏料槽均匀撒料。见图 6-12、图 6-13。

图 6-12　全混合日粮送料车

图 6-13 全混合日粮送料车工作图

(3)TMR 监控系统。实现全混合日粮制备及投喂过程的全程监控和管理,现场实时显示作业信息,调控工作进度;后台数据记录可以全程追溯。通过智能化监控,提高饲料制备及撒料作业精度,实现设计配方、饲喂配方的高度一致。

(4)推料机器人。智能控制的推料机器人,可以 24 h 不间断地将饲料推送到牛栏的料槽中,保证奶牛可以时刻吃到饲料,增加奶牛采食量,有利于奶牛的健康,提高奶牛的繁殖能力和生产结果。推料机器人在碰到障碍物后自动刹车,在非工作区域行驶时,可自动将推送铲抬起,避免因为磕碰、沾染地面上的物体而污染饲料。

2.机器人挤奶系统

(1)牛奶质量控制系统(MQC)。在线检测每个乳区牛奶成分(脂肪、蛋白质、乳糖)含量,以监测牛奶质量;在线测量导电率来预测奶牛健康(乳腺炎)状况。异常的牛奶会被自动分开储存。

(2)挤奶牛栏。满足各种体型的奶牛自由进出挤奶机器人牛栏,柔软的橡胶地板增强了奶牛的舒适性;称重地板智能感应牛的位置,机械臂可以控制整个挤奶程序(图 6-14)。

图 6-14 机器人挤奶牛栏

(引自:莱力产品手册)

(3)机械臂。机械臂在牛体下方,且在挤奶过程中始终控制在牛体下方。机械臂配有气动转向,既保证了耐用性、灵活性,又能减少机械动作,更静音。

带脉冲器的挤奶套按照先连接后乳区的原则，通过三束激光扫描，自主决定乳区连接顺序；四个乳区独立，单独测量每个乳区流量；挤奶结束后，套杯缓慢地脱落。

(4)乳头刷。在链接挤奶套杯前，清除乳头污垢，降低牛奶污染和细菌感染的概率；刺激排乳，保证催产素的释放，增加奶流量；采用双向螺旋设计，清洁和刺激效率提高40%。

(5)挤奶机器人系统结构。挤奶机器人系统主要由机器人、控制装置、计算机及管理软件、速冷奶罐、环境监测系统、管线等组成。见图6-15至图6-19。

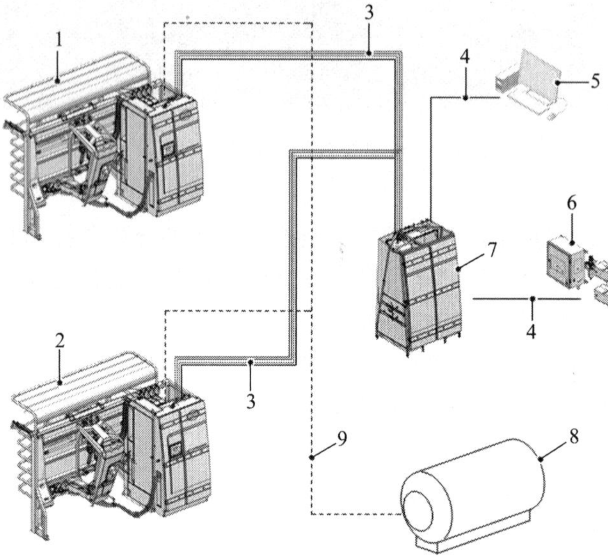

图6-15　机器人挤奶系统结构图

1,2-机器人装置　3,4,9-线缆、管道和牛奶运输线路　5-计算机上的T4C农场管理软件

6-CRS(通常安装在奶罐室内)　7-中央装置　8-速冷奶罐

(引自:莱力产品手册)

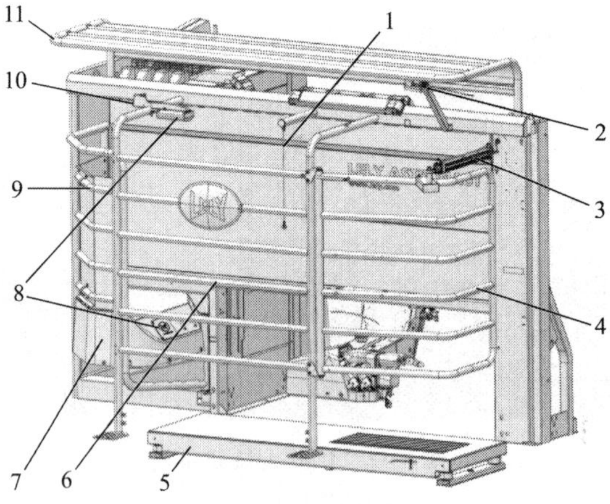

图6-16　机器人装置(奶牛侧)

1-移动感应器　2-3D相机　3-进入门汽缸　4-进入门　5-Gravitor(选配)

6-侧栅栏　7-饲料仓　8-识别天线　9-退出门　10-光电池　11-悬臂顶

(引自:莱力产品手册)

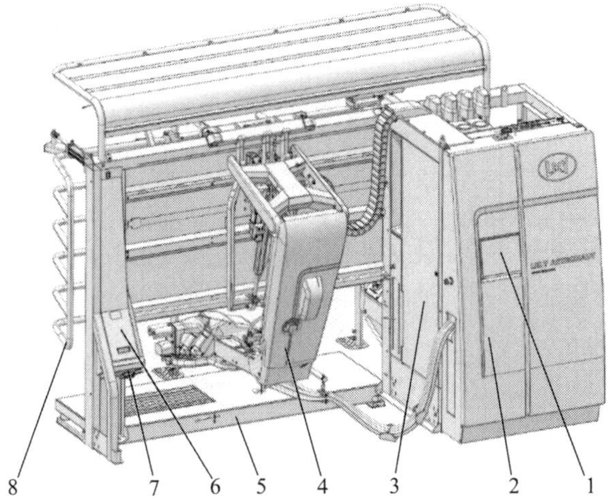

图 6-17　机器人装置(操作员侧)

1-E-Link　2-机器人控制室　3-维修室门　4-机器人臂　5-Gravitor(选配)

6-喷洗器盒　7-喷洗器　8-进入门

(引自:莱力产品手册)

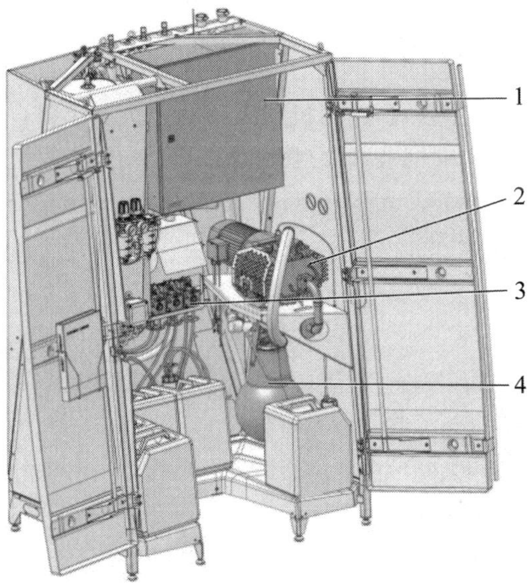

图 6-18　中央控制单元右侧

1-中央控制盒　2-真空泵　3-气动化学品泵　4-真空缓冲器

(引自:莱力产品手册)

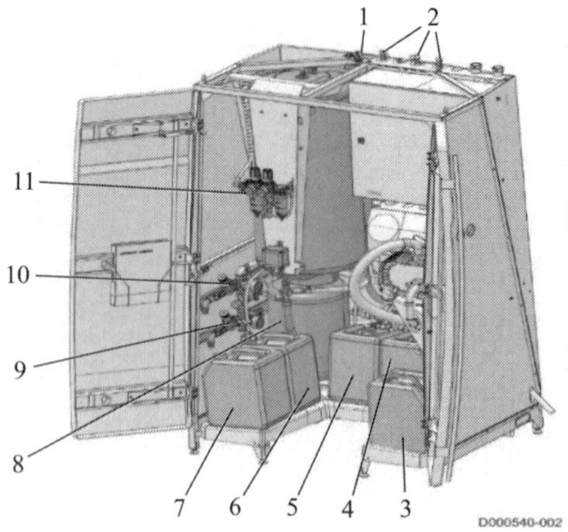

图 6-19　中央控制单元左侧

1-空气歧管隔断　2-连接器化学品供应　3-真空泵清洁液体　4-酸性液体　5-碱性液体
6-刷子消毒液　7-消毒剂液体(美国清洁)　8-压力容器　9-冷水供应装置
10-热水供应装置　11-空气歧管隔断

(引自:莱力产品手册)

6.4.5　犊牛智能饲喂系统

采用犊牛单栏或犊牛岛饲养方式,选用机器人移动式机械手臂自动送奶上门,通过牛奶饲喂管线,将温度适宜的牛奶经奶嘴饲喂犊牛(图 6-20)。

图 6-20　犊牛移动式机械手臂牛奶饲喂管线

(引自:犊牛妈妈产品介绍)

犊牛识别后根据既定饲喂计划给予鲜奶/代乳粉,每条管线可满足 32 头犊牛饲喂需求,每头犊牛每天可饲喂 8 次,奶嘴饲喂保证了最佳的饲喂温度,更具有母乳饲喂效果,每次采食后奶嘴进行自动清洗。饲喂管线和犊牛自动饲喂器相连接,可随时查看犊牛采食情况,节省时间和人力。

6.4.6 其他设备

养牛场用到的其他机械设备见图 6-21 至图 6-25。

图 6-21 青贮取料机

图 6-22 双绞龙撒料车

图 6-23 多功能剩料收集车

图 6-24　牛体刷

图 6-25　智能拖链式刮粪机

平台案例:一牧云智慧牧场服务平台

技术领域:

养殖场综合服务平台、养殖场管理软件、物联网称重设备、整体解决方案、食品溯源平台。

核心技术:

一牧云智慧牧场服务平台基于奶牛自然特性和牧场系统特性,采用云计算架构和大数据与人工智能等技术,电脑、手机等终端所有数据实时同步。可根据不同牧场的实际生产情况和管理模式进行个性化配置,管理灵活、便捷。

微课　一牧云智慧牧场服务平台

一牧云智慧牧场服务平台主要包含以下核心技术板块:

- 政府数据奶业决策智慧系统
- DWeb 牧场生产管理系统
- DSmart 牛只智能识别管理系统
- DFeed 牧场精准饲喂管理系统
- DAPI 牧场软硬件智能连接

应用场景：

1.政府数据奶业决策智慧系统

该平台基于云计算、大数据、物联网和人工智能等技术进行建设，通过专业数据分析模型和算法及数据可视化技术，将大数据进行分析和直观展示，便于相关部门进行科学决策、服务和监管。

2.DWeb 牧场生产管理系统

该系统涵盖牛只档案管理、繁殖管理、健康管理、饲喂管理、产奶管理、库存管理、生产流程建立、生产实施追踪、数据分析、牧场运营评估等。通过牧场生产管理系统，帮助牧场解决实际生产问题，让牧场管理更加专业、简单、高效，对牧场生产管理不断优化和改进，提高牧场的生产效率和盈利能力。

整合牧场各环节数据，通过数据智能分析，定位生产中的问题并给出解决方案建议，将解决方案与生产流程结合实施；通过数据对实施结果进行评估，形成数据、流程、执行、评估、优化改进闭环，帮助牧场提升生产效率和管理水平。

3.DSmart 牛只智能识别管理系统(图 6-26)

图 6-26 牛只智能识别管理系统应用场景

使用 DSmart 牛只智能识别管理系统，日常工作清单自动同步至三防工作机，通过扫描牛只佩戴的电子耳标，自动识别到需要处理的牛只，并提醒进行相应处理；同时，现场可以录入处理结果，提高一线员工的工作效率和方案执行效率。

4.DFeed 牧场精准饲喂管理系统(图 6-27)

DFeed 牧场精准饲喂管理系统通过与牧场饲喂设备连接，全面兼容各种品牌和型号的 TMR 全混合日粮设备(自走式、牵引式、搅拌站、投料车和精料塔)，利用工业级车载智能控制终端(控制电脑)和工业级超高清 LED 显示屏，辅助一线生产员工实现精准化拌料、投料、剩料处理、库存管理等；通过拌料误差分析、投料误差分析，帮助一线生产员工不断提升操作精准度和工作效率。

通过数据智能分析与决策系统辅助管理与决策层进行饲喂效果评估，饲料配方调整，优化库存管理和饲喂流程等，帮助牧场科学有效地控制成本。

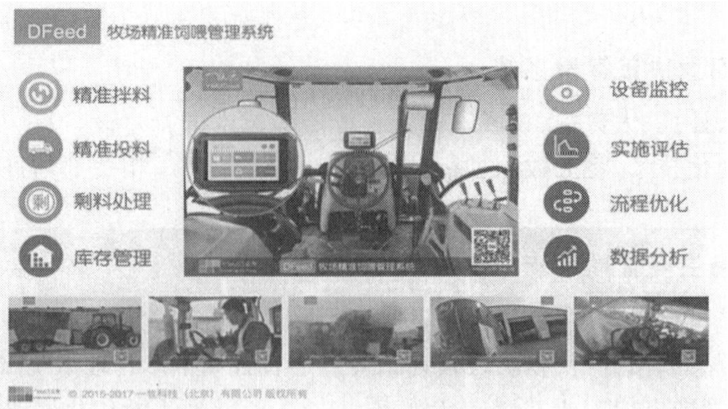

图 6-27　牧场精准饲喂管理系统

5.DAPI 牧场软硬件智能连接

通过 DAPI 牧场软硬件智能接口，将牧场使用的奶牛发情监测、精准饲喂系统、温湿度控制等系统整合连接起来，打破牧场“信息孤岛”，建立起高效的信息采集体系。

通过对在线牧场生产数据进行统计分析，可帮助牧场提升生产人员工作效率 2～3 倍，饲料成本平均降低 9.3%，繁殖效率(21 d 怀孕率)平均提升 3%，每头牛年总产奶量平均提升 937 kg。

思考题：

1. 如何利用奶牛智能化养殖管理系统加强对奶牛发情的监测和配种？
2. 请简要介绍犊牛智能化饲喂技术。
3. 智能牧场有哪些特点？其主要功能有哪些？
4. 请简要介绍 TMR 智能饲喂系统的结构和功能。
5. 请介绍一种智能养牛系统，并描述其结构、功能和特点。

项目7　智能养殖信息处理与畜禽健康管理

知识目标

了解养殖场基础信息的分类、基础信息维护的主要项目。

熟悉养殖场信息编码规则及各类报表的种类、项目和各项指标的基本标准。

了解通过音频、视频、智能穿戴设备、AI 机器人、远程诊断系统等进行畜禽健康管理的方法。

能力目标

能够熟练进行养殖场信息的录入与维护，开展物资采购、调拨和核算。

能够通过日常数据的录入与维护，发现问题、分析问题，进行养殖场的管理。

能够利用报表开展养殖行为分析，指导和改进生产，提高效益。

素质目标

增强利用数据改进工作重要性的认识，增强实事求是、认真严谨的工作态度。

培养学生精益求精的职业精神。

智能养殖的核心在信息处理。信息处理流程包括信息的采集、加工、分析、报表和应用等。通过本项目的学习，可以更新智能养殖信息处理与畜禽健康管理的理念，了解和掌握相关的系统设计模块。

任务 7.1　基础信息维护

微课　养殖场基础信息维护

智能养殖基础信息主要包括养殖场与动物饲养环节相关的各类内部信息和为饲养服务、提供保障的外部信息。基础信息的种类和分类，因不同的养殖场和系统平台而有一定的差异，但主要信息基本一致。本学习内容以猪场信息处理为例，分析智能养殖系统平台中基础信息维护的主要内容。

7.1.1　猪场信息管理

养猪场通常有三种分类形式。根据养殖场的生产类型分为母猪场、繁殖场、公猪站、实验场；根据猪只饲养不同阶段分为隔离舍、后备舍、公猪舍、配种舍、妊娠舍、产房、保育舍、育肥舍；根据猪舍栏位设计分为定位栏、产床、大栏等。

猪场基本信息分为两大部分，即猪场名称、地址、负责人等基本信息和猪场栋舍、栏位设计、存栏规模等生产信息。

基本信息包括猪场代码、猪场名称、猪场性质、地址、邮政编码、电话号码、传真号码、场长、副场长、兽医、饲养员以及其他信息。

生产信息包括公猪数、母猪数、年出栏数、猪舍数、猪舍类型、限位栏数、产床数、保育栏数、育肥栏数等。

对养殖场基本信息的维护是系统运行的基础。要求对猪场中的栋、栏分别进行定义，结合栋舍规划和系统实际操作进行考量，栏位设置一般是一个栋舍一个栏位，简化栋舍内转栏的工作量；要求饲养员与猪舍、栏位关联，达到栋、栏、猪、饲养员之间的关联查询、分析及饲养员绩效考核等。见图 7-1 至图 7-3。

图 7-1　养殖场——母猪场信息

（引自：上海麦汇信息科技养殖管理平台）

图 7-2　栋舍——妊娠舍信息

（引自：上海麦汇信息科技养殖管理平台）

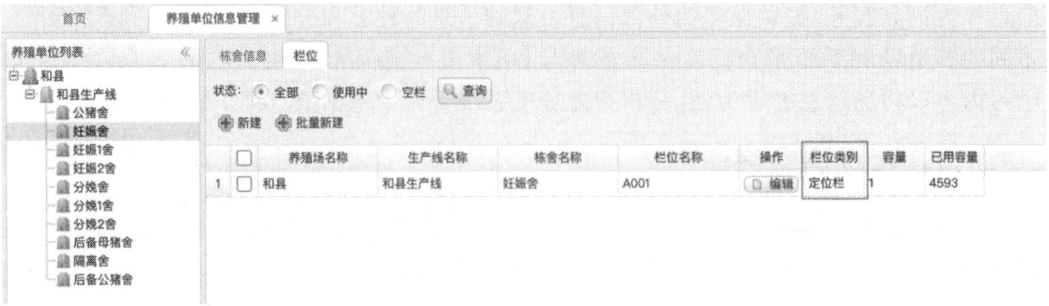

图 7-3　栏位——定位栏信息

（引自：上海麦汇信息科技养殖管理平台）

7.1.2 仓库信息管理

仓库信息主要包括仓库编码、仓库名称等。仓库编码可以使用数字或字母进行编写，但要保持编码唯一性；仓库名称可使用现场便于识别的名称(图 7-4)。

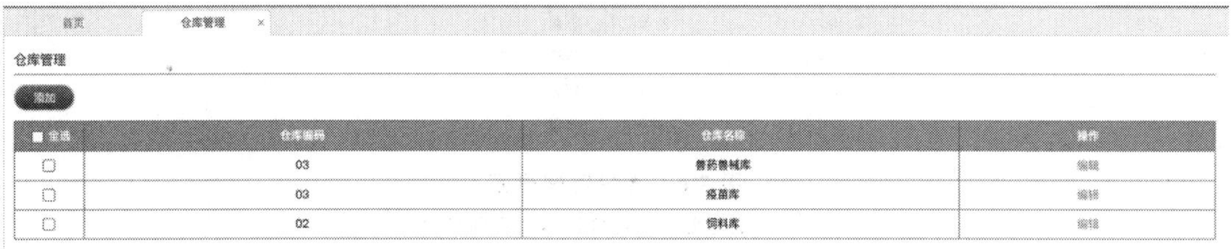

图 7-4 仓库信息管理界面

(引自:上海麦汇信息科技养殖管理平台)

仓库信息管理主要对养殖场仓库信息进行维护，对养殖过程中使用的饲料、兽药、疫苗、医疗器械等进行库存数量管理，实时提供库存变化的信息。实际操作中可根据养殖场现场仓库分布进行配置，做到现场仓库和系统仓库一致性，体现系统中录入的出入库业务及月末盘点业务，真实反映仓库现场情况。

7.1.3 物料、客户、供应商信息管理

物料基础信息主要包括物料编码、物料名称、物料单位、物料类别等；客户基础信息主要包括客户编码、客户名称、客户地址、客户联系人、联系方式等；供应商基础信息主要包括供应商编码、供应商名称、供应商地址、供应商联系人、联系方式等。见图 7-5 至图 7-7。

	物料编码	物料名称	类别	供应商	单位	单位编码	规格	型号	说明
1	10020100000001	4%仔猪前期预混合饲料4751	饲料		千克	KGM	ф0.0		
2	10020100000002	4%仔猪后期预混合饲料4752	饲料		千克	KGM	ф0.0		
3	10020100000003	4%生长肥育猪前期预混合饲料4753	饲料		千克	KGM	ф0.0		
4	10020100000004	4%生长肥育猪后期预混合饲料4754	饲料		千克	KGM	ф0.0		
5	10020100000005	4%妊娠母猪预混合饲料4761	饲料		千克	KGM	ф0.0		
6	10020100000006	4%哺乳母猪预混合饲料4762	饲料		千克	KGM	ф0.0		

图 7-5 物料管理界面

(引自:上海麦汇信息科技养殖管理平台)

物料、客户、供应商信息管理主要对饲料、兽药、疫苗、医疗器械等养殖场物料，提供猪场所需物料的单位及个人等供应商，购买猪只的单位及个人等客户的基础信息进行维护，在发生购销业务时使用该信息进行数据记录。物料、客户、供应商编码可以使用数字或字母进行编写，但要保持编码唯一性，以免在使用中出现重复的问题；物料维护按照饲料、药品、疫苗等类别进行物料划分，以便在报表统计时进行数据汇总。

	客户名称	客户编码	客户关系	所有者	客户说明	联系人	联系电话
1	王春平	10019798	外部单位	帐套			
2	林平成	10019800	外部单位	帐套			
3	黄群涛	10019799	外部单位	帐套			
4	童树化	10019795	外部单位	帐套			
5	赵启东	10019794	外部单位	帐套			
6	卢宇翔	10019793	外部单位	帐套			

图 7-6　客户管理界面

（引自：上海麦汇信息科技养殖管理平台）

	供应商名称	供应商编码	供应商关系	所有者	省	市	区	供应商地址	联系人	联系电话	办公电话	电子邮箱
1	绍兴市上虞富强生态农业有限公司	1099004750	外部单位	帐套								
2	严芳	1099004749	外部单位	帐套								
3	杨淼	1099004744	外部单位	帐套								
4	南京安吉拉电子商务有限公司	1099004742	外部单位	帐套								
5	北京中税网控股股份有限公司	1099004745	外部单位	帐套								
6	江山大北农农牧科技有限公司	1099004746	外部单位	帐套								
7	杭州语佳生物技术有限公司	1099004738	外部单位	帐套								

图 7-7　供应商管理界面

（引自：上海麦汇信息科技养殖管理平台）

任务 7.2　日常数据录入

日常数据录入主要包括与饲养环节直接相关的生产信息的采集和录入，是真实反映养殖过程的原始数据。猪场日常数据的录入主要包括以下内容。

微课　养殖场日常数据录入

7.2.1　查情

后备母猪发情是配种的前提条件，只有检查结果为已发情的母猪才可以根据生产节律进行下一步配种工作，系统也会根据该逻辑进行判定。

查情主要是对后备母猪发情进行记录。包括记录发情日期、推算下个发情期、根据基础数据确定后备母猪的去留、确定后备母猪疫苗的免疫、催情补饲及初配时间等。查情方式目前系统归纳为公猪查情、人工检查、系统判定 3 种。

录入信息主要包括猪只耳号、查情日期、查情方式、检查结果等。见图 7-8。

7.2.2　配种

配种是整个繁殖循环的起点，主要记录哪些母猪配种、与配公猪是哪头、配种员是谁等信息。录入信息主要包括配种母猪耳号、配种日期、配种公猪耳号。

现场操作人员根据实际配种次数进行录入。系统支持一张单据录入一头母猪 3 次配种信息，也支持母猪配种记录的补录。录入操作人信息（即配种员信息）对后期进行人员配种绩效考核提供数据支持。见图 7-9。

图 7-8 查情记录界面

（引自:上海麦汇信息科技养殖管理平台）

图 7-9 配种记录界面

（引自:上海麦汇信息科技养殖管理平台）

7.2.3 妊娠检查

主要记录母猪在妊娠期间发生的空怀、返情、流产情况。

录入信息主要包括,妊娠检查母猪的耳号、妊娠检查日期、妊娠检查结果等。

妊娠检查结果分别为空怀、返情、流产。妊娠检查结果录入,为配种复配率、非生产天数等分析指标提供数据依据;妊娠检查结果为返情的母猪,可以直接进行录入配种记录,系统对此有相应的逻辑控制。见图 7-10。

图 7-10　妊娠检查记录界面

（引自：上海麦汇信息科技养殖管理平台）

7.2.4　分娩

分娩是配种事件的结果，记录分娩母猪分娩数据。录入信息主要包括分娩日期、分娩母猪耳号、分娩的活仔（含弱仔、畸形）、死胎、木乃伊、分娩窝重等数据。分娩日期准确录入，对计算母猪分娩间隔有重要意义，如果实际分娩间隔高出理论数则应分析原因，是妊娠期、哺乳期、断奶至配种的间隔过长造成的，还是其他因素的影响，能够发现问题所在；分娩活仔数、分娩窝重录入，在计算个体母猪活产仔数/窝、活产仔数/年的信息时使用，能快速找出繁殖性能差的母猪，查阅其历史记录，决定淘汰与否。见图 7-11。

图 7-11　分娩记录界面

（引自：上海麦汇信息科技养殖管理平台）

7.2.5 猪只留种

主要维护核心场分娩的仔猪作为繁殖猪留种的情况，记录追踪出生仔猪的情况，用于以后的性能测试或自留后备猪。录入信息主要包括品种、品系、窝号、个体号、性别、左右乳头数据等。在哺乳期间死亡、寄养信息录入也要明细到留种个体猪上，保证留种猪数据的完整性。见图 7-12。

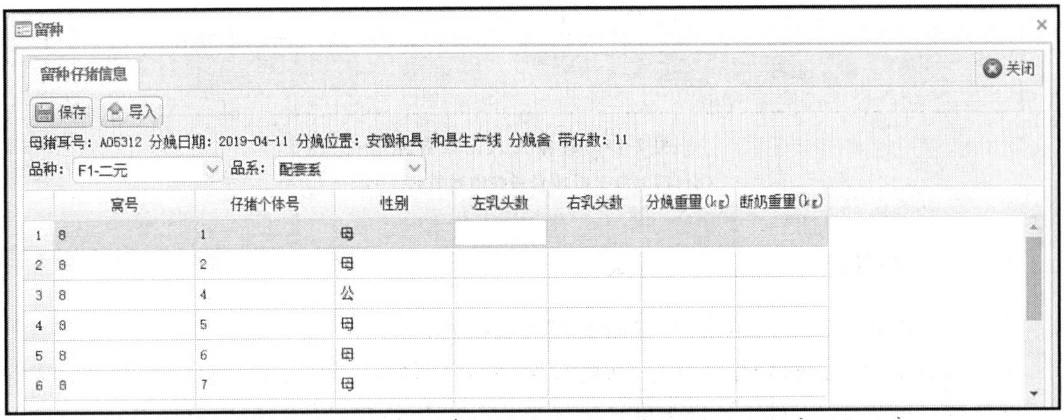

图 7-12 留种仔猪信息界面

(引自：上海麦汇信息科技养殖管理平台)

7.2.6 寄养

主要记录由于母猪奶水不足或其他原因不能继续哺乳，仔猪由其他母猪代奶的情况。录入信息主要包括寄养日期、寄出母猪耳号、寄出数量、寄入母猪耳号、寄入数量等。

哺乳仔猪寄养是以母猪来记录数据。寄出事件和寄入事件并非严格的对应关联，在实际操作中，需根据实际情况来决定是否记录寄养数据。见图 7-13、图 7-14。

图 7-13 仔猪寄出记录界面

(引自：上海麦汇信息科技养殖管理平台)

图 7-14　仔猪寄入记录界面

（引自：上海麦汇信息科技养殖管理平台）

7.2.7　断奶

主要维护母猪哺乳阶段结束、仔猪断奶相关数据信息。

录入信息主要包括断奶母猪耳号、断奶日期、断奶仔猪数量、公仔数、母仔数、断奶窝重等。

断奶数量准确录入，对统计每头母猪每年平均断奶仔猪数等信息提供数据支持。和出生重一样，断奶猪只记录每头母猪的窝断奶重，系统根据以上信息计算每头仔猪平均断奶重并校正 21 日龄窝重。见图 7-15。

图 7-15　断奶记录界面

（引自：上海麦汇信息科技养殖管理平台）

7.2.8　种猪转舍

主要维护种猪在猪舍间位置转移信息，如妊娠母猪在预产期前转至分娩舍、哺乳母猪在断奶后转至配种舍的情况等。

录入信息主要包括，转舍猪只耳号、转舍日期、转入栋舍、转入栏位、转出栋舍、转出栏位等。

实际操作中要做到现场猪只的位置和系统中的位置完全一致，同栋舍内栏位间转移可以忽略不计。见图 7-16。

图 7-16　种猪转舍界面

（引自：上海麦汇信息科技养殖管理平台）

7.2.9　种猪淘汰

主要记录由于配种分娩率低、哺乳性能差等原因需要进行淘汰的猪只。

录入信息主要包括淘汰猪只耳号、淘汰日期、淘汰原因，其中系统中维护大部分的淘汰原因，如有特殊原因以文字的形式录入到备注中。

猪只淘汰要及时维护到系统中，保证系统数据和现场数据的一致性；淘汰原因信息的维护一定要准确、全面，便于进行事后的猪只淘汰分析。见图 7-17。

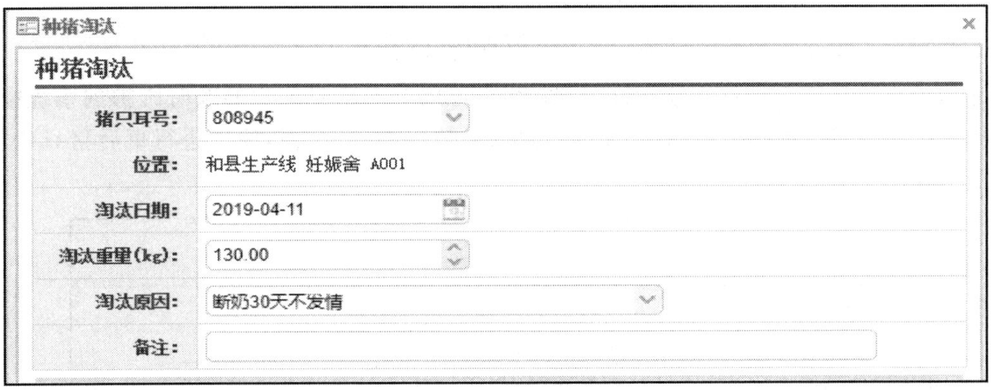

图 7-17　种猪淘汰界面

（引自：上海麦汇信息科技养殖管理平台）

7.2.10　后备或淘汰种猪销售

主要记录已淘汰的后备猪、种猪销售处理的业务。

录入信息主要包括销售猪只耳号、销售日期、销售重量、单价、金额等信息。

销售猪只时要严格登记相应的耳号，保证现场销售耳号和系统录入的耳号一致，防止出现现场已销售，系统中还存在该猪只的情况。见图 7-18。

图 7-18　淘汰种猪销售界面

（引自：上海麦汇信息科技养殖管理平台）

7.2.11　后备猪及种猪死亡

主要记录由于疾病等其他原因死亡的后备猪或种猪。

录入信息包括死亡猪只耳号、死亡日期、死亡原因等。猪只死亡要及时维护到系统中，保证系统数据和现场数据的一致；死亡原因信息的维护要准确、全面，便于进行事后猪只死亡原因分析。见图 7-19。

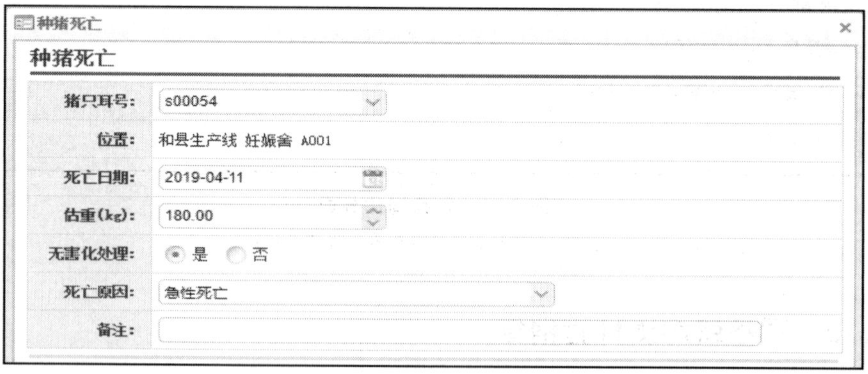

图 7-19　种猪死亡记录界面

（引自：上海麦汇信息科技养殖管理平台）

7.2.12 猪批次销售

主要记录按照批次管理的哺乳仔猪、保育猪、育肥猪销售处理的业务。

录入信息包括销售日期、销售数量、销售重量、单价、金额等。销售计价方式根据客户的结算要求进行选择。系统可支持按头计价、按公斤计价等方式，输入单价时根据计价方式不同对应录入。见图 7-20。

图 7-20 猪销售界面

（引自：上海麦汇信息科技养殖管理平台）

7.2.13 猪批次转舍

主要维护批次管理的哺乳仔猪、保育猪、育肥猪在猪舍间位置转移信息，如哺乳仔猪断奶后转到保育舍、保育猪转群到育肥舍等。

录入信息包括转舍日期、转出栋舍、转出批次、转入栋舍、转入批次、转舍数量、总重量、平均出生日期等。栋舍间转猪，转出的负责人和转入的负责人不是同一个人时，需要进行转猪数量核对，由转入方确认无误后录入系统。见图 7-21。

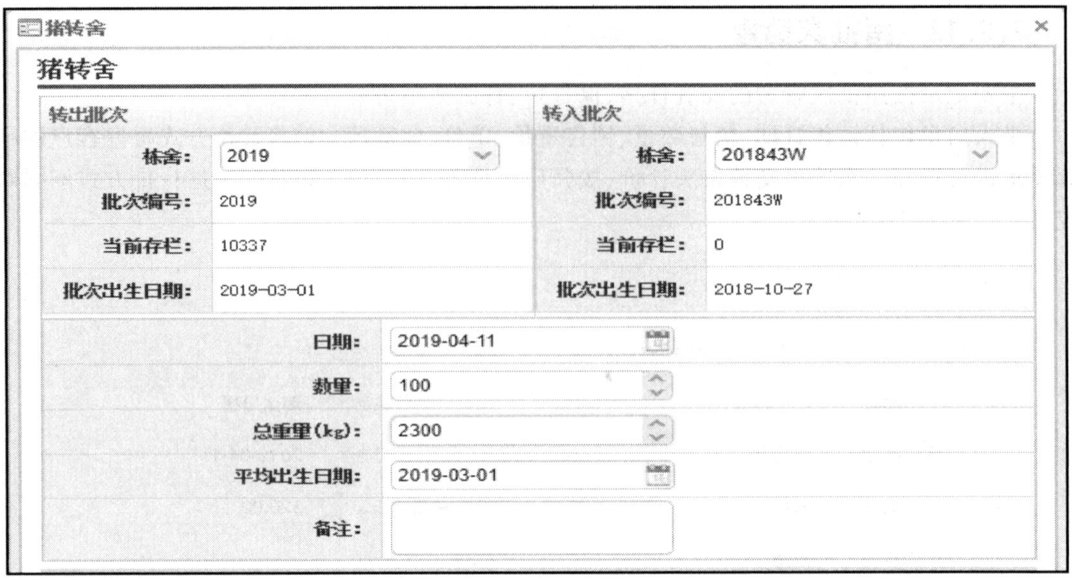

图 7-21　猪转舍界面

（引自：上海麦汇信息科技养殖管理平台）

7.2.14　猪批次死亡

主要记录因疾病等原因死亡的哺乳仔猪、保育猪、育肥猪等批次管理的猪群。

录入信息主要包括猪批次信息、死亡日期、死亡数量、死亡重量、死亡原因等。猪批次死亡原因信息的维护一定要准确、全面，便于进行事后的猪只死亡原因分析。见图 7-22。

图 7-22　猪死亡记录界面

（引自：上海麦汇信息科技养殖管理平台）

7.2.15　采精登记

主要是对公猪采精情况进行记录。

录入信息包括公猪耳号、采精日期、精液批次、精液量等。其中精液批次作为精液检测的标识，在后期分析精液质量时进行追溯。系统根据公猪采精的历史数据，带出上次采精日期及采精的间隔作为本次采精的参考数据。见图 7-23。

图 7-23 采精管理录入界面

（引自：上海麦汇信息科技养殖管理平台）

7.2.16 精液检测

主要对公猪精液检测的质量数据进行维护。

录入信息主要包括检测的精液批次、检测日期、气味、颜色、精液等级、凝集度、稀释份数、最高温度、最低温度、精子活力等。以上信息基本包含精液检测全部指标数据，实际操作中可以根据现场测试结果选择性录入。

在录入检测结果时，须保证现场仪器检测批次与系统录入批次一致，以便对公猪精液质量分析起到真正的指导作用。见图 7-24。

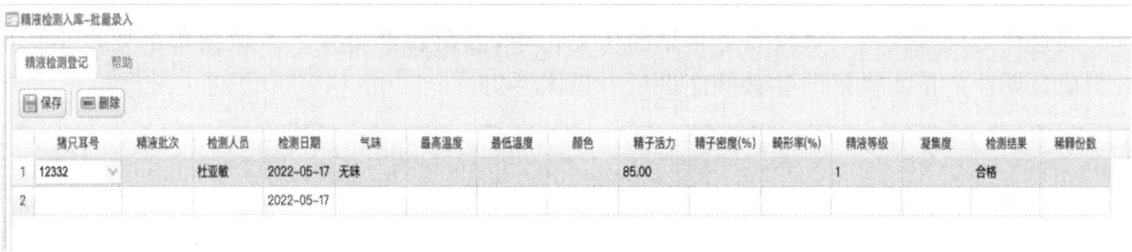

图 7-24 精液检测登记界面

（引自：上海麦汇信息科技养殖管理平台）

7.2.17 生物安全

主要对养殖场生物安全情况进行记录。可以上传相关的病例及体检报告附件，对养殖场的生物安全情况进行打分记录及打分历史记录查询。

录入信息主要参考各养殖管理系统内置的安全打分项目，进行分数的录入。打分分数要对应相应的分值比例，不能超过分值比例进行录入。见图 7-25。

7.2.18 种猪错误记录修正

主要是对母猪相关生产记录单据生成后，发现记录数据存在问题时进行修正。

记录类型包括采精登记、精液检测、查情、配种、妊娠检查、分娩、断奶、种猪转舍、种猪淘汰、种猪死亡、寄出、寄入等。

图 7-25　生物安全打分界面

（引自：上海麦汇信息科技养殖管理平台）

通过种猪档案找到要修改业务单据的历史记录，撤销后重新录入。撤销单据要严格按照从当前日期往前依次撤销的逻辑顺序进行。见图 7-26。

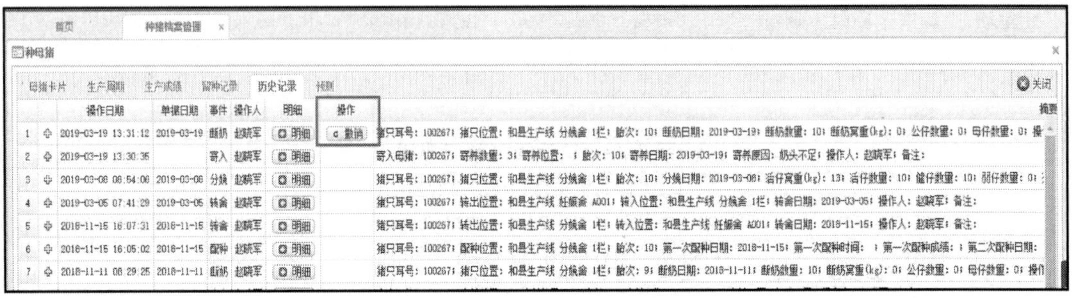

图 7-26　种猪错误记录修正界面

（引自：上海麦汇信息科技养殖管理平台）

7.2.19　猪批次错误记录修正

主要对记录猪批次相关单据后发现记录的数据存在问题时进行修正。

记录类型包括猪批次采购、猪批次转舍、猪批次死亡、淘汰种猪销售、猪批次销售、精液销售、存栏盘点修正、入库、出库、调拨、盘点、精液采购入库等。

通过猪批次相关模块业务单据查询界面，找到要修改的业务单据历史记录，撤销后重新录入。猪批次的撤销只能操作一次，已撤销的单据不能再进行撤销操作。见图 7-27。

图 7-27　猪批次错误记录修正界面

（引自：上海麦汇信息科技养殖管理平台）

7.2.20　日志管理

本功能可查询用户在进行系统操作后的记录信息，如具体时间录入的单据类型等，以便对用户使用系统情况进行查询管理。

日志管理支持多维度查询，可以按照操作日期、操作人、业务类型、单据类型等进行条件查询，也支持查询结果的导出，便于用户使用。见图 7-28。

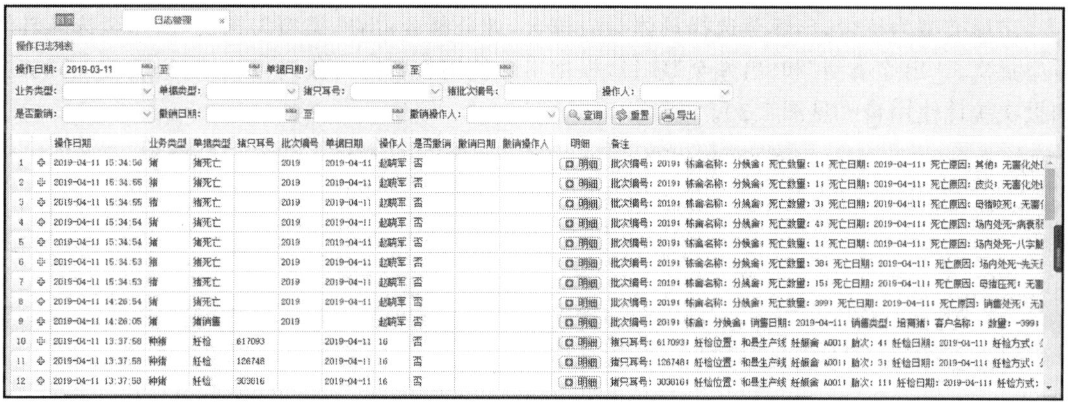

图 7-28　日志管理界面

（引自：上海麦汇信息科技养殖管理平台）

任务 7.3　库 存 管 理

库存管理主要是对物资仓库的现场实况与系统平台的数据进行管理和维护，在库存物资变化的同时，实现账物相符，为生产监管、物资预警、物资采购等提供依据。

微课　库存管理

7.3.1　入库

主要对饲料、药品、疫苗等养殖场相关物料进行入库记录。记录内容包括物料名称、仓库、入库数量、入库金额等。

录入的信息主要有：单据日期、供应商、操作人（默认当前用户）、物料名称（可以录入名称中任意信息，系统通过下拉列表中模糊查询到相关物料，选择要入库的物料名称即可）、数量、批次编号等。见图 7-29。

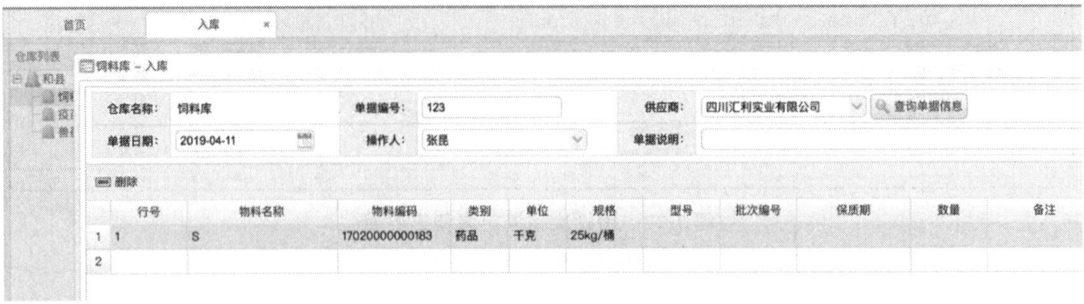

图 7-29　入库信息记录界面

（引自：上海麦汇信息科技养殖管理平台）

7.3.2　出库

主要对饲料、药品、疫苗等养殖场相关物料进行出库领用记录。

录入的信息主要有：单据日期、出库类型、出库至、物料名称、物料数量等。

出库类型为栋舍，出库至选择具体对应栋舍，如公猪舍；出库类型为批次，出库至选择具体对应批次。“出库类型”和“出库至”项目，根据实际使用物料的对象进行统计，报表按不同栋舍和批次统计使用量。见图 7-30。

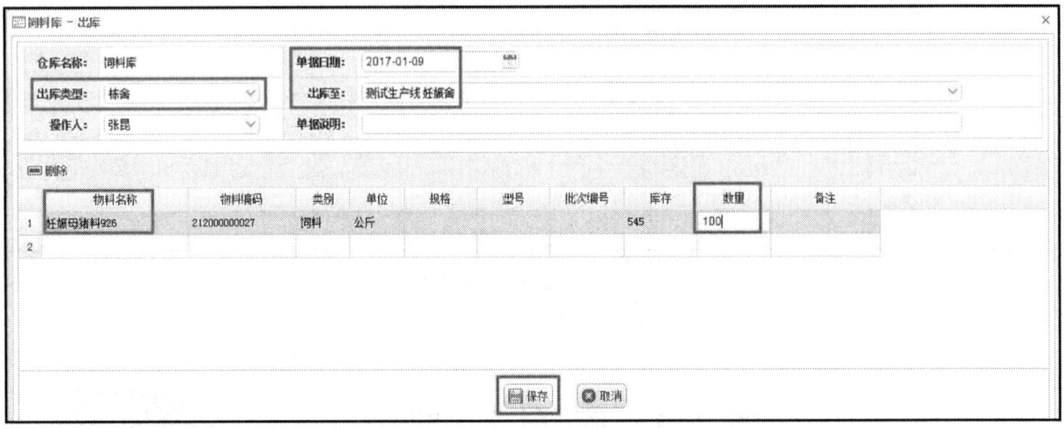

图 7-30　出库信息记录界面

（引自：上海麦汇信息科技养殖管理平台）

7.3.3　调拨

主要对养殖场内仓库与仓库之间和养殖场与养殖场之间的物料调拨进行记录。

录入信息主要有：单据日期、调拨至养殖场、调拨至仓库、操作人（默认当前用户）、物料名称（可以录入名称中任意信息，系统通过下拉列表中模糊查询到相关物料，选择要入库的物料名称)、数量、备注(为非必录信息,可根据实际情况填写)等。见图 7-31。

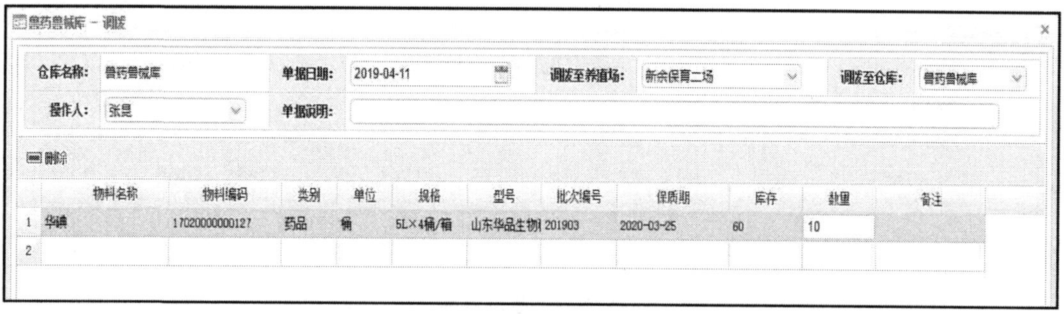

图 7-31 调拨信息界面

(引自:上海麦汇信息科技养殖管理平台)

7.3.4 调拨确认

主要是对养殖场之间的物料调拨进行入库确认记录。

录入的信息主要有收货日期、收货仓库、货物品种、收货数量等。

收货数量数据不可修改,在核对入库数量是否与出库数量一致时要做到准确无误,并与出库方沟通确认。见图 7-32。

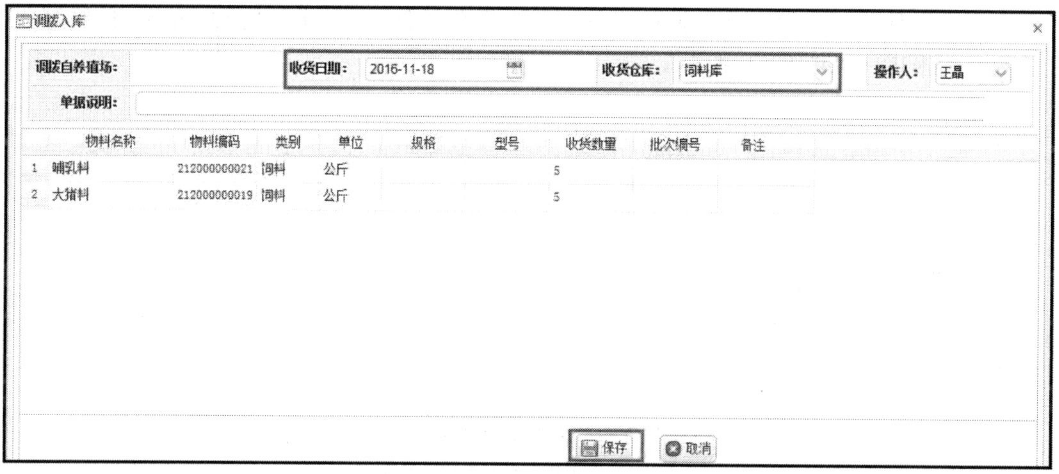

图 7-32 调拨确认界面

(引自:上海麦汇信息科技养殖管理平台)

7.3.5 盘点

主要是对饲料、药品、疫苗等养殖场相关物料进行盘点调整记录。

录入的信息主要有:单据日期、操作人(默认当前用户)、物料名称(可以录入名称中任意信息,系统会下拉列表中模糊查询到相关物料,选择要入库的物料名称即可)、物料数量、盘点结果等。见图 7-33。

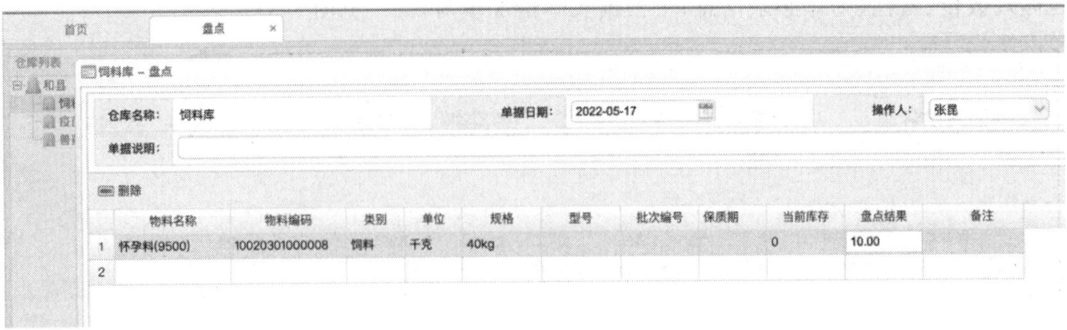

图 7-33　盘点界面

（引自：上海麦汇信息科技养殖管理平台）

任务 7.4　报表管理

报表管理是智能养殖系统基于基础信息，根据不同的时段、不同需求提供的相应报表，为养殖业务分析、决策、改进提供依据。

微课　报表管理

7.4.1　生产汇总(种猪或猪批次)

主要提供种猪或猪批次以栋舍和业务类型为汇总条件，而显示的配种、分娩、断奶等业务汇总数量的报表。见图 7-34、图 7-35。

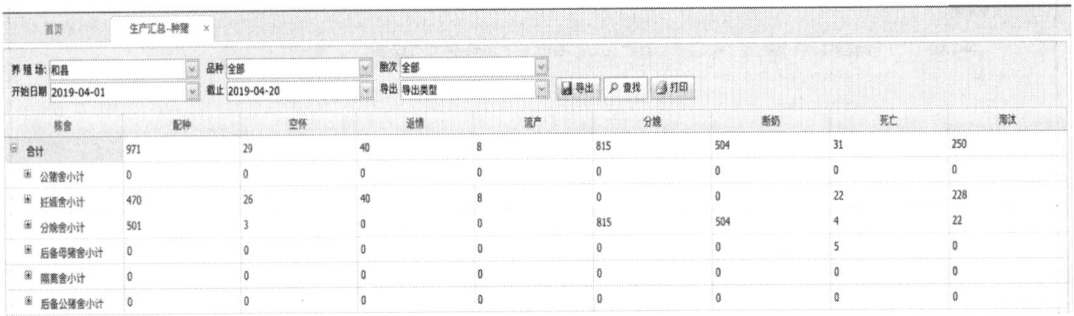

图 7-34　生产汇总种猪界面

（引自：上海麦汇信息科技养殖管理平台）

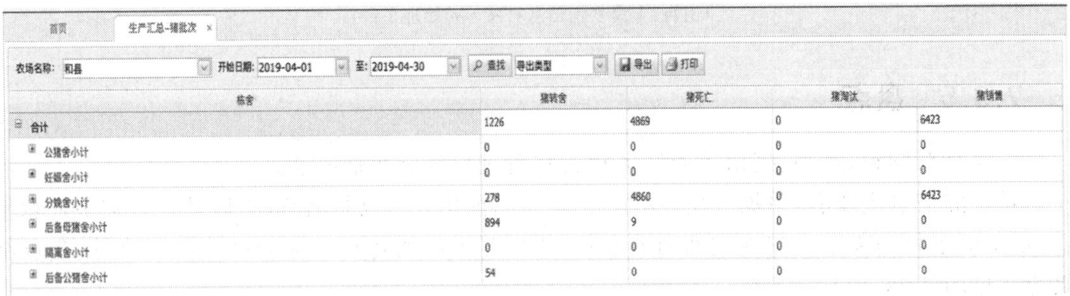

图 7-35　生产汇总批次界面

（引自：上海麦汇信息科技养殖管理平台）

7.4.2 配种分娩率报表

主要提供以周为节律，全程记录每一周配种母猪直至分娩期间出现的变化，为正向计算每周母猪的配种分娩率，避免了反向计算时出现的时间误差问题，为管理者提供母猪妊娠阶段管理情况数据。见图 7-36。

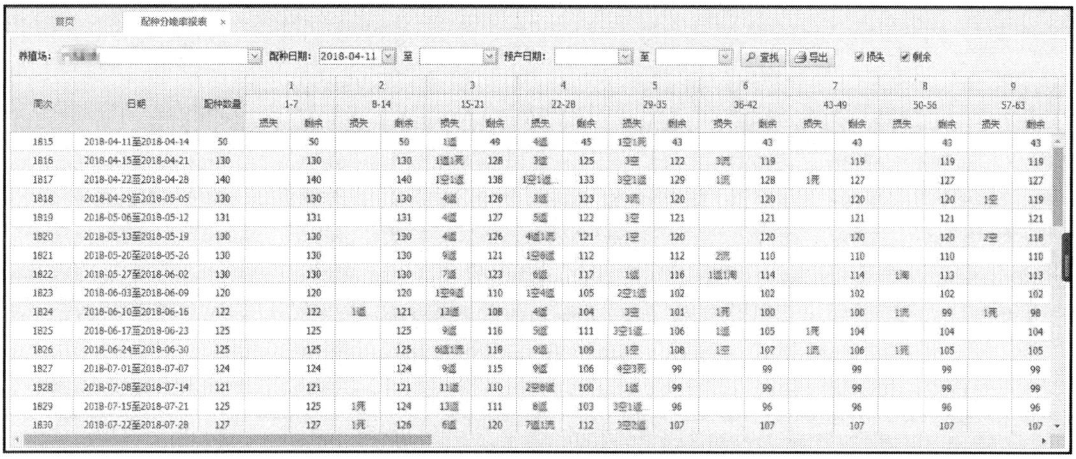

首页 配种分娩率报表

养殖场： 配种日期：2018-04-11 至 预产日期： 至 查找 导出 ☑损失 ☑剩余

周次	日期	配种数量	1		2		3		4		5		6		7		8		9	
			1-7		8-14		15-21		22-28		29-35		36-42		43-49		50-56		57-63	
			损失	剩余	损失	剩余	损失	剩余	损失	剩余	损失	剩余	损失	剩余	损失	剩余	损失	剩余	损失	剩余
1815	2018-04-11至2018-04-14	50		50		50	1返	49	4返	45	1空1死	43		43		43		43		43
1816	2018-04-15至2018-04-21	130		130		130	1返1死	128	3返	125	3空	122	3死	119		119		119		119
1817	2018-04-22至2018-04-28	140		140		140	1空1返	138	1空1返...	133	3空1返	129	1死	128	1死	127		127		127
1818	2018-04-29至2018-05-05	130		130		130	4返	126	3返	123	3死	120		120		120		120	1空	119
1819	2018-05-06至2018-05-12	131		131		131	4返	127	5返	122	1空	121		121		121		121		121
1820	2018-05-13至2018-05-19	130		130		130	4返	126	4返1死	121	1空	120		120		120		120	2空	118
1821	2018-05-20至2018-05-26	130		130		130	9返	121	1空8返	112		112	2死	110		110		110		110
1822	2018-05-27至2018-06-02	130		130		130	7返	123	6返	117	1返	116	1返1淘	114		114	1淘	113		113
1823	2018-06-03至2018-06-09	120		120		120	1空9返	110	1空4返	105	2空1返	102		102		102		102		102
1824	2018-06-10至2018-06-16	122		122	1返	121	13返	108	4返	104	3空	101	1死	100		100	1死	99	1死	98
1825	2018-06-17至2018-06-23	125		125		125	9返	116	5返	111	3空1返...	106	1返	105	1死	104		104		104
1826	2018-06-24至2018-06-30	125		125		125	6返1死	118	9返	109	1空	108	1空	107	1死	106	1死	105		105
1827	2018-07-01至2018-07-07	124		124		124	9返	115	9返	106	4空3死	99		99		99		99		99
1828	2018-07-08至2018-07-14	121		121		121	11返	110	2空8返	100	1返	99		99		99		99		99
1829	2018-07-15至2018-07-21	125		125	1死	124	13返	111	8返	103	3空1返...	96		96		96		96		96
1830	2018-07-22至2018-07-28	127		127	1死	126	6返	120	7返1死	112	3空2返	107		107		107		107		107

图 7-36 配种分娩率报表

（引自：上海麦汇信息科技养殖管理平台）

7.4.3 生产成绩总结报表(月报或周报或任意时间段)

通过设定起始日期和截止日期，显示该时间段内的猪场猪只 KPI 指标。

KPI 关键绩效指标（key performance indicator），是通过对猪饲养的关键参数进行设置、取样、计算、分析，衡量流程绩效的一种目标式量化管理指标。见图 7-37 至图 7-39。

首页 生产成绩总结报表（月）

养殖场：和县 年度：2019 查询 导出

项目	说明	累计	1月	2月	3月	4月	5月	6月	7月	8月	9月	10月	11月	12月
类别：配种成绩														
配种头数		10856	957	959	1262	1292	1323	1241	810		325	802	1331	554
断奶配种头数		8038	908	862	955	888	821	629	480		323	720	1091	361
断奶7天内的配种头数		4170	252	337	461	543	734	590	346		311	318	155	123
断奶至第1次配种间隔天数		19.91	13.35	13.62	13.43	11.35	7.46	5.41	9.05		6.24	34	51.66	42.87
断奶母猪7天内发情配种率	断奶7天内的配种次数÷断奶配种...	51.88%	27.75%	39.1%	48.27%	61.15%	89.4%	93.8%	72.08%		96.28%	44.17%	14.21%	34.07%
断奶-配种间隔天数		22.95	15.11	16.81	16.74	13.37	10.9	6.45	10.12		6.24	34.48	53.81	54.51
异常复配次数		889	49	97	104	63	117	55	36		2	27	156	183
流产空胎后配种		297	13	15	40	29	26	5	3		2	15	82	67
返情妊检阴性后配种		592	36	82	64	34	91	50	33			12	74	116
复配率	异常复配次数÷配种头数	8.19%	5.12%	10.11%	8.24%	4.88%	8.84%	4.43%	4.44%		0.62%	3.37%	11.72%	33.03%
后备母猪配种头数		1929			203	341	385	557	294			55	84	10
类别：配种分娩率														
对应预产期配种记录数		12060	1201	1009	914	1225	1042	1088	1176	1260	1391	1259	495	
配种对应分娩头数		9109	1095	910	863	1108	918	946	1027	867	1064	182	129	
未成功分娩头数		2951	106	99	51	117	124	142	149	393	327	1077	366	
返情		605	49	37	28	68	71	79	59	108	56	50		
流产		181	19	31	11	10	15	12	20	19	8	31	5	
空怀		281	24	14	8	28	31	40	45	31	20	15	19	
淘汰		1526							2	104	215	879	326	
死亡		364	14	17	4	13	7	11	23	132	24	103	16	

图 7-37 生产成绩总结月报表

（引自：上海麦汇信息科技养殖管理平台）

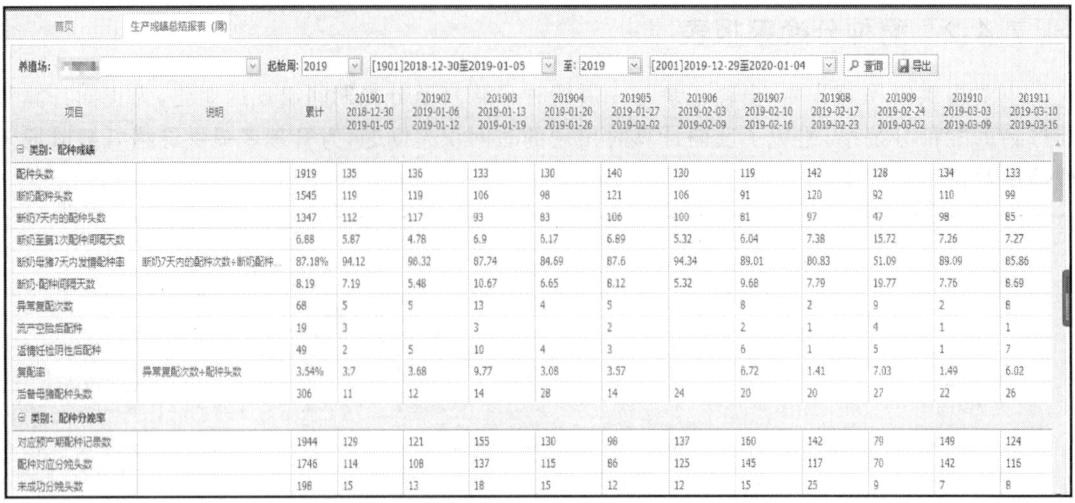

首页 生产成绩总结报表（周）

养殖场： 起始周：2019 [1901]2018-12-30至2019-01-05 至：2019 [2001]2019-12-29至2020-01-04 查询 导出

项目	说明	累计	201901 2018-12-30 2019-01-05	201902 2019-01-06 2019-01-12	201903 2019-01-13 2019-01-19	201904 2019-01-20 2019-01-26	201905 2019-01-27 2019-02-02	201906 2019-02-03 2019-02-09	201907 2019-02-10 2019-02-16	201908 2019-02-17 2019-02-23	201909 2019-02-24 2019-03-02	201910 2019-03-03 2019-03-09	201911 2019-03-10 2019-03-16
⊟ 类别：配种成绩													
配种头数		1919	135	136	133	130	140	130	119	142	128	134	133
断奶配种头数		1545	119	119	106	98	121	106	91	120	92	110	99
断奶7天内的配种头数		1347	112	117	93	83	106	100	81	97	47	98	85
断奶至第1次配种间隔天数		6.88	5.87	4.78	6.9	6.17	6.89	5.32	6.04	7.38	15.72	7.26	7.27
断奶母猪7天内发情配种率	断奶7天内的配种次数÷断奶配种…	87.18%	94.12	98.32	87.74	84.69	87.6	94.34	89.01	80.83	51.09	89.09	85.86
断奶-配种间隔天数		8.19	7.19	5.48	10.67	6.65	8.12	5.32	9.68	7.79	19.77	7.76	8.69
异常复配次数		68	5	5	13	4	5		8	2	9	2	8
流产空胎后配种		19	3		3		2		2	1	4	1	1
返情妊检阴性后配种		49	2	5	10	4	3		6	1	5	1	7
复配率	异常复配次数÷配种头数	3.54%	3.7	3.68	9.77	3.08	3.57		6.72	1.41	7.03	1.49	6.02
后备母猪配种头数		306	11	12	14	28	14	24	20	20	27	22	26
⊟ 类别：配种分娩率													
对应预产期配种记录数		1944	129	121	155	130	98	137	160	142	79	149	124
配种对应分娩头数		1746	114	108	137	115	86	125	145	117	70	142	116
未成功分娩头数		198	15	13	18	15	12	12	15	25	9	7	8

图 7-38 生产成绩总结周报表

（引自：上海麦汇信息科技养殖管理平台）

首页 生产成绩总结报表 ×

农场名称： 开始日期：2019-01-01 至：2019-03-31 查找 导出类型 导出 打印

项目	说明	累计
⊟ 类别：配种成绩		
配种头数		1676
断奶配种头数		1348
断奶7天内的配种头数		1165
断奶至第1次配种间隔天数		6.99
断奶母猪7天内发情配种率	断奶7天内的配种次数÷断奶配种…	86.42%
断奶-配种间隔天数		8.42
异常复配次数		66
流产空胎后配种		18
返情妊检阴性后配种		48
复配率	异常复配次数÷配种头数	3.94%
后备母猪配种头数		262
⊟ 类别：配种分娩率		
对应预产期配种记录数		1698
配种对应分娩头数		1527
未成功分娩头数		171
返情		87
流产		28

图 7-39 生产成绩总结任意时间段报表

（引自：上海麦汇信息科技养殖管理平台）

7.4.4 种母猪生产成绩

主要反映所有存栏母猪的生产成绩，报表以预估 PSY 和 NPD，引导管理者总体了解每头母猪的生产成绩，结合胎龄、品种、产仔明细、断奶明细、NPD 明细数据，是猪场用来主动淘汰贡献率差的母猪的依据。见图 7-40。

PSY 是衡量母猪群繁殖性能最常用的指标，即“断奶仔猪数/(母猪·年)”，指一头母猪一年提供的成活仔猪数,中国该指标在 16～25,也就是一年一头母猪能出栏猪 16～25 头断奶仔猪。

NPD 母猪非生产天数,是指一年内所有投入生产的母猪的非妊娠与非哺乳的平均天数,即包括 230 日龄以上的后备母猪与其他生产母猪未能用于妊娠与哺乳的头均天数。

$$\text{NPD}=365-[\text{年均窝数}\times(\text{哺乳天数}+\text{妊娠天数})]$$

猪只耳号	在场/离场	预估年化NPD	胎龄	品种	胎均活仔	胎均活仔量/头	平均断奶仔数	平均断奶量/头	出生日期	采集起始日期	采集结
15520A	在场	70.59	2	HJ-回交	13	1	26	6	2018-01-30	2018-09-11	2019-0
10509A	在场	46.32	2	HJ-回交	12	1	23	6	2018-02-14	2018-09-26	2019-0
11304A	在场	16.31	2	HJ-回交	12	1	20	6	2018-03-04	2018-10-14	2019-0
14091A	在场	59.33	2	HJ-回交	13	1	22	6	2018-02-08	2018-09-20	2019-0
10527A	在场	48.17	2	HJ-回交	13	1	21	6	2018-02-14	2018-09-26	2019-0
14427A	在场	72.31	2	HJ-回交	14	1	21	6	2018-01-30	2018-09-11	2019-0
15547A	在场	59.33	2	HJ-回交	10	1	20	6	2018-02-08	2018-09-20	2019-0
04005A	在场	89.22	2	HJ-回交	11	1	22	6	2018-01-17	2018-08-29	2019-0
14629A	在场	57.54	2	HJ-回交	13	1	18	6	2018-02-08	2018-09-20	2019-0
04097A	在场	82.73	2	HJ-回交	13	1	19	6	2018-01-17	2018-08-29	2019-0
19618A	在场	34.58	2	HJ-回交	11	1	16	6	2018-02-21	2018-10-03	2019-0

图 7-40　种母猪生产成绩报表

(引自:上海麦汇信息科技养殖管理平台)

7.4.5　产房分娩报表

主要反映在一个期间内产房母猪的分娩情况,且关联其相关配种。多可用于对公猪、母猪的性能评价。见图 7-41。

基本信息				配种信息						分娩信息					
栋舍	批次编号	猪只耳号	胎次	一配时间	一配公猪	二配时间	二配公猪	三配时间	三配公猪	分娩日期	活仔	健仔	弱仔	死胎、木乃伊、畸	
分娩舍	2019	806521	5	2018-12-17	324749	2018-12-18	322829			2019-04-08	0	0	0	18	18
分娩舍	2019	506684	5	2018-12-15	105272	2018-12-16	105660			2019-04-09	14	14	0	3	17
分娩舍	2019	A05038	4	2018-12-16	107403	2018-12-17	324749			2019-04-09	10	10	0	0	10
分娩舍	2019	126741	2	2018-12-13	112975	2018-12-14	112975			2019-04-09	10	10	0	0	10
分娩舍	2019	A05005	3	2018-12-15	323840	2018-12-16	314717			2019-04-09	10	10	0	0	10
分娩舍	2019	103331	9	2018-12-13	105918	2018-12-14	115727			2019-04-09	14	14	0	1	15
分娩舍	2019	313100	8	2018-12-13	112995	2018-12-14	127738			2019-04-09	13	13	0	0	13
分娩舍	2019	101229	10	2018-12-13	120147	2018-12-14	114894			2019-04-09	8	8	0	2	10
分娩舍	2019	606357	6	2018-12-15	107403	2018-12-16	105660			2019-04-09	14	14	0	2	16
分娩舍	2019	102716	9	2018-12-13	105918	2018-12-14	115727			2019-04-09	17	17	0	2	19
分娩舍	2019	103223	9	2018-12-14	125310	2018-12-15	125310			2019-04-09	17	17	0	2	19
分娩舍	2019	607342	5	2018-12-15	112862	2018-12-16	112862			2019-04-09	16	16	0	3	19
分娩舍	2019	103269	9	2018-12-13	125336	2018-12-14	125336			2019-04-09	11	11	0	1	12
分娩舍	2019	606277	6	2018-12-13	105918	2018-12-14	115727			2019-04-09	12	12	0	0	12

图 7-41　产房分娩报表

(引自:上海麦汇信息科技养殖管理平台)

7.4.6　母猪分娩周报

以周次为单位,显示母猪群每周的分娩情况、断奶情况、死淘率等信息。见图 7-42。

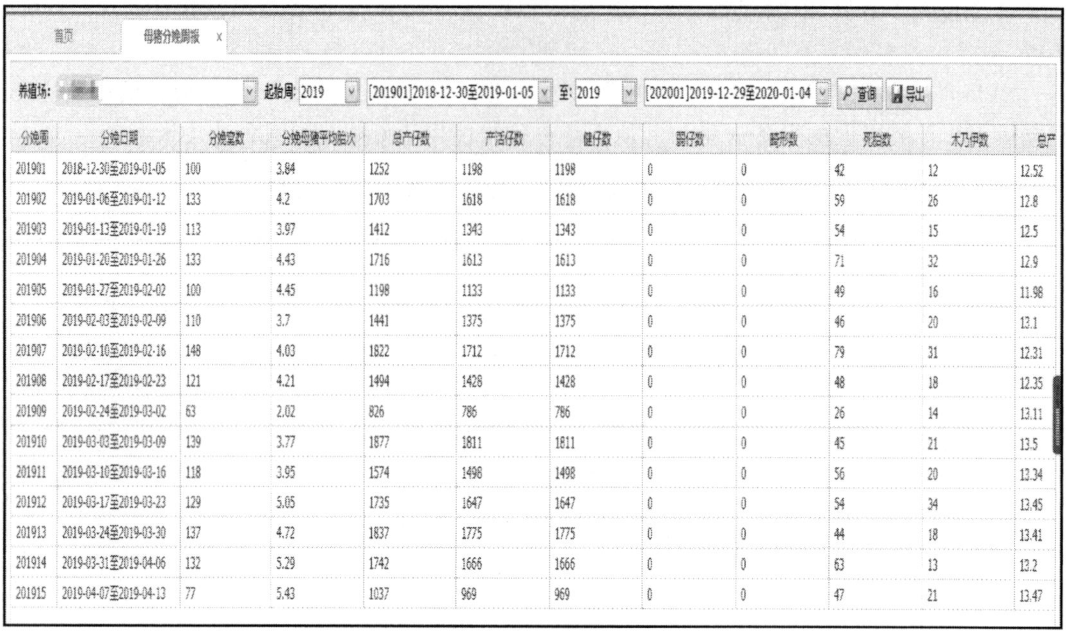

首页 母猪分娩周报 x

养殖场: ▾ 起始周: 2019 ▾ [201901]2018-12-30至2019-01-05 ▾ 至: 2019 ▾ [202001]2019-12-29至2020-01-04 ▾ 查询 导出

分娩周	分娩日期	分娩窝数	分娩母猪平均胎次	总产仔数	产活仔数	健仔数	弱仔数	畸形数	死胎数	木乃伊数	总产
201901	2018-12-30至2019-01-05	100	3.84	1252	1198	1198	0	0	42	12	12.52
201902	2019-01-06至2019-01-12	133	4.2	1703	1618	1618	0	0	59	26	12.8
201903	2019-01-13至2019-01-19	113	3.97	1412	1343	1343	0	0	54	15	12.5
201904	2019-01-20至2019-01-26	133	4.43	1716	1613	1613	0	0	71	32	12.9
201905	2019-01-27至2019-02-02	100	4.45	1198	1133	1133	0	0	49	16	11.98
201906	2019-02-03至2019-02-09	110	3.7	1441	1375	1375	0	0	46	20	13.1
201907	2019-02-10至2019-02-16	148	4.03	1822	1712	1712	0	0	79	31	12.31
201908	2019-02-17至2019-02-23	121	4.21	1494	1428	1428	0	0	48	18	12.35
201909	2019-02-24至2019-03-02	63	2.02	826	786	786	0	0	26	14	13.11
201910	2019-03-03至2019-03-09	139	3.77	1877	1811	1811	0	0	45	21	13.5
201911	2019-03-10至2019-03-16	118	3.95	1574	1498	1498	0	0	56	20	13.34
201912	2019-03-17至2019-03-23	129	5.05	1735	1647	1647	0	0	54	34	13.45
201913	2019-03-24至2019-03-30	137	4.72	1837	1775	1775	0	0	44	18	13.41
201914	2019-03-31至2019-04-06	132	5.29	1742	1666	1666	0	0	63	13	13.2
201915	2019-04-07至2019-04-13	77	5.43	1037	969	969	0	0	47	21	13.47

图 7-42　母猪分娩报表

（引自：上海麦汇信息科技养殖管理平台）

7.4.7　配种成绩多场对比

通过设定起始日期和截止日期，显示该时间段内多个猪场猪只配种成绩相关的 KPI 指标进行数据横向对比。见图 7-43。

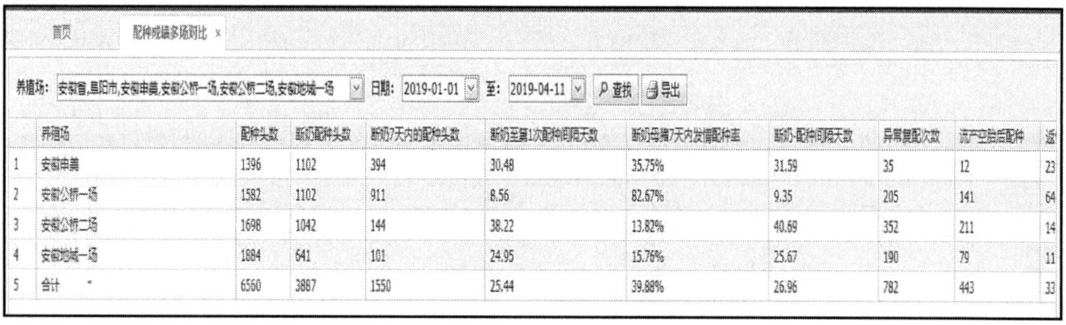

首页 配种成绩多场对比 x

养殖场: 安徽省,阜阳市,安徽申美,安徽公析一场,安徽公析二场,安徽地城一场 ▾ 日期: 2019-01-01 ▾ 至: 2019-04-11 ▾ 查找 导出

	养殖场	配种头数	断奶配种头数	断奶7天内的配种头数	断奶至第1次配种间隔天数	断奶母猪7天内发情配种率	断奶-配种间隔天数	异常复配次数	流产空胎后配种	返
1	安徽申美	1396	1102	394	30.48	35.75%	31.59	35	12	23
2	安徽公析一场	1582	1102	911	8.56	82.67%	9.35	205	141	64
3	安徽公析二场	1698	1042	144	38.22	13.82%	40.69	352	211	14
4	安徽地城一场	1884	641	101	24.95	15.76%	25.67	190	79	11
5	合计	6560	3887	1550	25.44	39.88%	26.96	782	443	33

图 7-43　配种成绩多场对比

（引自：上海麦汇信息科技养殖管理平台）

7.4.8　配种分娩率多场对比

通过设定起始日期和截止日期，显示该时间段内多个猪场猪只配种分娩率指标横向对比数据。见图 7-44。

首页　配种分娩率多场对比 ×

养殖场：安徽省,阜阳市[redacted]　日期：2019-01-01　至：2019-04-11　查找　导出

	养殖场	对应预产期配种记录数	配种对应分娩头数	未成功分娩头数	返情	流产	空怀	淘汰	死亡	配种分娩率
1	安徽[redacted]	3114	2378	736	51	45	121	430	68	76.36%
2	安徽[redacted]一场	3479	1338	2141	166	124	352	608	892	38.46%
3	安徽[redacted]二场	3293	663	2630	259	1818	163	152	238	20.13%
4	安徽[redacted]一场	2137	1569	568	164	20	204	77	95	73.42%
5	合计	12023	5948	6075	640	2007	840	1267	1293	49.47%

图 7-44　配种分娩率多场对比

（引自：上海麦汇信息科技养殖管理平台）

7.4.9　分娩成绩多场对比

通过设定起始日期和截止日期，统计该时间段内的多个猪场猪只分娩成绩相关的 KPI 指标进行数据横向对比。见图 7-45。

首页　分娩成绩多场对比 ×

养殖场：安徽省,阜阳市[redacted]　日期：2019-01-01　至：2019-03-31　查找　导出

	养殖场	分娩母猪头数	总产仔头数	活仔数	健仔数	弱仔数	畸形数	死胎数	木乃伊	窝均产仔数	窝均活仔数	产活仔数占总产仔数(%)	窝均健仔数	窝均弱仔数	窝
1	安徽[redacted]	2205	17799	17053	17053	0	0	617	129	8.07	7.73	0	7.73	0	0
2	安徽[redacted]一场	1384	17508	16392	16392	0	0	612	504	12.65	11.84	0	11.84	0	0
3	安徽[redacted]二场	684	7930	6825	6825	0	0	799	306	11.59	9.98	0	9.98	0	0
4	安徽[redacted]一场	1526	19226	17448	17448	0	0	1179	599	12.6	11.43	0	11.43	0	0
5	合计	5799	62463	57718	57718	0	0	3207	1538	10.77	9.95	0	9.95	0	0

图 7-45　分娩成绩多场对比

（引自：上海麦汇信息科技养殖管理平台）

7.4.10　断奶成绩多场对比

通过设定起始日期和截止日期，统计该时间段内多个猪场猪只断奶成绩相关的 KPI 指标进行数据横向对比。见图 7-46。

7.4.11　存栏多场对比

通过设定起始日期和截止日期，统计该时间段内多个猪场种猪存栏数据并进行横向对比。见图 7-47。

首页　断奶成绩多场对比 ×

养殖场：安徽省,阜阳市[redacted]　日期：2019-01-01　至：2019-03-31　查找　导出

	养殖场	断奶母猪头数	断奶仔猪数	断奶对应的出生活仔数	每头母猪断奶数	断奶前死亡率	仔猪成活率	断奶窝重	断奶个体均重	平均哺乳天数	PSY(全群指标)	PS
1	安徽[redacted]	2041	9827	15496	4.81	36.58%	63.42	0	0	25.59	8.32	9.4
2	安徽[redacted]一场	2919	14746	35172	5.05	58.07%	41.93	26.98	6.72	23.62	9.95	10
3	安徽[redacted]场	2118	10213	22830	4.82	55.27%	44.73	0	0	35.2	6.51	9.6
4	安徽[redacted]一场	1378	11079	15525	8.04	28.64%	71.36	0.14	6.93	32.17	10.53	31
5	合计	8456	45865	89023	5.42	48.48%	51.52	9.33	6.72	28.39	8.62	11

图 7-46　断奶成绩多场对比

（引自：上海麦汇信息科技养殖管理平台）

首页　存栏多场对比 ×

养殖场：安徽省,阜阳市[redacted]　日期：2019-03-01　至：2019-03-31　查找　导出

	养殖场	平均能繁母猪存栏	平均后备母猪存栏	平均胎龄	母猪期末存栏头数	后备母猪期末存栏头数	新增母猪头数	母猪更新率	淘汰母猪头数	淘汰率	死亡母猪头数	死亡率	淘汰母猪平均胎
1	安徽[redacted]	3801.35	136.29	4.09	3813	126	39	12.09%	0	0%	41	12.71%	0
2	安徽[redacted]一场	1343.46	63	0.35	0	0	0	0%	1305	1144...	1630	1429...	1.89
3	安徽[redacted]二场	713.19	65.84	0.74	19	0	0	0%	1868	3086...	1394	2302...	1.7
4	安徽[redacted]一场	2980.74	256.87	0.54	2968	155	618	244.28%	214	84.59%	69	27.27%	1.54
5	合计	8838.74	522	1.43	6800	281	657	87.58%	3387	451.5%	3134	417.7...	1.76

图 7-47　存栏多场对比

（引自：上海麦汇信息科技养殖管理平台）

任务 7.5　畜禽健康管理

微课　智能养殖畜禽健康管理

智能养殖模式下的畜禽健康管理是利用物联网技术，借助多功能融合的新型集成化感知层产品、智能数据采集装置和控制装置等，在线采集养殖场生产与环境信息，实现畜禽养殖的智能生产与科学管理。饲养员或管理人员可以通过手机、计算机等信息终端，实时掌握养殖场环境信息，及时获取异常报警信息，并可以根据监测结果，远程控制相应设备，实现健康养殖、节能降耗的目的。

7.5.1　音频检测

通过实时采集鸡舍现场录音，并和历史采集的正常鸡叫声、异常鸡叫声进行对比，显示对应发生的疾病情况及最近疾病的发生频率，现场人员根据警告提示给予治疗，系统辅助以疫情趋势图的形式反应治疗效果。见图 7-48。

7.5.2　视频监控

通过实时采集鸡舍视频数据，分别以原始视频和系统处理过的视频进行显示，通过面积和聚集程度计算，对鸡舍的异常聚集进行报警，现场人员查看当前及最近一段时间的环境数据（如温度、湿度），及时调整鸡舍的环境指标，防止出现更大的损失。见图 7-49。

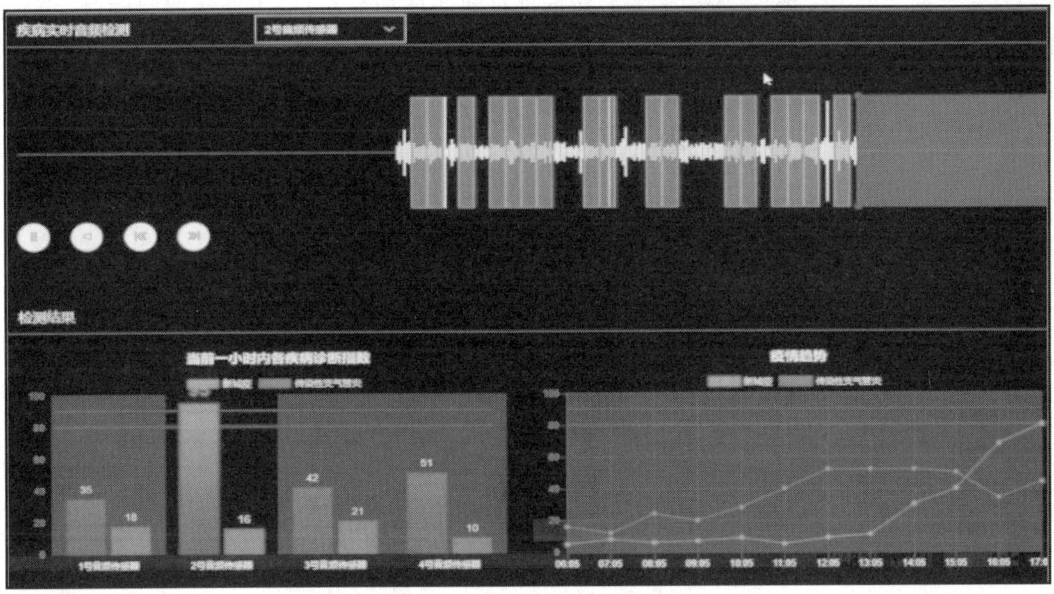

图 7-48 音频检测界面

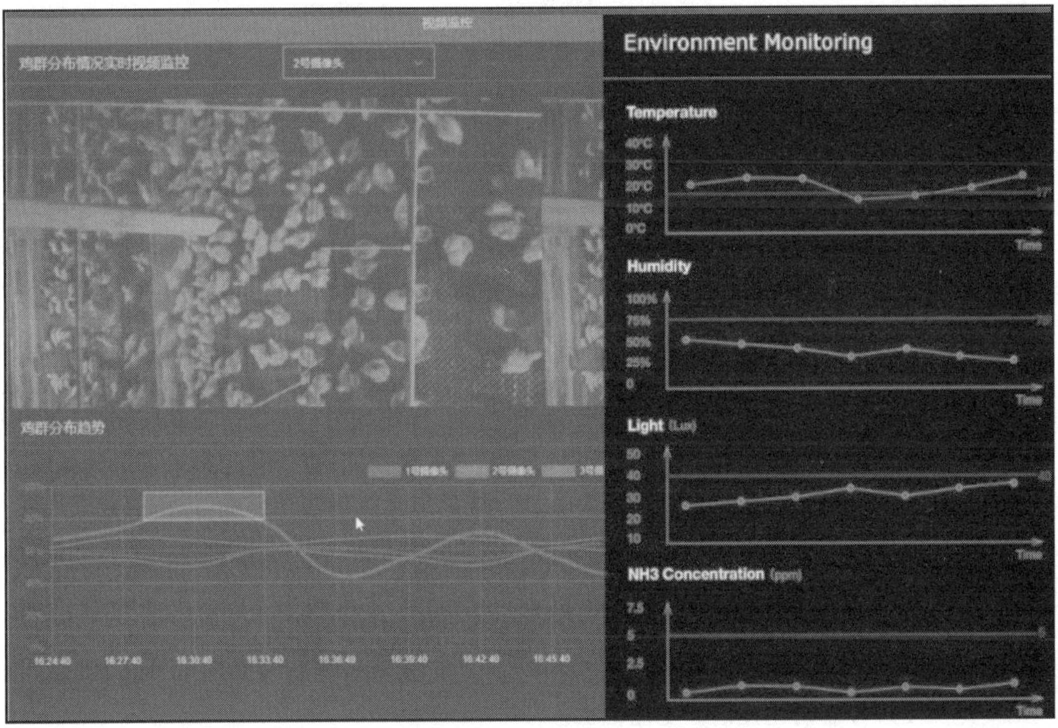

图 7-49 视频监控界面

7.5.3 可穿戴智能设备监测

可穿戴智能设备以嵌入式系统为核心，利用无线传感器网络（WSN）技术，将实时生理监测信息发送到云端服务器，云端服务器对数据进行智能处理分析，形成发情期判别、疾病早期预测等生产信息，并实时发送到管理人员手机或电脑上。见图 7-50。

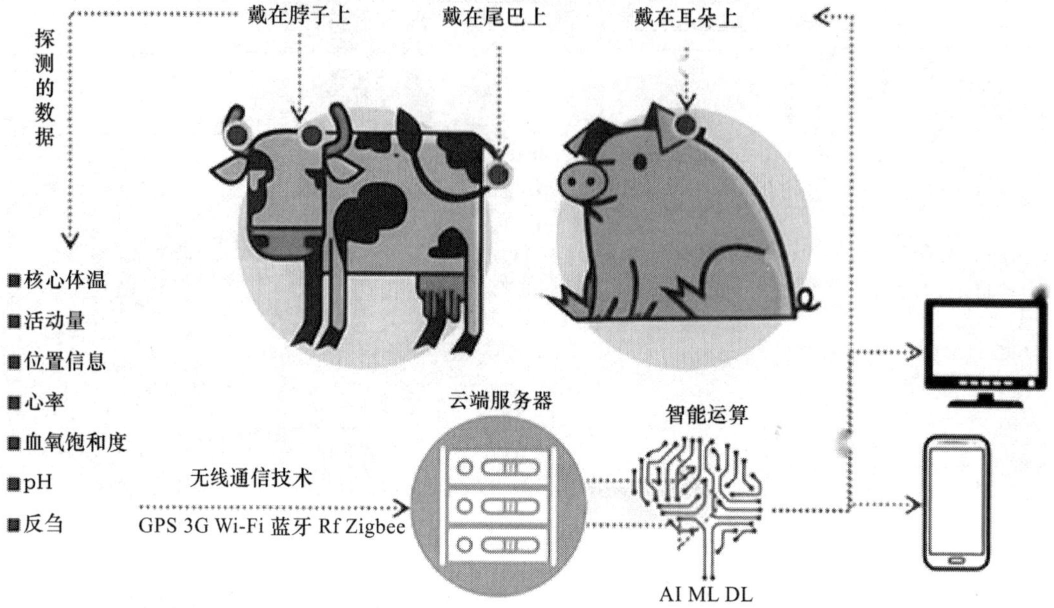

图 7-50 可穿戴智能设备工作流程图

澳大利亚 Agersens 公司开发的智能项圈，通过 GPS 定位，实时监控牛的活动，用户通过手机 App 设定虚拟围栏即牧牛范围，当牛向虚拟围栏方向走去时，项圈会提示发出声音，直至牛改变方向，实现无人放牧的智能牧场。

富士通研发的可穿戴于奶牛膝盖处的设备，经"牛类发情期探测系统"的计数与智能分析，探测奶牛发情期并确定配种时间，也可预警疾病，进行健康管理。

7.5.4 AI 养殖机器人

AI 养殖机器人不仅能够实现智能饲喂、智能挤奶、智能捡蛋、智能清粪等，还可实现智能健康管理。智能盘点模块可实时采集并准确记录个体采食数据；智能环控模块可采集氨气、二氧化碳、温度等环境数据。所有数据均原发、及时、准确地无线传输至云端，经由智能软件建立算法模型，为养殖场智能决策提供依据，避免因人为传递数据造成的不及时与不准确的弊端。

7.5.5 畜禽疾病远程诊断辅助系统

畜禽疾病远程诊断辅助系统能避开时空限制，扩大服务对象与服务内容的范围，第一时间、第一地点发现控制动物疫病。见图 7-51。

目前常用的有电脑远程诊断、手机远程诊疗、"互联网＋"、自动诊断系统等。当监测养殖场出现疫情时，基层养殖户、规模养殖场饲养员、兽医专家等均可通过手机 App、PC 端或其他访问系统，输入所观测到的症状，进行疾病辅助诊断。也可通过疾病问答平台，进行信息交流。先进的辅助诊断系统，会对疾病症状进行特征值提取，并客观科学地对特征值进行估值，构建疾病症纹库，以症纹比对的方式进行搜索、对比、分析，为专家提供一种全新的技术选项。

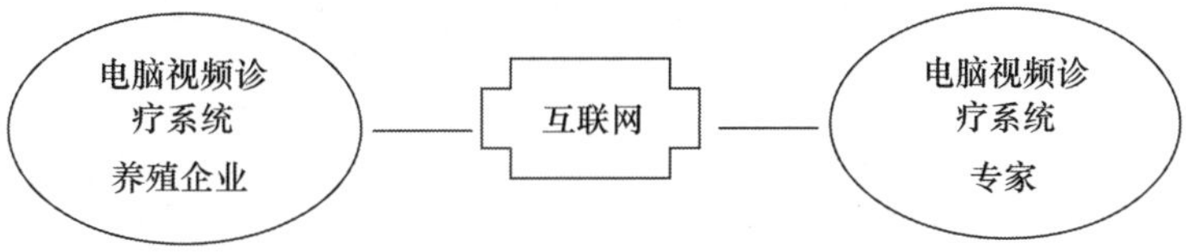

图 7-51　畜禽疾病远程诊断辅助系统工作流程图

思考题：

1. 猪场信息管理主要包括哪些内容？
2. 猪场日常数据录入主要包括哪些方面？有哪些注意事项？
3. 如何利用报表开展种母猪生产成绩分析？
4. 目前使用的畜禽智能化健康监测方式有哪些？各有何特点？

项目8　畜禽产品质量追溯

知识目标

了解畜产品质量追溯的目的、意义和分类。

了解国内外畜产品质量追溯系统的发展及应用情况。

了解畜禽产品质量追溯系统的构成及各子系统的主要功能。

熟悉对畜产品养殖、屠宰、加工、流通等各环节的追溯重点。

能力目标

掌握畜禽产品质量追溯的方法。

掌握目前主流的追溯技术，能应用追溯系统对畜产品质量进行追溯和监管。

掌握区块链技术在畜禽产品质量追溯中的应用。

素质目标

增强对食品安全的认识，增强对生产安全可靠畜禽产品的责任感和使命感。

培养学生诚实守信的职业意识。

随着人民生活水平的不断提高，对畜禽产品质量提出了更高的要求。禽流感、疯牛病、口蹄疫等人畜共患传染病的暴发，不仅对畜牧业生产带来了严重影响，也给食品安全造成严重的威胁。猪肉沙门氏菌事件、大肠杆菌事件、二噁英事件、乳粉三聚氰胺事件、鸡蛋苏丹红事件、猪肉瘦肉精事件等的发生，引发了人们对食品安全的强烈关切，提高畜禽产品的安全性已成为国际关注的焦点。

建立畜禽产品质量安全追溯系统，通过记录畜禽生产、屠宰、加工、冷藏、流通等各环节的原始信息，实现畜产品全程追溯、追踪，对有效控制畜产品质量安全、增强消费者信任度和满意度、加强畜禽产品质量安全监管、提升畜禽产品国内外市场竞争力等具有十分重要的意义。

少数发达国家通过建立和完善畜产品质量安全追溯体系，在提高畜禽产品品质、安全、卫生标准及检测要求等技术性贸易措施的同时，也限制了国外产品进入本国市场。

任务 8.1 畜禽产品质量追溯技术及应用

8.1.1 畜产品质量追溯系统定义与分类

微课 畜禽产品质量追溯系统的应用及发展

1.定义

畜禽产品质量追溯系统是基于现代信息化手段,把食品、饲料、用于食品生产的动物,或食品、饲料中可能会使用的物质,在全部生产、加工和销售过程中发现并追寻其痕迹的信息化系统。

2.分类

(1)按生产环节分。可以分为全程追溯和内部追溯。全程追溯是从最终的成品追踪到运输、贮存、发送和销售等环节;内部追溯是在生产链的某些环节内部,比如生产环节追踪等。

(2)按追溯途径分。可以分为正向追溯和逆向追溯。正向追溯是根据农产品的形成过程进行追溯;逆向追溯是从农产品的成品开始往回追溯。

(3)按追溯范围分。可分为内部追溯和外部追溯。内部追溯指畜产品生产链中的某个生产企业对其内部生产环节的追溯,企业内部的生产加工环节或质量安全关键控制点为一个溯源点。外部追溯指对畜产品供应链上下游企业的信息追溯。

(4)按追溯精度分。可分为个体追溯和批次追溯。比如肉鸡等家禽规模化养殖,每个鸡舍中的环境相同,个体差异较小,而且肉鸡个体多、体型小、不易标记,因此一般将每个鸡舍或群体作为一个单元进行批次追溯。

8.1.2 建立畜禽产品质量追溯系统的意义

1.有助于养殖企业快速定位问题,节约成本

在畜禽产品生产加工过程中质量安全问题不可避免,建立可追溯系统可快速有效地查看生产、加工产业链中的重要环节,迅速确定某一控制点,减少问题解决时间,降低解决问题产生的成本。

2.有助于畜禽产品生产和流通管理

追溯系统包含了产地、污染物、个体追溯等要素,涉及养殖、加工、销售流通等环节,是畜禽产品管理的信息跟踪和记录体系,满足畜禽产品的安全管理要求,也是实现畜产品管理科学性、效率性和效益性的有益完善。

3.有助于提高我国畜禽产品出口的核心竞争力

我国加入 WTO 后,畜禽产品出口种类和数量都有了明显增加。此前,由于我国畜禽产品无严格的质量安全控制制度,遭遇了一些国家的“绿色贸易壁垒”而无法正常出口。建立完善的可追溯系统,被公认为是畜禽产品出口贸易中提高竞争力的最有效手段。

4.有助于建立在环境生态系统安全基础上的畜禽产品质量安全体系

可追溯系统在保障食品质量安全的同时,可以有效防止畜禽养殖、屠宰等环节产生的有害物质对环境的污染,比如畜禽疾病、养殖污染物、屠宰废弃物等。因此,在保证畜禽产品质量安全的同时,也保护了环境,确保了人民生命安全和国家经济稳定,体现了人与自然和谐相处的绿色发展理念。

5.有助于国家对畜禽产品质量监控

建立可追溯信息系统,构建畜禽产品质量安全评价体系,可以明确风险分布,并对各项风险进行有效预警,为政府相关部门以及畜禽产品生产链中的管理者提供有效的监管渠道,为其决策提供依据。

6.有助于提升消费者需求信心

建立畜禽产品质量追溯系统,可以为消费者提供有效的食品安全监督方式,有效提升对畜禽产品消费的信心,进而促进畜牧业的健康发展。

8.1.3 发达国家畜禽产品质量追溯系统发展概况

世界农产品可追溯技术起源于美国。18 世末到 19 世纪初,美国开始在大宗的动物生产行业交易中登记牲畜标记。烙印首先用于牛场,以表明牛只所有权和防止被盗。生猪生产者利用耳号标记个体动物,用于登记注册和保留记录,但因为方法过于残忍,同时也降低了胴体价值,这两种方法被迅速抛弃。

20 世纪 20 年代美国利用耳签、文身和面牌标记。1930 年,美国颁布《易腐农产品法案》,要求执行严格的农产品可追溯性相关规定,这些规定包括条码标签及信息系统的应用等。20 世纪 60 年代早期,美国用背部标签进行畜禽标识,要求在联邦注册登记,当疫病暴发和消除时,成功地追溯了染病畜禽的转移情况。

畜禽产品质量追溯系统发端于欧洲。20 世纪 90 年代,为应对起源于英国、在欧洲扩散的疯牛病,欧盟于 1997 年着手制定最初的畜禽产品质量安全可追溯规则,启动牛肉产品可追溯体系建设,在相关法律、法规、制度、举措等方面走在世界的前列。欧盟在法律框架之下建设畜禽产品质量安全可追溯系统,2000 年发布《食品安全白皮书》,颁布了以控制"农田到餐桌"全过程为基础、明确所有相关主体责任的法令。欧盟食品法目标是确保食品质量安全,可追溯系统包括畜禽饲养方法、畜禽健康与保健、污染物及农药残留、饲料加工、畜禽产品生产加工主体的责任等。欧盟 2000 年出台了(EC)No1760/2000 号法规(又称新牛肉标签法规),规定自 2002 年 1 月 1 日起,所有在欧盟市场流通的牛肉产品必须可追溯,在牛肉产品的标签上必须标明牛只的出生地、饲养场、屠宰加工厂,否则不允许上市。2012 年 1 月 28 日欧盟正式成立了"欧洲食品质量安全局(European Food Safety Authority,EFSA)",颁布 178 号法令,确保食品安全性和可追溯性。

法国在牛的追溯方面走在前列。20 世纪 90 年代即出台专门法律对家畜饲养地点界定、动物标识标准化程序和动物转移过程标准等进行了严格规定,要求牧场的饲养日志要详细记录动物转移的时间、目的地等信息,该记录统一集中在一个由农业部管理的全国牲畜标识数据库中管理。法国要求每头牛均有"护照",护照中包括牛的卫生状况等各类要求的信息,护照上的条形码可供自动读取护照中的信息,护照与牛终生相随。牛离开饲养场,每到一处,都要加贴标签记载,所经过的不同饲养地点或停留过的地点信息都记载在护照上,这些信息也要登入全国的数据库。进入屠实场的牛必须要有护照,屠宰场为每头牛专门分配一个屠宰号,该号码和护照号码对应。屠宰号印在牛的胴体上,也进一步印在分割肉上。屠宰场根据这一屠宰号可随时追踪到某个护照号码的牛。屠宰加工场发出的牛肉制品可以通过在送货单、发票上登记的屠宰号、批次号继续识别，一直识别到消费者手中消费的肉。通过这些措施实现对牛肉的全程无缝追溯。

丹麦的生猪追溯体系比较完善。根据欧盟法令规定的授权编码形式，对猪及猪肉进行标识。丹麦所有刚出生的猪从出生地向外运输时必须标有耳标，所有的养猪场都有一个官方制定的 CHR 编码(中心科学管理注册编号)，该编码必须在丹麦农业部动物科学管理中心注册和记录。该编码数据库中必须含有 CHR 号码、畜主信息、所辖地区管理人员信息、猪场地址、牲畜类型、牲畜数量以及责任兽医信息等。所有猪只到场和离场都需登记，包括供应方和接收方的 CHR 号码，交易的每批猪须有运送档案，包括 CHR 号码、买卖方、运输方的名字和地址、猪编号、运输日期等。屠宰场只能直接从生产者手中接收猪，运输过程中运输人员必须掌握始发地、目的地以及畜主信息。猪屠宰后，经兽医检查人员宣布肉适合人类消费，按照欧盟指令(64/433/EC)，所有的胴体都要标记由丹麦兽医和食品管理局分配给企业并经欧盟批准授权的编号。如果胴体是在一个独立的企业中切割、肉产品在一个独立的企业中加工，按欧盟指令，要给猪肉标记这个企业的授权号。考虑到消费者的利益，猪肉在包装前必须遵从欧盟指令(79/112/EC)，必须标识有卖主、包装公司或生产公司的名称。销售终端的猪肉通过授权编码可以追溯到猪肉分割的企业，分割企业通过授权编码可以追溯到屠宰场，屠宰场通过全部标记物和运送档案可以追溯到来源胴体，再最终追溯到生产猪场，实现整个猪产业链条的全程可追溯。

日本在畜禽产品可追溯系统建设和应用方面走在世界的前列，制定了一套比较完善的法律体系和行之有效的监管制度，特别是在零售阶段，日本的大多数超市都安装了可追溯终端，以供消费者查询相关信息。日本的可追溯系统主要是在政府的推动下建立的，属于“政府统筹型”。

8.1.4 我国畜禽产品质量可追溯系统的发展与应用

我国于 2002 年启动畜禽产品质量安全可追溯系统建设，并逐步纳入国家法律、法规和政策框架。农业部 2002 年 5 月 24 日发布的《动物免疫标识管理办法》(农业部令第 13 号)强制规定猪、牛、羊佩戴免疫耳标，建立免疫档案管理制度，部分地区初步建立动物免疫耳标计算机管理体系。

2006 年 7 月 1 日起施行的《畜牧法》规定，养殖场、养殖小区兴办者应当将养殖场、养殖小区的名称、养殖地址、畜禽品种和养殖规模，向所在地县级人民政府畜牧兽医行政主管部门备案，取得畜禽标识代码。畜禽饲养场、户应按国家关于畜禽标识管理规定，在指定的应加施部位加施标识。规定应加施标识而未标识的畜禽，不得销售和收购。

2008 年 1 月 1 日起施行的《动物防疫法》规定，经强制免疫的动物，应当按照国务院兽医主管部门的规定建立免疫档案，加施畜禽标识，实施可追溯管理。

根据《畜牧法》《动物防疫法》《农产品质量安全法》等法律法规，农业部于 2006 年 6 月审议通过《畜禽标识和养殖档案管理办法》，原《动物免疫标识管理办法》同时废止。《畜禽标识和养殖档案管理办法》对畜禽标识、养殖档案、信息、监督等方面管理工作提出了具体要求。为贯彻落实新办法，农业部发布了《关于贯彻实施〈畜禽标识和养殖档案管理办法〉的通知》、《关于进一步加强牲畜耳标佩戴和养殖档案管理有关工作的通知》等 10 多个管理文件。各地根据法律法规、农业部的文件要求，出台了配套文件和试点实施方案，为推行畜禽产品质量安全可追溯系统提供了政策支持。

1.我国畜产品质量追溯技术的发展

我国畜产品追溯系统的建设大致可分为三个阶段。

(1)研究阶段。我国畜禽产品安全可追溯系统研究始于2002年。2002年12月，农业部成立农产品质量安全中心，并颁布《动物免疫标识管理办法》。农业部(现为农业农村部)、科技部、商务部、原国家食药监局、国家质检总局、国家出入境检验检疫总局等单位和多个地方政府开展了相关工作，在技术发展、应用等方面取得了一些进展。

2002年，科技部设立“肉用猪工厂化生产全程质量管理与畜产品可追溯计算机软件研究”“工厂化农业技术标准研究”等课题。2003年，科技部设立“饲料和畜禽产品数字化安全监控体系研究”“数字农业精细养殖平台技术研究与示范”等课题，进行畜禽产品安全可追溯研究，探索适合的可追溯技术。

(2)试点阶段。2004年，原国家食药监局等八部委明确肉类作为食品安全信用体系试点行业，启动肉类食品可追溯制度和系统建设项目。2004年，农业部启动农产品质量安全追溯体系试点建设，探索建立动物标识及疫病、水产品等专业追溯体系。2004年，中国物品编码中心(隶属于国家质检总局)通过“中国条码推进工程”，推动我国食品安全可追溯系统中条码技术的应用，在陕西、北京、上海、山东等地开展食品可追溯技术研究和试点。如陕西标准化研究院编制《牛肉质量跟踪与溯源系统实用方案》、北京金维福仁清真食品有限公司开发的“牛肉产品跟踪与追溯自动识别技术应用示范系统”、山东寿光开展“蔬菜安全追溯系统研究及应用示范工程”。

2005年，为应对欧盟畜禽水产品可追溯技术壁垒，国家质检总局出台了《出境水产品溯源规程(试行)》。2005年8月，福建省厦门市正式开通首个畜产品质量查询系统。2006年，农业部开始在四川、重庆、北京和上海四省市进行试点标识溯源工作，北京市提出在重点养殖基地通过对动物产品佩戴耳标、脚标等措施，在屠宰和流通环节应用射频识别(RFID)等技术，实现对畜禽产品养殖、收购、屠宰、分割、运输、销售等信息进行记录，建立追溯档案。

(3)实施阶段。2008年，农业部农垦经济发展中心建设“农垦农产品质量追溯展示平台”，对畜肉、禽肉、禽蛋、水产品等七类农产品建设质量安全追溯系统。2010年，中国动物疫病预防控制中心建设动物标识及疫病可追溯体系。自2010年以来，商务部、财政部开展肉类、蔬菜流通追溯体系建设，建成以中央、省、市三级平台为主体、全国互连互通、协调运作的追溯管理网络，形成生产与流通有效衔接的肉类、蔬菜流通追溯体系。截至2016年，共有1.1万多家肉菜流通企业纳入追溯体系。

2.可追溯系统技术应用

2006年开展标识溯源试点工程以来，农业部组织相关科研部门、技术单位，加大研究力度，攻克了二维码影像识读、便携式移动智能识读器、海量数据检索、机打检疫出证等关键技术。

(1)二维码影像识读技术。二维码耳标采用数字化编码技术和基于光学图像识别技术，解决了动物编码信息的生成、处理、传输和存储问题，奠定了动物个体信息处理的可追溯技术基础。打破了全球掌握条码识别知识产权少数几家企业的价格垄断，大大降低了二维码耳标成本(与传统耳标成本相当)。

(2)便携式移动智能识读器。集耳标条码影像识读、无线传输可嵌入应用、手写触摸屏、IC卡识读、串口连接打印机等多功能于一体,极大地降低了识读成本,提高了追溯监管效率。

(3)海量数据检索技术。突破了瞬间锁定大数据中的数据源、快速查询牲畜标识信息、路径等难题,为数据检索、监测铺平了道路。

(4)网络检疫出证系统。有效规避了手写不规范、易伪造等弊病,确保检疫证明真实可信。基于一系列的技术突破,农业部2006年6月26日颁布了第67号部令《畜禽标识和养殖档案管理办法》,规定全国统一使用牲畜耳标即新型二维码耳标,使二维码耳标得到全面应用。

2006年9月,上海市300多人因食用"瘦肉精"猪肉中毒,事发后有关单位基于畜产品安全信息追溯系统几分钟就找到了"源头",有效地防止了危害扩散。

3.存在的问题与发展趋势

(1)缺少全国统一、覆盖全程的畜禽产品质量安全可追溯制度。当前我国部分地区已对某类畜禽产品实行区域安全可追溯制度,如阳澄湖大闸蟹贴上了可追溯信息的二维码标签。但仍存在区域分割、信息分隔、品种单调、追踪不彻底、追溯成本高等问题,难以全面、有效、可持续确保畜禽产品质量安全。畜禽产品生产销售的全国性,决定了畜禽产品质量安全可追溯是一项国家级系统工程,需要建设覆盖全国、全程的统一信息平台,才能有效追溯、追踪、监管。

(2)畜禽产品质量安全可追溯信息化较为滞后。畜禽产品质量安全可追溯体系建设高度依赖于现代信息技术,信息披露是可追溯的核心,是消费者知晓情况、进行监督的关键。目前,我国畜禽产品质量安全可追溯体系信息化还比较滞后,信息技术、人工智能技术应用还不充分,特别是中小养殖企业智能化养殖水平还比较低,还没有形成完整成熟的畜禽产品质量安全信息动态追踪体系。

(3)畜禽产品质量安全可追溯标准化建设不够。养殖企业追溯信息记录及其内容难以达到可追溯的标准,不利于标准的实施。地方政府建立的数据库和信息查询平台各自独立、标准不一,造成信息无法对接、难以共享。在信息的录入、监管方面,缺乏统一的标准和机制。如牛肉可追溯系统中,肉牛耳标编码还缺乏统一标准,架子牛很多来自农户散养,牛犊出生时未注册,养殖场、屠宰场和分割加工厂之间衔接不畅,不利于可追溯系统的有效运行。

(4)畜禽产品质量安全可追溯技术支持仍有不足。畜禽产品质量安全可追溯技术要求先进、适用、低成本。目前,各地正积极探索使用RFID可追溯系统,但与发达国家相比,我国在畜禽产品质量安全可追溯系统中的应用处于起步阶段,距离端对端可追溯仍存在一定差距。新一代先进、适用、低成本多维彩码信息技术还不成熟,畜禽产品质量安全可追溯技术仍有待进一步发展。

(5)可追溯系统建设高成本、低产出问题普遍存在。企业在实施畜禽产品质量安全可追溯过程中,需要建设和维护追溯信息管理系统和数据库,购置、维护实施追溯的软硬件设备,开展人员培训、使用网络等,这些费用对一般企业难以承担。若在所有超市、批发市场部署终端查询机,也将是一笔费用。与此同时,追溯农产品高价策略还没有得到市场、消费者全面认可,短期内企业收益不明显,自发实施可追溯缺乏内在动力。主动加入可追溯系统的生产者数量少,消费者真正通过系统进行查询、追溯的少,可追溯系统的质量安全保障功能还未能有效发挥。

任务 8.2 畜禽产品质量追溯系统的构成

畜禽产品质量安全可追溯系统是一个庞大体系，涉及畜牧兽医各级领导决策部门、经贸部门、基层防疫人员、检疫监督人员和畜禽繁育场、养殖场(户)、饲料加工厂、畜禽屠宰加工企业、畜禽产品仓储流通销售企业等；覆盖了畜禽繁殖、饲养、免疫、产地检疫、出县境检疫、道路监督、屠宰检疫、产品加工、冷藏、流通、销售等诸多环节。追溯系统的建设应能做到广适应、全覆盖、好操作。

微课 畜禽产品质量追溯系统构成及信息关键点分析

8.2.1 畜禽产品质量追溯系统构成

按工作环节分，系统主要包括畜禽标识申购与发放管理系统、畜禽生命周期各环节全程监管系统、畜禽屠宰加工产品质量安全追溯系统三大部分。

1.畜禽标识申购与发放管理系统

主要实现对动物标识的生产、保管、发放、使用、登记、回收、销毁等环节的管理。

2.畜禽生命周期各环节全程监管系统

主要实现对畜禽饲养、产地检疫、流通监督、屠宰检疫等环节的监管。

(1)饲养监管。防疫人员为初生畜禽、准备离开饲养地的畜禽佩戴标识(新出生畜禽，在出生后 30 d 内加施畜禽标识；30 d 内离开饲养地的，在离开饲养地前加施畜禽标识)，录入标识信息，存入 IC 卡，并上传至中央数据库。

(2)产地检疫。动物检疫人员按规范开展产地检疫，通过移动智能识读器扫描动物标识，在线查询免疫等情况，对检疫合格畜禽出具电子产地检疫证，并将产地检疫信息存入 IC 卡，并上传至中央数据库。

(3)流通监督。畜禽卫生监督人员使用移动智能识读器扫描电子产地检疫证上的动物标识，或以网络查询方式等鉴别动物标识和电子检疫证真伪，并将监督信息上传至中央数据库。

(4)屠宰检疫。屠宰检疫人员通过移动智能识读器扫描查核动物标识和电子检疫证上的信息，对检疫合格者出具电子检疫证明，并上传屠宰检疫信息至中央数据库，同时注销废弃动物标识。

3.畜禽屠宰、加工产品质量安全可追溯系统

主要实现对畜禽胴体标识调转、畜禽分割产品标识分发、消费者产品安全信息查验等环节的监管。

(1)畜禽胴体标识转换。屠宰过程中，动物检疫员使用移动智能识读器读取标识，通过系统平台自动将动物标识转换为标准条码，以产品标签形式随同畜禽胴体出场，实现供体畜禽可追溯。

(2)分割产品标识分发。分割过程中，由操作人员使用终端设备识读、打印畜禽胴体标准条码，粘贴在包装上，实现胴体可追溯。

(3)消费者查验信息。建立畜禽产品消费查询网络平台，消费者可通过互联网、手机 App、移动智能识读设备，查询畜禽从出生到餐桌的全程监管信息，实现畜禽产品质量安全追溯。

8.2.2 畜禽生产流程追溯

为了使可追溯系统数据准确、完善，必须对畜禽生产的业务流程进行透彻分析，科学设定追溯关键信息点。在畜禽生产的业务流程中，主要有养殖、屠宰、加工和流通四个环节。

1.养殖环节

养殖环节中的饲养环境、饲料质量、防疫免疫等因素都会对畜禽的生产质量产生一定的影响。

(1)品种信息。对畜禽优选品种进行登记，主要包括来源、品种、等级质量等信息。

(2)饲养信息。对饲料形态、饲养方式、饲喂方法、饲喂制度、饮水情况、饲养负责人等信息进行详细的记录。

(3)繁殖信息。重点记录增加量和自繁殖量等。

(4)防疫信息。主要记录现存畜禽的健康状况、疫苗信息、效果、防疫程序等。

(5)诊疗信息。重点记录诊疗过程中投放兽药的信息、用药状况、用药效果等。

(6)出栏信息。对符合出栏条件的畜禽记录出栏检疫、检测情况、休药期情况、出栏后去向等信息，然后进入下一个流程；对不符合出栏情况的畜禽继续记录存栏量和相关信息。

2.屠宰环节

屠宰是将畜禽活体转化为肉产品的过程，屠宰场是实施该过程的主要环节，也是畜禽产品可追溯系统中质量安全的关键点，畜禽产品可追溯系统的重要信息源。重点包括屠宰加工企业名称、代码、资质、地址、注册年检信息、联系方式等。屠宰过程中涉及的关键点主要包括活体入场检验、宰前检疫、屠宰过程、宰后检疫、金属探测等。

3.加工环节

加工环节重点记录的可追溯信息，主要包括包装材料检验、成品检验信息等。包装材料检验是指对包装产品的记录信息，如包装来源、主材质、是否符合安全标准、规格等信息；成品检验记录的相关信息包括产品名称、批次号、质量等级、重量、包装、生产日期、成品或半成品等。

4.流通环节

流通环节主要包括物流运输和经营销售两个阶段。

物流运输信息主要包括物流企业名称、运营资质、企业代码、货物流程等；经营销售信息主要包括产品的销售去向，即发给经销商还是进入超市、市场等，经销商名称、联系方式、产品名称等相关产品信息。

8.2.3 追溯技术的实现

追溯技术主要包括数据库技术、个体标识与识别技术、信息传输技术、信息编码体系和追溯信息系统集成等技术。对畜禽产品而言，主要包括养殖企业根据 HACCP(hazard analysis critical control point，危害分析和关键控制点)等原理，构建的追溯关键点信息记录技术和产品供应链各生产经营主体相关信息的关联与追溯。产品个体标识主要记录企业信息、产品信息、物流信息、质检信息等，在整个供应链中具有唯一性，主要有标签溯源技术、生物技术和化学技术等方法。在畜禽产品个体标识技术中，虽然国内外相关学者对生物技术方法和化学技术方法进行了相应的研究，证明其在追溯技术中可行且切实可靠，但由于成本及技术等原因，距实际推广与应用还有一定的差距。本课程主要介绍一维条码、二维码、射频识别(RFID)和NFC标签等溯源技术。

1.一维条码

一维条码是由一组粗细不同的线、空和对应字符组按相关的编码规则组合而成的标记,条码读取设备能够使它转化成相应的十进制与二进制数据以供计算机应用,从而实现对产品进行标识与识别的技术。目前主流的编码方式是全球物流供应链的开放标准体系 GS 1(globe standard 1)。一维条码易编制与识别,制作成本低,可印制在普通的标签材料上,在畜禽产品追溯尤其是对终端产品的追溯中得到广泛应用。但一维条码受自身结构的影响,携带信息量较小,并且由于编码比较简单,纠错能力和防伪性较差。为了提高一维条码的信息存储容量、防伪性和保密性,二维码被研发出来。

2.二维码

二维码也称为二维条码,是在一维条码的基础上,在垂直和水平方向通过特定的几何图形按照一定规律分布记录信息的标识技术。二维码主要通过数据分析与编码、纠错码,置入功能模块、码字模块,加入掩膜、格式和版本信息的流程进行编码;主要有 QR・Code、PDF 417、Code 49 等类型,其中 QR・Code 因其易识读和高效表示汉字等特点,是目前主流的编码类型。

二维码具有成本低、信息容量大、容错能力强、保密性和防伪性高等特点,应用二维码建立的畜禽产品追溯系统,消费者可通过扫描二维码查询畜禽产品生产经营企业、养殖加工、存储物流、安全检测、认证等信息。

二维码虽然克服了一维条码信息储存不足和防伪性差等问题,但不能实现畜禽产品"全产业链"的质量安全信息标识;此外,如何通过计算机技术来确保信息不被修改或造假,将成为未来研究与发展的方向。为了克服这些弊端,出现了 RFID 技术。

3.RFID 技术

RFID(radio frequency identification,无线射频识别)技术是一种无线通信技术,俗称电子标签。可通过无线电讯号识别特定目标并读写相关数据,而无须识别系统与特定目标之间建立机械或光学接触。RFID 设备寿命长,可适应油渍、高温、水体、灰尘污染等恶劣环境,可对高速运动物体和多个标签进行识别等特点,被广泛应用于畜禽养殖阶段的活体信息记录。目前,我国企业已经应用 RFID 和二维码等技术建立了追溯系统,技术联用以及技术升级将是未来 RFID 技术得以推广应用的重要途径;在国际上 RFID 技术还存在日本的 UID(ubiquitous ID)规范、欧美的 EPC(electronic product code)规范以及 ISO 系列标准等,我国 2013 年发布了 RFID 国家标准。在经济和贸易全球化的时代,标准的不统一造成了 RFID 应用的不便。

4.NFC

NFC(near field communication)技术,又称近距离无线通信技术,是在 RFID 技术基础上发展而来的近距离连接协议下的私密通信方式。由于畜禽产品具有批量大、个体小、鲜活和未包装等特点,所以高效、结构简单的 NFC 标签逐步用作畜禽产品的标识技术。使用 RFID、二维码和 NFC 等技术建立的畜禽产品追溯系统等,展现了追溯技术联用的优势,消费者可以通过追溯标签查询畜禽产品的相关信息,方便流通阶段的追踪和溯源。但是与一维码、二维码、RFID 等相比较,NFC 标签的价格较高,目前在畜禽产品追溯系统中应用还比较少。

任务8.3 畜禽产品质量追溯系统设计及应用

以基于 MySQL 数据库开发的畜禽产品追溯系统为例，分别从体系结构、功能设计、数据库设计、系统应用等方面进行介绍。

微课 畜禽产品质量追溯系统设计及应用

8.3.1 体系结构

畜禽产品质量追溯系统主要采用浏览器/服务器(B/S)的模式，系统结构功能分为展示层、功能层和数据层。

8.3.2 功能设计

系统功能主要包括登录验证、信息编码、信息录入、信息查询、预警信息、数据中心等(图8-1)。

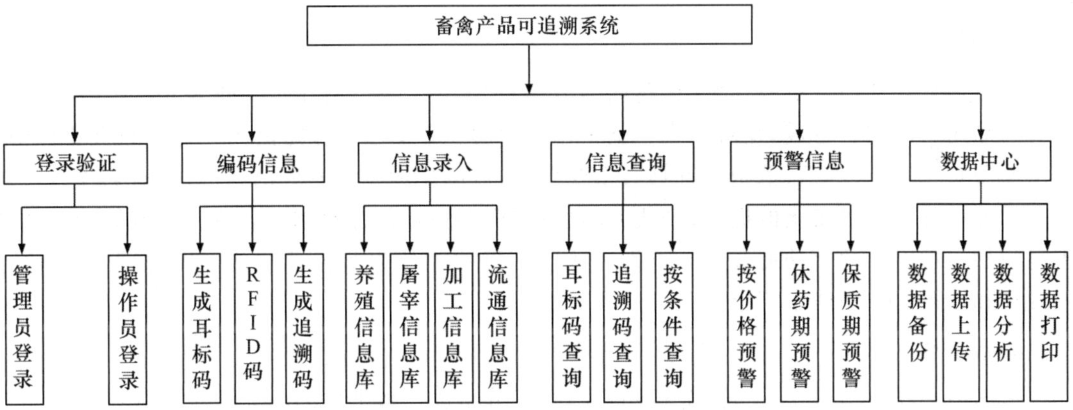

图8-1 畜禽产品质量追溯系统图示

1.登录验证

登录验证功能分为管理员登录和操作员登陆两部分，管理员登录的功能主要是进行系统的功能维护、用户授权、数据审核、后台设置、安全防护等操作；操作员登录的功能是进行日常的业务流程工作，如编码信息的生产、可追溯信息的录入、预警信息的查看及系统中提供的界面功能。系统也可以对一般用户开放，不需要注册为管理员或操作员，但只能使用信息查询和打印相关数据的功能，其他功能无法使用。

2.编码信息

编码信息功能由生成耳标码、RFID码、生成追溯码三部分组成。畜禽活体进入养殖场之前开始登记信息，通过生成耳标码功能确定畜禽的耳标码(二维码格式)，通过数据中心的“打印耳标”功能制作出耳标，给畜禽活体进行佩戴。RFID编码功能是针对屠宰阶段设定的，首先接收耳标码的信息，然后将分割肉进行编码，按顺序记录分割信息，通过打印功能，制作RFID标签。生产追溯码功能是按照EAN/UCC标准，按格式将RFID码嵌入可追溯码，并连接耳标码实现新码的过程。

3.信息录入

信息录入功能由养殖信息库、屠宰信息库、加工信息库和流通信息库四部分组成。数据录入功能是可追溯系统的核心部分,录入的内容根据畜禽生产业务流程中可追溯信息关键点进行录入,录入后要对数据进行保存、审验,审验过程中包括冗余检测(检查录入的记录是否在原数据库中存在)、数据标准检测(输入的数据内容是否符合标准要求,是否超出范围)、数据一致性检测(数据之间是否存在冲突)等,只有这些审核完全通过后才能进行。

4.信息查询

信息查询功能由耳标码查询、追溯码查询、按条件查询三部分组成。耳标码和追溯码查询功能可以通过电脑终端进入该系统,输入相应的数码即可查询相关信息。此外,可以通过移动终端进行二维码扫描和查询,得到的相关信息与电脑终端信息一致。按条件查询是在电脑终端上在不知道相应耳标码和追溯码的前提下进行的一种查询,只要输入与条件对应的功能就可以在中央数据库中查询所有符合条件的信息,显示后还可以进行二次筛选,操作简单方便,快捷有效。

5.预警信息

预警信息功能由按价格预警、休药期预警、保质期预警三部分组成。预警功能的实现是对畜禽产品安全的监督警戒,是对生产养殖企业的及时提醒,是对消费者食品安全的重要保障。价格预警对于生产、养殖、消费等都具有重要作用,可以作为生产发展的参考;休药期预警是对畜禽饲养过程中质量安全的提示、警戒的功能;保质期预警是针对加工和流通环节的物流及销售时间做出预警。预警功能按照严重程度从轻到重顺序分为蓝色(Ⅳ级)、黄色(Ⅲ级)、橙色(Ⅱ级)和红色(Ⅰ级)四个等级。

6.数据中心

数据中心功能由备份、上传、分析和打印四部分组成。数据中心的功能主要依托于中央数据库,对应可追溯信息的相关数据要做到定期备份和储存。对录入的新数据要经过系统审核后,通过数据上传功能传输到中央数据库中。对查询后的相关数据可以进行预测、收益、风险等分析,也可进行报表上传等。数据打印功能包括打印耳标码、商品标签、RFID标签、报表及其他数据等。

8.3.3 数据库设计

数据库是畜禽产品质量追溯系统的核心,数据库越翔实查询的信息越详细,越能起到对畜禽产品从产地到餐桌全程各阶段的信息跟踪和查询,真正实现追溯信息可查询、来源可追溯、去向可追踪、责任可追究。一般数据库系统包括用户数据库、编码信息数据库、养殖数据库、屠宰数据库、加工数据库、流通数据库等部分(图8-2)。

数据库由若干个存储数据的表组成,系统性能的好坏取决于表的结构是否协调,表结构好相对的系统性能就高,反之,则系统就不好用。下面举例说明。

1.责任分区信息表

责任分区信息表保存的是跟责任分区有关的相关信息(表8-1)。

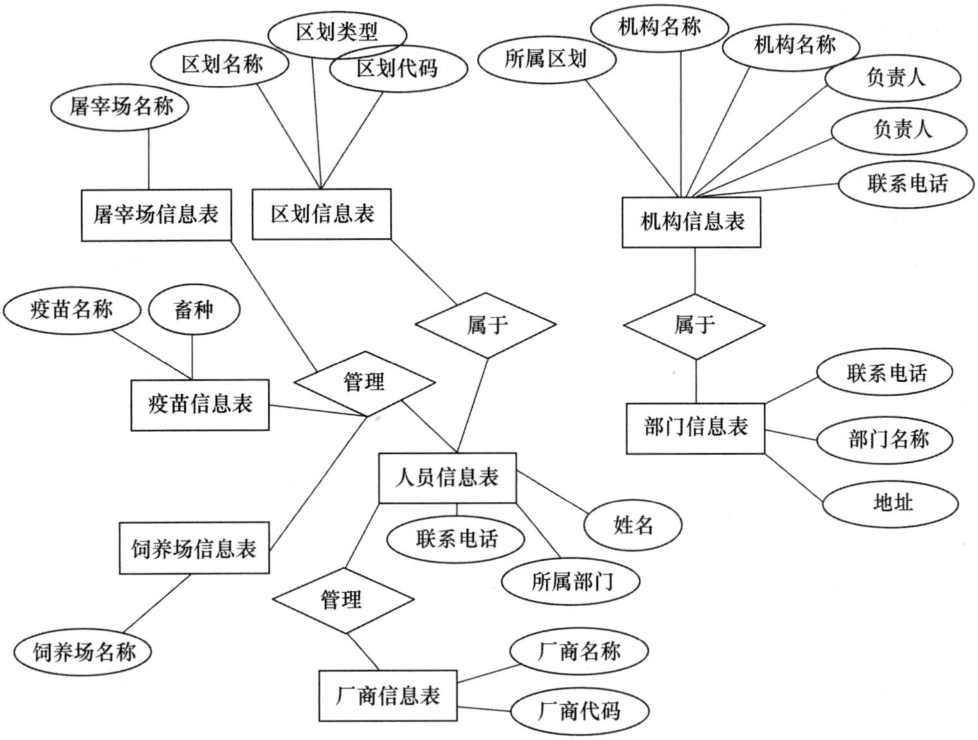

图 8-2 畜禽产品质量追溯系统数据库模型

(引自:甲骨文科技生猪养殖追溯管理平台)

表 8-1 责任分区信息表

显示字段	字段名称	数据类型
主键	ID	Int
责任分区名称		
责任分区类型		
责任分区代码		

2.责任主体实例化表(表 8-2)

表 8-2 责任主体实例化表

显示字段	字段名称	数据类型
主键	ID	Int
所属责任分区		
责任主体实例化名称		
责任主体		
责任主体实例化电话		
责任主体实例化地址		
责任主体实例化范围		
责任主体实例化联系人		
责任主体实例化邮编		

3.部门信息表(表 8-3)

表 8-3 部门信息表

部门信息显示字段	字段名称	数据类型
部门信息主键	ID	Int
部门主管姓名		
部门信息称谓		
办公电话		
办公场所		
主管层级		
联系方式		

4.人员信息表

人员信息表保存的是与动物质检员有关的信息与资料(表 8-4)。

表 8-4 人员信息表

显示字段	字段名称	数据类型
动物质检员主键	ID	Int
动物质检员名称		
动物质检员密码		
动物质检员电话		
动物质检员身份证号		
备注		

5.产品质量问题责任主体信息表

产品质量问题责任主体信息表保存的是与畜产品质量问题责任主体相关的信息，如产品质量问题责任主体的详细资料和责任主体的基础资料等(表 8-5)。

表 8-5 产品质量问题责任主体信息表

显示字段	字段名称	数据类型
主键	ID	Int
责任主体名称		
责任主体代码		
联系人		
联系电话		
责任主体地址		

6. 畜禽屠宰单位信息表(表 8-6)

表 8-6 畜禽屠宰单位信息表

显示字段	字段名称	数据类型
主键	ID	Int
畜禽屠宰单位名称		
屠宰单位代码		
屠宰单位联系人		
联系电话		
单位负责人		

数据库的功能强大与否取决于库表结构,因此,在设计数据库表结构时要尽量考虑全面,不仅要保证功能强大,还要保证数据的安全性和准确性。也可以通过对数据库表结构的控制,对数据进行更好的操作,使得系统在使用的过程中顺畅、无卡壳现象。

8.3.4 系统应用

畜禽产品质量追溯系统的设计和应用实现了对畜禽产品信息的过程跟踪,当消费者购买到畜禽产品时可以通过产品标签上的追溯码进行查询。查询方式可以是计算机终端也可以是手机终端(图 8-3)。

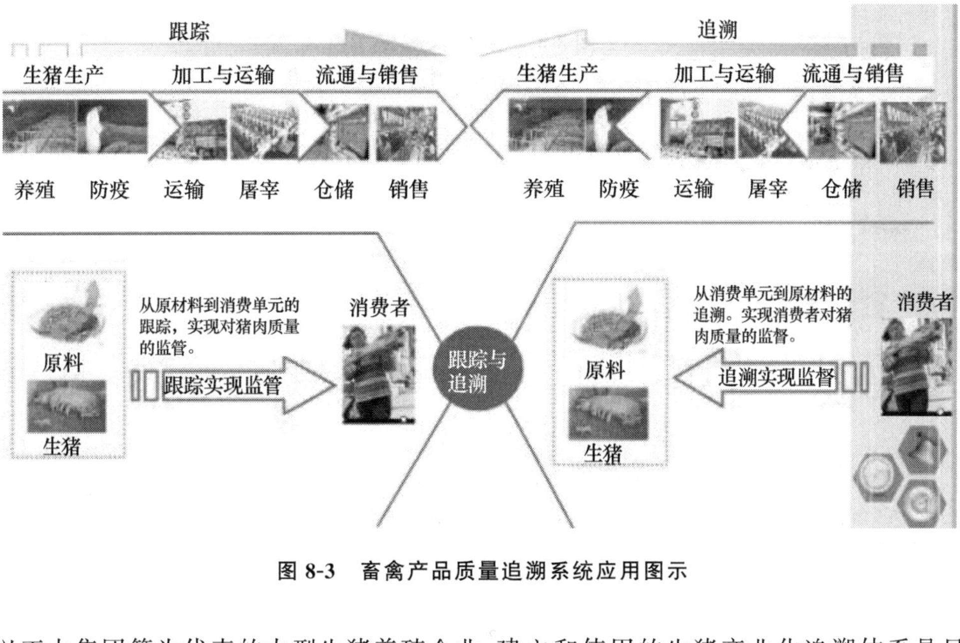

图 8-3 畜禽产品质量追溯系统应用图示

以正大集团等为代表的大型生猪养殖企业,建立和使用的生猪产业化追溯体系是目前从养殖到餐桌,较为完善的追溯管理平台,基本实现了生猪从种苗、饲料、养殖、检疫、屠宰、加工生产等环节信息高度透明、溯源可查的目标。

生猪养殖追溯系统主要包括以下功能和建设内容。

1. 生猪管理系统功能及建设内容

生猪按照一头一码追溯的标准，进行耳标信息对接，建立生猪基本户籍档案，维护日常养殖记录，实现养殖环节的全程记录（图 8-4）。

图 8-4　生猪入场登记

（引自：甲骨文科技生猪养殖追溯管理平台）

（1）生猪基本信息管理（图 8-5）。

图 8-5　生猪基本信息

（引自：甲骨文科技生猪养殖追溯管理平台）

主要功能：使用 RFID 读写器将需要佩戴的耳标逐个读取，采集到的信息上传至数据中心，或者通过系统后台添加生猪信息，支持批量导入功能，支持按圈舍、猪耳号、成长阶段等字段进行查询和批量导出。

母猪主要记录：耳号、品种、年龄、圈舍号、来源（自繁、外购，外购时间）、所处阶段（空怀、妊娠期、哺乳期）、产仔胎次、发情时间。

小猪主要记录：母亲品种并关联母亲耳号、父亲品种并关联父亲耳号、小猪品种及耳号、小猪性别、出生重、断奶（时间、月龄、体重）、各阶段（出生、3、12、18、24 月龄）生长记录（测量日期、体重、腹围、胸围、管围、体高、体长）。

种公猪主要记录：耳号、品种、年龄、体重、等级（一级、特级）、来源（自繁、外购、外购时间）、自繁种公猪（包含小猪所有信息）、采精信息（公猪号、采精日期、采精员、采精量、精液量、精液活力）等。

(2)圈舍管理。手动或批量导入添加圈舍，对圈舍进行编号，对圈舍名称、位置、面积、容量等进行记录（图 8-6）。

图 8-6　圈舍信息

（引自：甲骨文科技生猪养殖追溯管理平台）

(3)职工管理。手动或批量导入添加职工，更新完善员工基本信息（图 8-7）。

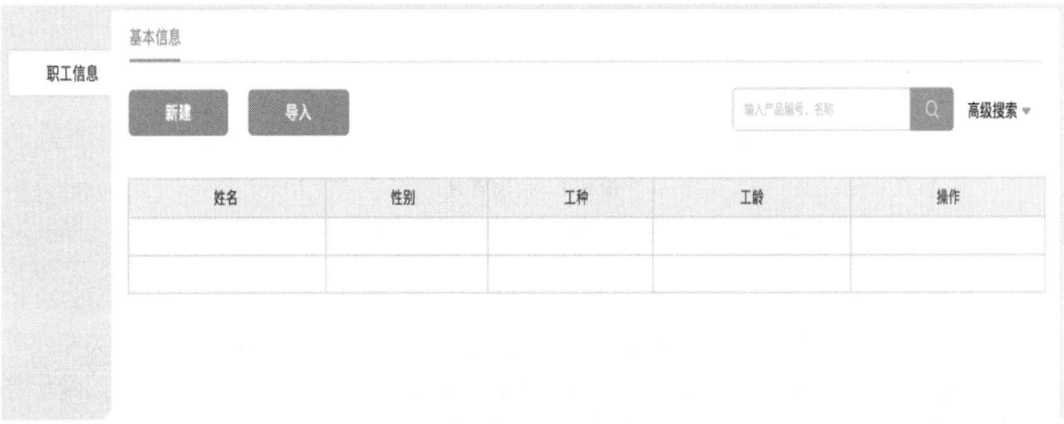

图 8-7　职工信息

（引自：甲骨文科技生猪养殖追溯管理平台）

(4)配置管理。对饲料原料、病猪常见症状、兽药、疫苗等字段自定义设置,添加常用名称和不常用名称。

支持按照不同品种、月龄、体重,设置小猪、育成猪、育肥前期、育肥后期阶段划分依据(图8-8)。

图 8-8 配置管理

(引自:甲骨文科技生猪养殖追溯管理平台)

(5)生猪批次管理。支持手动或批量导入添加生猪批次。复制、编辑生猪批次信息。支持按照生猪批次进行溯源页面预览(图 8-9)。

图 8-9 批次管理

(引自:甲骨文科技生猪养殖追溯管理平台)

(6)饲料信息采集及添加。

主要功能:添加生猪养殖过程中的饲料信息,可按批次号添加,支持报表批量导入。

主要包括:圈舍号、耳号、生猪批次号、饲养时间、饲料名称。支持按圈舍、猪耳号、批次号、成长阶段、饲养时间、饲料名称等字段进行查询和批量导出(图 8-10)。

(7)配种信息采集及查询。

主要功能:使用 RFID 读写器将需要佩戴的耳标逐个读取,采集到的信息上传至数据中

图 8-10 饲料管理

（引自：甲骨文科技生猪养殖追溯管理平台）

心，或通过系统后台添加配种信息，支持批量导入功能。

主要包括：圈舍号、批次号、耳标号、时间、配种人、输精用精液的公猪耳号、品种、配次等。支持系统后台手动对配种信息增删改查和批量导入。

支持按圈舍、猪耳号、批次号、成长阶段、配种时间、品种等字段进行查询和批量导出。

(8)孕检信息采集及查询。

主要功能：使用 RFID 读写器将需要佩戴的耳标逐个读取，采集到的信息上传至数据中心，或者通过系统后台添加孕检信息，支持批量导入功能。

主要包括：圈舍号、批次号、耳标号、时间、孕检人、是否怀孕、预产期等。支持系统后台手动对孕检信息增删改查和批量导入。

支持按圈舍、猪耳号、批次号、成长阶段、孕检时间、是否怀孕等字段进行查询和批量导出。

(9)流产信息采集及查询。

主要功能：使用 RFID 读写器将需要佩戴的耳标逐个读取，采集到的信息上传至数据中心，或者通过系统后台添加流产信息，支持批量导入功能。

主要包括：圈舍号、批次号、耳标号、时间、流产原因等。支持系统后台手动对流产信息增删改查和导入。

支持按圈舍、猪耳号、批次号、成长阶段等字段进行查询和批量导出。

(10)产仔信息采集及查询。

主要功能：通过系统后台添加产仔信息，支持报表批量导入功能。

主要包括：圈舍号、批次号、母猪耳标号、产仔时间、产子数量、窝重等。支持系统后台手动对产仔信息增删改查和批量导入。

支持按圈舍、猪耳号、批次号、产仔时间、品种等字段进行查询和批量导出。

(11)发病信息采集及查询。

主要功能:使用 RFID 读写器将需要佩戴的耳标逐个读取,采集到的信息上传至数据中心,或者通过系统后台添加发病猪的相关信息,支持批量导入功能。

主要包括:圈舍号、批次号、耳标号、发病时间、症状、疾病名称等。支持系统后台手动对发病信息增删改查和批量导入。

支持按圈舍、猪耳号、批次号、发病时间、品种、疾病名称等字段进行查询和批量导出。

(12)治疗信息采集及查询。

主要功能:使用 RFID 读写器将需要佩戴的耳标逐个读取,采集到的信息上传至数据中心,或者通过系统后台添加治疗信息,支持批量导入功能。

主要包括:圈舍号、批次号、耳标号、时间、操作人、使用药物名称、剂量等。支持系统后台手动对治疗信息增删改查和批量导入。

支持按圈舍、猪耳号、批次号、品种、疾病名称等字段进行查询和批量导出。

(13)称重信息采集及查询。

主要功能:通过系统后台添加生猪称重信息,支持批量导入功能。

主要包括圈舍号、批次号、耳标号、时间、操作人、称重重量等。支持系统后台手动对称重信息增删改查和批量导入。

(14)生猪去向信息采集及查询。

主要功能:使用 RFID 读写器将需要佩戴的耳标逐个读取,采集到的信息上传至数据中心,或者通过系统后台添加生猪去向信息,支持批量导入功能。

主要包括:圈舍号、批次号、耳标号、时间、操作人、去向等。支持系统后台手动对生猪去向信息增删改查和批量导入。

2.标识管理子系统功能及建设内容(图 8-11)

图 8-11　标识生成

(引自:甲骨文科技生猪养殖追溯管理平台)

追溯体系的建设,应用到的核心技术包括 RFID 技术、二维码防伪技术、云端追溯信息储存平台、基于专用 App 的云端信息技术,实现一猪一码,为溯源信息的上下游传递奠定基础。标识管理子系统主要功能包括耳标分配、耳标关联(耳号段和猪批次关联)、标识分配查询、标识关联查询等功能。

3.作业管理子系统功能及建设内容

(1)消毒信息采集及查询。

主要功能:使用 RFID 读写器将需要佩戴的耳标逐个读取,采集到的信息上传至数据中心,或者通过系统后台按照批次添加消毒信息。

主要包括:时间、执行人、所用药物(包含兽药的所有信息)、使用剂量、消毒方法(喷雾、干燥抛洒)等。支持系统后台手动对消毒信息增删改查和批量导入。

支持按时间、执行人、所用药物、消毒方法等字段进行查询和批量导出。

(2)防疫信息采集及查询。

主要功能:使用 RFID 读写器将需要佩戴的耳标逐个读取,采集到的信息上传至数据中心,或者通过系统后台添加防疫信息。

主要包括:时间、执行人、疫苗名称、使用剂量、注射方法等。支持系统后台手动对防疫信息增删改查和批量导入。

支持按时间、执行人、疫苗名称、注射方法等字段进行查询和批量导出。

(3)车辆信息管理。

主要功能:通过系统后台添加车辆信息,包括手动录入和报表批量导入方式。

主要包括:车辆名称、购入时间、驾驶员、保养记录(时间、执行人、保养内容)、维修记录(时间、车损原因)等。支持系统后台手动对车辆信息增删改查。

(4)病死畜无害化处理管理。

主要功能:使用 RFID 读写器将需要佩戴的耳标逐个读取,采集到的信息上传至数据中心,或者通过系统后台添加处理信息。支持批量报表导入方式。

主要包括:时间、执行人、处理方法。

4.配方管理子系统功能及建设内容

主要包括配方配置、成本核算、配方记录查询等功能(图 8-12)。

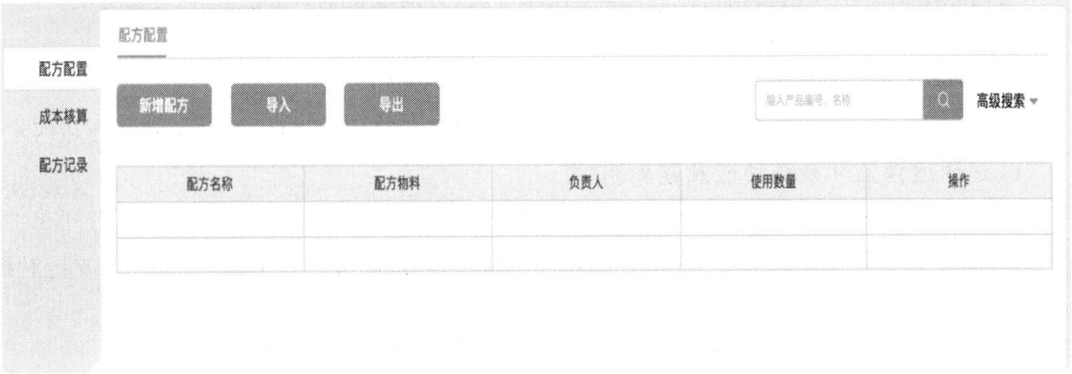

图 8-12 配方配置

(引自:甲骨文科技生猪养殖追溯管理平台)

配方配置管理。通过设置不同阶段生猪的饲养使用配方,实现线上记录。支持批量导入和手工录入的方式。

配方成本核算。支持按照原料单价、用量等配方内容核算每日消耗成本。

配方记录查询。通过设置相应的条件,对历史配方记录进行查询。

5.投入品管理子系统功能及建设内容(图 8-13)

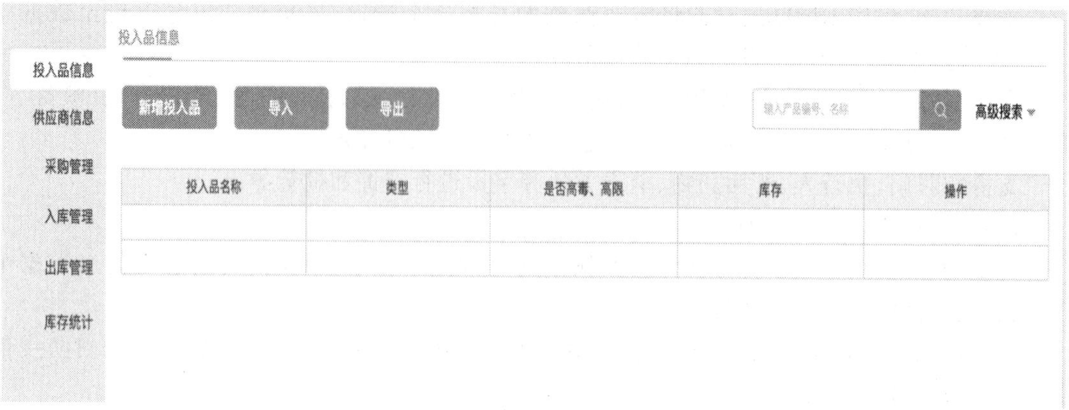

图 8-13 投入品信息

(引自:甲骨文科技生猪养殖追溯管理平台)

(1)投入品信息管理。主要对饲料、兽药及其他物资进行配置,对投入品信息增删改查。

(2)供应商信息管理。支持手工录入或批量导入供应商信息。

(3)采购管理。对所采购的物品信息进行记录和完善。支持手工录入或批量导入的方式录入采购信息。

(4)入库管理。支持手工录入或批量导入的方式录入物品入库信息。支持对各个物品库存量进行安全设置,快到保质期标红预警。

饲料入库信息主要包括:名称、单价、进场时间、过磅员、重量、规格、生产日期、保质期、生产厂家等。

兽药入库信息主要包括:名称、进场时间、保管员、针剂或粉剂、用途(治疗类或防疫类)、重量、规格、生产日期、保质期、生产厂家、库存量等。

(5)出库管理。支持手工录入或批量导入的方式录入物品出库信息。

(6)库存统计。支持对饲料、兽药及其他物资目前库存量在线统计,支持报表导出功能。

6.追溯运营监管系统功能及建设内容

系统根据养殖过程记录,自动生成月度报表汇总(图 8-14)。

(1)月度增重情况统计。支持按月度、品种、批次、耳号、圈舍查询生猪增重情况,支持对报表进行导出。

可根据选定批次、品种,生成年度、月度、周增重情况折线图、柱状图。

(2)月度饲料用量统计。支持按月度、品种、批次、耳号、圈舍查询生猪饲料用量和成本情况,支持对报表进行导出。

可根据选定批次、品种,生成年度、月度、周饲料用量和成本情况折线图、柱状图。

(3)月度兽药用量。支持按照月度、品种、批次、耳号、圈舍查询兽药用料情况,支持对报表进行导出。

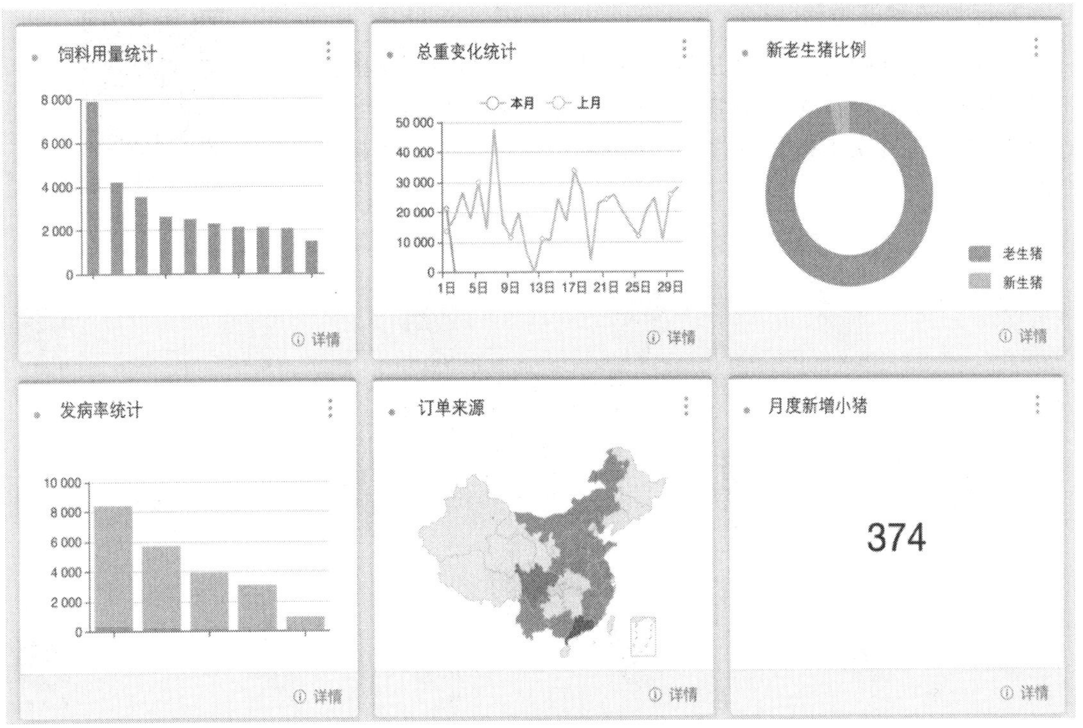

图 8-14 月度报表汇总

（引自：甲骨文科技生猪养殖追溯管理平台）

可根据选定批次、品种，生成年度、月度、周兽药用料情况折线图、柱状图。

(4)月度受孕率情况。支持按照月度、品种、批次、耳号、圈舍查询生猪受孕率情况，支持对报表进行导出。

可根据选定批次、品种，生成年度、月度、周生猪受孕率情况折线图、柱状图。

(5)月度产仔率。支持按照月度、品种、批次、耳号、圈舍查询产仔情况，支持对报表进行导出。

可根据选定批次、品种，生成年度、月度、周生猪产仔情况折线图、柱状图。

(6)月度小猪成活率。系统根据产仔数量计算月度仔猪成活率，支持按品种、批次号、耳号、圈舍号查询小猪成活率情况，支持报表导出。

可根据选定批次、品种，生成年度、月度、周生猪小猪成活率折线图、柱状图。

(7)月度发病率。系统根据发病信息计算月度发病率，支持按品种、批次号、耳号、圈舍号、疾病名称，查询生猪发病情况，支持报表导出。

可根据选定批次、品种，生成年度、月度、周生猪发病率折线图、柱状图。

(8)月度生猪生长情况。支持按品种、耳标号、批次号等查询生猪月龄、体重、饲料投喂、兽医医治、防疫记录、消毒记录等情况；支持对报表导出功能。

(9)生产预警。根据母猪预产期对临产母猪进行统计展示，按照月度、周等时间维度，筛选临产母猪；提供根据母猪配种次数对母猪进行筛选，可根据配种次数筛选母猪数量，查看各个配种母猪信息。

7. 区块链溯源增信

实现产品追溯的重要一环是打击假冒伪劣。如何做到从根源上追溯假冒、伪劣产品数据，在追溯的同时确保产品的原料、生产、仓储、物流信息真实不被篡改，成为近年来产品追溯的主要趋势(图 8-15)。

微课　区块链溯源增信技术

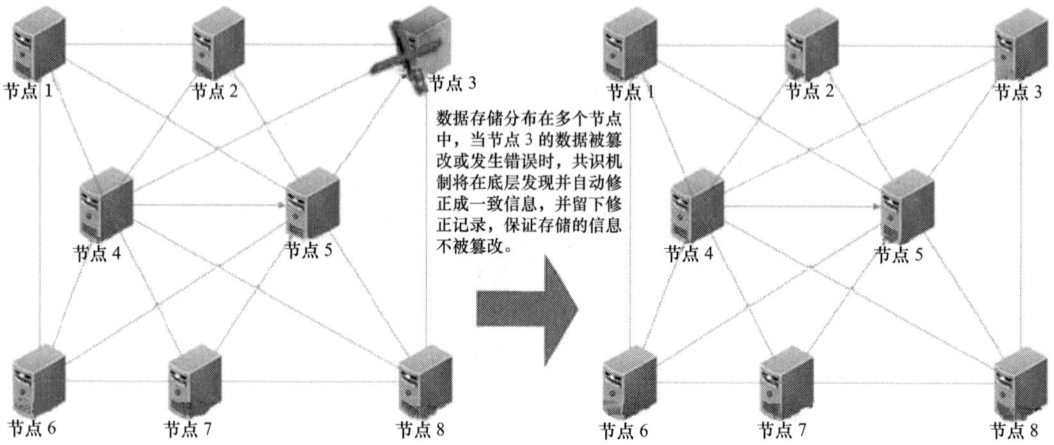

图 8-15　区块链溯源系统示意图

(1)区块链技术的功能。利用区块链的联盟链技术，为消费者提供多中心化、可信赖的防伪溯源体系，方便消费者查询需要购买的商品的相关信息。

系统采用区块链技术，对数据进行加密，保障数据安全和防篡改。对各养殖场和屠宰场按技术要求上传的信息同步备份，并在最后的溯源扫码页面内生成区块链增信戳。已上传的信息，无法进行二次修改，保障数据上传真实性。

实现生产记录可核对，追溯信息可校验，篡改信息必发现，修改信息必备案。

区块链技术应用后，技术服务商、生产商凭此自证清白、杜绝黑客篡改的可能，用户监管更加有迹可循，呈现给消费者的信息更加真实可靠。

对于供应商来讲，当市场上出现可扫码识别的防伪追溯真标签，但是经过记录核对时，在区块链上无法查到，或者与区块链存储的数据不符，则都能确认是防伪追溯供应商造假，从而杜绝供应商和造假团伙勾结的可能性。

对消费者而言，消费者扫码查产品的防伪、追溯信息，无法确认信息来源是否真实可靠时，可同步到区块链上进行核实。若查询的信息与区块链数据不一致，也即提醒了消费者所查信息无法确保真实性。

(2)区块链在农业领域的主要应用。

①区块链＋农业物联网。目前，制约农业物联网大面积推广的主要因素就是应用成本和维护成本高、性能差。而且物联网是中心化管理，随着物联网设备的暴增，数据中心的基础设施投入与维护成本将不断增长。利用物联网和区块链的结合，将使这些设备实现自我管理和维护，区块链将成为万物互联智能设备的总账本。利用区块链技术，除真实记录物联网采集的

数据外，还可真实记录设备的身份标识、停转工况、设备迁移、设备维护等数据，为智能设备的互联互通、自我管理提供安全可靠的保障。同时，还可以节省以云端控制为中心的高昂维护费用，降低互联网设备的后期维护成本，有助于提升农业物联网的智能化和规模化水平。

②区块链＋质量安全追溯。畜产品质量安全追溯被认为是区块链优先应用和发展的领域之一。农业产业化拉开了生产地和消费地的距离，消费者对畜产品的生产、流通、加工等信息无从了解，对兽药、添加剂等的使用缺乏信任感。应用区块链技术，可全程记录畜产品的生产、运输、加工和储藏等过程，确保数据的真实、难以篡改、不可伪造，从而增加消费者的信任。

③区块链＋农业金融。目前，金融领域是区块链应用最活跃和比较成功的领域。区块链技术没有应用前，农业经营主体申请贷款时，需要提供相应的信用信息，这就需要依靠银行、保险或征信机构记录的相应信息。由于信息不完整、数据不准确、共享度不高等问题，导致了取证困难，使用成本高。应用区块链技术，广泛采集与用户有关的信息，依靠程序算法自动记录海量信息，并存储在区块链网络的每一台电脑上，信息透明、篡改难度高、使用成本低。申请贷款时不再依赖银行、征信公司等中介机构提供信用证明，贷款机构通过调取区块链的相应数据即可开展业务，既提高了工作效率，又增强了可信度。

④区块链＋农业保险。目前，农业保险存在着对灾害监测不准、灾情数据掌握不全、灾损评估方法缺失等问题。如何确保数据真实可靠、可追溯、难以篡改，实现农业保险定损、认证、理赔的客观公正，是很大的挑战。应用区块链技术，在灾害发生后可根据系统提供的信息和理赔标准，自动启动赔付流程，提高赔付效率。

⑤区块链＋透明供应链。区块链技术有助于提升供应链管理效率。产品从生产到销售，从原材料到成品再到客户手中，整个过程涉及的所有环节都属于供应链的范畴。目前，供应链可能涉及几百个加工环节，几十个不同的地点，监控点量大面广，给供应链的追踪管理带来了困难。应用区块链技术，可以在不同分类账上记录产品在供应链过程中涉及的所有信息，包括涉及企业、价格、日期、地址、质量以及产品状态等，交易就会被永久性、去中心化地记录，降低时间延误、成本和人工错误。

思考题：

1. 为什么要开展畜禽产品质量追溯？
2. 我国畜产品质量追溯经历了哪些过程？目前还存在哪些问题？
3. 畜禽产品质量追溯的分类方式有哪些？
4. 畜禽产品质量追溯系统由哪些子系统构成？分别可以实现哪些功能？

参考文献

[1] 徐雪高，陈洁，李靖. 中国畜牧业发展的历程与特征[J]. 中国畜牧杂志，2011，47(20)：14-17.

[2] 谭铁牛. 人工智能的历史、现状和未来[J]. 智慧中国，2019，01：87-91.

[3] 中国智能畜牧发展现状与趋势. 农信研究院微信公众号，发布日期：2019-08-21.

[4] 国内智能养猪产业图谱. 农信研究院微信公众号，发布日期：2019-08-22-27.

[5] 徐雪高，陈洁，李靖. 中国畜牧业发展的历程与特征[J]. 中国畜牧杂志，2011，47(20)：14-17.

[6] 郑春芳，于桂阳. 母猪电子饲喂站自动饲喂调教[J]. 猪场建设，2016，02：77-79.

[7] 谭利伟，王应宽. 发达国家畜禽产品质量安全可追溯系统的发展与启示[J]. 肉类研究，2016，30(12)：54-63.

[8] 高迎春，薄永恒，等. 畜禽产品安全生产信息化和质量追溯系统研究进展[J]. 山东农业科学 2015，47(3)：127-130.

[9] 胡树煜，刘孝刚. 畜禽产品可追溯系统的研究与设计[J]. 黑龙江畜牧兽医，2017(02 下)：74-77，273.

[10] 黄胜海，陆俊贤. 我国畜禽产品追溯体系研究进展[J]. 中国农业科技导报，2018，20(9)：23-31.

[11] 养殖智能设备物联实施规程. 标准号：T/CPPC 1014-2020，发布机构：中国-团体标准(CN-TUANTI)，发布日期：2020-09-27，实施日期：2020-10-01.

[12] 母猪群养智能饲喂管理技术规范，标准号：DB12/T 900—2019，发布机构：中国-天津市地方标准(CN-DB12)，发布日期：2019-07-16，实施日期：2019-08-15.

[13] 产蛋鸡层叠式笼养管理技术规程，标准号：DB 3201/T 1024—2020，发布机构：中国-南京市地方标准，发布日期：2020-12-01 ，实施日期：2020-12-05.

[14] 2018 年中国农牧家禽行业智慧养殖白皮书. 技术资料.

[15] 海康威视智能养殖监控产品手册. 技术资料.

[16] 农芯数科产品手册. 技术资料.

[17] 扬翔集团产品手册. 技术资料.

[18] 北京奥耐尔农牧科技公司产品手册. 技术资料.

[19] 上海麦汇信息科技有限公司研制的养殖管理平台 V2.1 版. 技术资料.

[20] 浙江甲骨文超级码科技股份有限公司生猪养殖追溯管理平台. 技术资料.

[21] 董红敏，陶秀平. 畜禽养殖环境控制与通风降温[M]. 北京：中国农业出版社，2007.

[22] 贺东昌，王伟伟. 猪场建设与环境控制[M]. 北京：中国农业出版社，2018.